화분 안에 담긴 정원

화분 안에 담긴 정원

조애너 K. 해리슨 · 미랜더 스미스 지음

권혜진 · 심명선 옮김

J&P

화분 안에 담긴 정원 *

지은이 | 조애너 K. 해리슨, 미랜더 스미스
옮긴이 | 권혜진, 심명선
펴낸이 | 한병화
펴낸곳 | 도서출판 J&P
편   집 | 박종훈
디자인 | 정희진

초판 인쇄 | 2010년 1월 10일
초판 발행 | 2010년 1월 15일
출판등록 | 2003년 12월 2일(제 300-2003-214호)
주소 | 서울시 종로구 평창동 296-2
전화 | 02-396-3040
팩스 | 02-396-3044
전자우편 | webmaster@yekyong.com
홈페이지 | www.yekyong.com

정신적 즐거움(Joy), 몸의 즐거움(Pleasure), 모두를 추구하는
도서출판 J&P는 도서출판 예경의 출판 브랜드입니다.

ISBN 978-89-90651-21-1 (13480)

● 차 례 ●

디 • 자 • 인

나만의 컨테이너 정원을 디자인한다는 것은
기본적으로 고려해야 할 요소에 개인적 취향을
조합하는 것이라 할 수 있다.
이 장에서는 기본적인 디자인 가이드라인을
제시하면서 컨테이너와 식물의 무한한 조합이
가능하게 도와줄 것이다.
여러분이 가장 먼저 해야 할 일은 컨테이너나
식물을 구입하기 전에 스스로 질문을 하는 것이다.
컨테이너로부터 무엇을 얻을 것인지,
또 어떤 모습이길 원하는지, 그리고 컨테이너를
어디에 배치할 것인지.
만약 여러분이 개개의 컨테이너가 아니라 실내 혹은 실외공간에
위치하는 컨테이너를 전체론적 관점으로 본다면 이에 대한
해답은 보다 쉽게 얻을 수 있을 것이다. 결국 디자인은 여러분
자신의 개성을 반영하는 것이 될 것이다.

컨테이너: 분식물 심기의 역사

컨테이너 정원의 즐거움은
고대 로마시대 정원사들의 작업에서 찾아볼 수 있다.

옥상정원

고대 그리스에서는 한여름에 여성들만이 참여하는 아도니스 축제가 있었다. 아프로디테의 연인이었던 아도니스의 죽음을 애도하며, 지붕 위로 휀넬이나 상추 또는 밀이나 보리씨를 심은 도자기나 바구니를 가지고 올라가서 아프로디테 동상 주변에 놓아두었다. 식물들은 온실 내에서 곧 싹을 틔우지만 8일 후에 버려지는데, 이는 아름다운 젊은이의 죽음과 불가피한 운명을 상징하고 있는 것이다.

컨테이너에 식물을 심고 디자인하는 원리들은 고대로부터 전해 내려오는 것이라 할 수 있다. 고대 이집트, 그리스, 로마시대에, 특히 여름이 길고 온도가 높으며, 건조하고 땅이 메마른 지역에서 식물을 번식하고 육묘를 하는 등의 실용적인 목적으로 테라코타 분을 사용해 왔다. 크레타 섬에서 발굴된 테라코타 분은 5,000년 전 거주자들이 무화과, 석류와 같은 관목류와 백합과 장미를 포함한 화훼식물을 식재하는 데 사용되었던 것으로 추정된다.

기원전 160년경 로마시대 카토는 그의 저서 『농업론』에서 테라코타 분을 이용하여 수목 뿌리를 번식시키는 방법에 대해 설명하고 있다. 새로 식물을 심을 때 분을 깨서 뿌리와 함께 묻으라고 하였다. 아테네 집회장이 내려다보이는 곳에 위치한 고대 헤파이스토스 정원(기원전 460-420)을 발굴하던 고고학자들은 사원을 따라 줄지어 놓여있는 화분들이 장식적 목적으로 조성된 것이었음을 밝혀냈다.

최초의 윈도우 박스와 걸이 화분

시대가 흐르면서 다양한 색상의 화분으로 지붕이나 발코니를 장식하기 시작하면서 기반시설에 대한 관심도 증가하였다.

이러한 유행은 빠르게 전해져 로마와 폼페이에서 장식된 지붕과 테라스가 출현하게 되었다. 건물들이 매우 밀집되어 있었고, 물을 저장해두어야 하는 폼페이에서는 커다란 윈도우 박스가 늘어나기 시작하여, 매일 집 안에서 정원을 즐길 수 있게 되었다. 왕귤나무, 무화과, 올리브, 월계수 등을 화분이나 바구니에서 길렀다. 역사적으로 가장 유명한 고대 옥상정원으로 바빌론의 공중정원이 있다. 네부카드네자르 2세가 기원전 6세기 고향의 나무와 꽃을 보고 싶어하는 향수병에 걸린 아내 아미티스 왕비를 기쁘게 해주기 위해 만든 것이다.

이슬람 정원

800년경 지금의 이란, 이라크, 시리아 지역에 아름다운 이슬람 정원이 만들어졌다. 무더운 지역에 있는 이들 정원은 다채로운 색상에 향기롭고 감각적인 장소였다. 물을 이용하여 온도를 낮추는 저수지와 기하학적 형태의 화단을 디자인하고, 아몬드, 살구, 삼나무 같은 식물을 전정하여 물통에 심었다. 이외에 장미, 포도, 노란 수선화, 월플라워, 튤립 등을 심었다. 이러한 지상천국은 조용한 명상의 공간을 마련해주었다. 스페인 지역의 이슬람 정원은 1492년까지 700년간 아랍의 지배 하에 있으면서 아랍의 영향을 받았던 곳이다. 스페인 양식의 정원은 휴식과 교류의 장소가 되었다. 그랜드 모스크에

정형적인 컨테이너 구상
테오도로 플라키스의 17세기 중반 유화그림으로
〈목욕하는 밧세바를 지켜보는 데이비드〉이다. 17세기 중반
테라코타 분으로 장식한 정형적인 유럽 정원을 보여주고 있다.

유서깊은 트렐리스 기술
16세기의 그림에서 흰색과 푸른색이 어우러진 화분에 꽂힌 격자구조물trellis 위로 한련화가 기어오르고 있는 것을 볼 수 있다. 지난 400년간 화분에 심은 덩굴성 식물을 유인하여 모양을 만드는 기술은 별로 변한 것이 없어 보인다.

있는 코르도바의 오렌지나무 정원은 유럽에서 가장 오래된 정원 중 하나인데, 분수 혹은 연못과 컨테이너에 심은 꽃들로 가득한 수많은 정원으로 꾸며졌다.

중세시대 정원

중세시대(750-1270) 컨테이너 정원의 뿌리는 수도원 정원에서 찾을 수 있다. 수도원 정원에는 갖가지 과일, 채소, 허브 식물들이 식용뿐 아니라 의학적 용도로 재배되었다. 장미, 백합, 아이리스와 같은 갖가지 꽃들을 종교적 상징물로 길렀으며, 이들 꽃으로 제단을 아름답게 장식하였다.

13세기 중반에 이르러, 대저택에 아름다운 정원을 꾸미기 시작하였는데, 이들 정원은 수도원 정원의 양식과 매우 닮아있었다. 둘러싸인 성벽 안에 과일, 채소, 허브 식물들이 장식적인 목적뿐만 아니라 실용적인 목적을 위해 재배되었다. 두드러지는 특징 중 하나가 잔디의자로, 나무 혹은 벽돌 컨테이너에 흙을 채우고 잔디나 달콤한 향이 나는 키 작은 허브 식물을 심어 앉을 수 있게 만든 것이다. 중세시대 태피스트리, 사본, 조각물 등은 주로 정원 풍경을 묘사하였는데, 많은 작품들에서 실내외 공간에 배치된 화분에 식물을 심은 모습을 찾을 수 있다. 카네이션이나 월플라워 같이 향기가 있는 식물들을 특히 많이 심었다. 일반적으로 도자기 화분에 많이 식재를 하였으며, 대나무 등으로 엮은 바구니는 식물을 이곳저곳으로 이동할 때 사용되었다.

이 시대의 탐험가와 상인들은 실크로드와 바다 길을 통해 극동아시아와 저 멀리 아메리카 대륙으로 여행을 하였으며, 여행지에서 새롭고 이국적인 식물이나 종자를 가져오게 되었다. 식물은 무역과 수집의 중요한 상품으로 대두되었으며, 거래된 식물들은 대부분 내한성이 약해 컨테이너에 심어 온실과 같은 시설에서 겨울을 나게 하였다. 17세기에 이르러 프랑스 정원설계사들은 이후에 나타나는 이탈리아 르네상스 시대의 전통적 스타일에 큰 영향을 미치게 된다. 아네모네, 수선화, 디기탈리스, 튤립, 시트러스류, 상록성 식물과 같은 추위에 약한 식물들을 화분에 심어 정원에 배치함으로써 계절이나 기후에 상관없이 다양한 색상과 녹색의 정원을 일 년 내내 즐길 수 있게 되었다. 프랑스의 최고 정원설계가인 앙드레 르 노트레는 수많은 정원과 공원을 디자인하였으며, 가장 유명한 설계 작품으로 베르사이유 궁전의 정원이 있다. 1686년에서 1687년 사이에 250,000개의 컨테이너를 이용해 추위에 약한 관목들을 심었으며, 3,000그루의 나무를 컨테이너에 심었다.

이탈리아 정원

1800년대 초 건축디자이너 찰스 베리 경이 이탈리아 빌라와 정원을 둘러본 후 영국의 대정원에서 전시회를 개최함으로써 이탈리아 스타일이 영국에서 유행하게 되었다. 이탈리아 스타일은 커다란 테라스가 있는 기하학적 디자인을 강조하고 있으며, 화분의 정형적인 일렬배치를 통해 평면적인 정원에 높이감과 공간감을 표현하고 있다. 빅토리아 시대에는 화분에 심은 야자수, 난과 같은 이국적인 식물들로 온실을 가득 채웠으며, 철과 시멘트로 만든 거푸집을 이용해 컨테이너의 종류와 스타일이 매우 다양해진 시기였다.

유행하던 화분들

대중적으로 이용된 컨테이너는 베르사이유
박스로 사각형의 나무 박스에 금속 덧쇠를
달아 쉽게 여닫을 수 있게 되어있다. 우아함과
실용성 덕에 베르사이유 박스는 가장 대중적인
컨테이너 스타일로 남아 있다. 18세기
영국에서는 전세계에서 이국적인
식물을 들여와 정원사들이
정형적인 정원에서 자연적
정원에 이르는 새로운 시도를 할
수 있었다. 대부분의 내한성이
약한 식물들은 사용이 제한되거나
온실에서 겨울을 지내야 했는데,
나무재질은 견고함이 떨어지므로
금속이나 석재로 만든 컨테이너에
관심을 갖게 되었다.

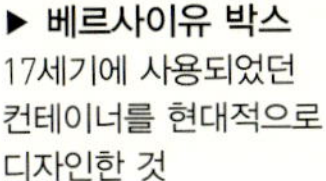

▶ 베르사이유 박스
17세기에 사용되었던
컨테이너를 현대적으로
디자인한 것

▲ 전통적인 컨테이너
16세기 후반 토스카나식 빌라 페트라이아를 그린 유스투스 우텐스의 그림에서 볼
수 있듯이 전체 정원의 입구에서 각 코너에 이르기까지 식물을 심은 도자기 화분을
기하학적으로 배치하고 있다.

▲▲ 경계를 부드럽게
로마 시대 빌라 피아티의 전망대에 테라코타 분을 이용하여 꽃을 심어 놓은 것으로
화분의 배치가 보다 정형적인 형태로 되어 있음을 볼 수 있다.

화분을 들여다봄
미국의 인상파 화가인
프레드릭 칠드 해섬
(1859-1935)이 그린
19세기 후반 유화로
여인이 제라늄을 화분에
심어 기르고 있다.

사람들은 예전보다 훨씬 더 여가를 즐겼으며, 공원을 찾아 즐기는 것이 유행하면서 공원의 정원사들이 새로운 트렌드를 만들어 내는 원동력이 되었다. 화단을 가꾸기 위해 수많은 식물들을 화분에 심어 유리온실 속에서 키웠으며, 계절마다 바꿔가며 식재를 하였다. 겨울철 화단은 상록성의 식물로 식재되었다.

미국 스타일 화분심기

미국에서 화분을 만드는 역사는 1750년대로 혹은 스페인 이민자들이 식민지 풍의 영국 정원을 만들던 시기로 거슬러 올라간다. 남북전쟁 이후 유약을 바른 화려한 화분이 유행하였으며, 20세기 초에는 이민과 여행객들로부터 영향을 받아 이탈리아 스타일이 성행하였다. 조경디자이너 비트릭스는 정원에서 유럽을 주제로 다루었으며, 공예가 에릭 소더홀츠와 함께, 북동부 메인 주의 겨울을 견딜 수 있는 화분을 만들어냈다. 1920년대 워싱턴 D.C.의 덤바튼 오크스에 식물원을 디자인하였는데, 컨테이너에 심은 식물을 배치하여 정원을 꾸몄다. 얼빙 질은 캘리포니아 주에서 적은 비용으로 현대적 감각의 집을 지으면서, 윈도우 박스와 분식물을 이용해 미니멀 아트적인 흰색 담장과 젠 스타일의 우아함을 창조하였다.

20세기 스타일

19세기 후반 영국의 가장 영향력 있는 정원디자이너인 거트루드 제킬은 화분을 이용해 100여개 정원에 색상과 질감을 더해주는 기법을 사용하였는데, 특히 화분에 심은 옥잠화를 좋아했다. 1930년대 영국 켄트 주 시싱허스트 시에 있는 그녀의 정원에는 많은 수의 컨테이너가 활용되었다. 그녀는 "나는 정말 컨테이너 정원을 좋아해요, 물주는 일이 힘들긴 하지만 필요할 때마다 좋아하는 색을 배치할 수 있다는 장점을 생각해보세요" 라고 설명하며, 오래된 구리 빨래통을 식물 컨테이너로 이용하는 등 새로운 시도에도 적극적이었다. 또 다른 영국의 유명한 정원사 베스 샤토는 20세기 말 프랑스에서 휴가를 보내며 집필한 『가든 노트북』이란 그녀의 저서에서 "오래 전 후크시아 무리 속에서 아름다운 옥잠화의 잎을 발견하는 즐거움처럼, 컨테이너에 식물을 심는 매력에 빠져버렸습니다" 라고 적고 있다. 1950년대 현대미술과 미니멀아트가 정원 디자인에도 영향을 미치게 되면서 컨테이너 정원에도 새로운 시도가 일어나게 되는데, 안타깝게도 대형쇼핑몰이나 주차장에서 볼 수 있는 황량하고 방치된 콘크리트 컨테이너로 나타났다. 최근에 이르러 정원을 홈 인테리어 디자인의 연장선으로 생각하면서 컨테이너는 홈 인테리어의 필수요소가 되고 있다. 컨테이너를 배치하는 것만으로도 바로 새로운 분위기를 연출할 수 있으며, 최신의 현대적인 정원으로 바꾸는 실용적이며 감각적인 방법이 되고 있다.

콘크리트와 강철
이 옥상정원은 현대적 감각의 강철 컨테이너와 콘크리트 화분에
자작나무와 뾰족한 잎을 가진 다육식물을 단일 식재하여
전략적으로 배치하였다.

왜 컨테이너를 사용할까?

지붕에 현대적인 감각의 컨테이너가 없는 모로코나 맨해튼 시를 상상할 수 있을까?
테라스를 우아하게 만들어줄 세련된 디자인의 항아리가 없는 정원을 상상할 수 있을까?
스페인의 자갈로 포장된 길을 걸어가는데 창턱이나 발코니 위로 넘실대는
건강한 제라늄이 없다면 어떨까?

체크 리스트

컨테이너에서 채소와
허브식물을 기른다면
생활비를 절약할 수 있다.

정원의 싫증난 공간을
쉽게 바꿀 수 있다.

포장된 콘크리트 공간에
색과 향기를 채울 수 있다.

최소한의 노력으로
감각적인 스타일의
자신만의 공간을
만들 수 있다.

정원이나 집의 중심공간에
시각적 강조점을 창조할
수 있다.

뒷 베란다나 파티오에
야생동물을 끌어들일 수
있다.

컨테이너를 배치할
정원이 없고, 베란다도
없다면 창턱을 이용해보자.

컨테이너를
사용하지 않을 때

컨테이너를 사용하지
않을 때에는 관리를
해줘야 한다.

컨테이너는 방치해두면
황량해보이므로, 아름다운
크레타 화분을 사서
배치해본다.

병든 식물을 그대로
두면 미관을 해치는
요인이 된다.

색상 그루핑
자갈밭 정원에 배치된 잘 식재된 컨테이너는 색상, 스타일, 완성도를 줄
수 있다. 봄에 청동 재질의 컨테이너에 튤립 품종을 심었다.

컨테이너를 이용하여 정원에 감각적인
악센트를 부여함으로써 당신의 내재된
독창성을 표출할 수 있을 것이다.
향기롭고 다양한 색상의 꽃을 기르고,
상큼한 허브와 신선한 채소도 기를 수
있으며, 새와 나비도 공간으로 끌어들일
수 있을 것이다. 초화류뿐아니라 큰
나무나 관목류도 기를 수 있다.

응용이 자유로운 해결책

- 지하실로 내려가는 길이나 테라스
  공간이 있다면 가장자리를 부드럽게
  처리하고 다양한 색상으로 꾸미기 위해
  여러 개의 컨테이너를 섞어서 배치한다.
- 정원 울타리 한쪽을 가리고 싶다면 키가
  큰 식물이나 대나무 등을 컨테이너에
  심어서 배치한다.
- 앞마당이 시끄러운 도로와 근접해
  있다면 컨테이너에 풀밭을 만들면
  소음을 잡아줄 수 있다.

왜 컨테이너가 필요할까?

- 현관문이나, 도로, 경계 등을 분명하게
  하고 싶다면 컨테이너를 배치하여
  완벽한 틀을 마련할 수 있을 것이다.
- 정원은 좋아하지만 땅을 파고
  잡초를 뽑으며 관리하기에는 시간이
  부족하다면 컨테이너를 이용해보자.
- 유기농 과일이나 채소를 기르고 싶은데,
  정원이 오염되어 있다면 컨테이너를
  이용하여 문제를 해결할 수 있을
  것이다.

▼ **원하지 않는 식물들**
화분을 방치해두는 것은 화분이 없는 것보다도 나쁘다. 아래 사진은 우산이끼Marchantia polymorpha가 표면을 덮고 있다. 식물을 심고자 할 때 이끼를 제거하는 수고가 필요하다.

주의할 점

- 컨테이너가 노출될 수 있는 기후 환경에 대해 고려한다.
- 도난에 유의한다(정원용품 도난이 빈번).
- 고양이를 기르고 있다면 낮고 넓은 컨테이너를 이용한다. 가시 있는 식물은 가지를 잘라내어 컨테이너 주변에 격자형태로 설치하고 식물을 심거나 고양이들이 좋아하는 모래통을 만들어주면 고양이 때문에 생기는 피해를 줄일 수 있다.
- 관심을 가지고 컨테이너를 관리한다면, 무성하게 잘 자랄 것이다.
- 통행인들에게 위험한 식물을 피한다. 날카로운 가시가 있는 선인장이라든가 유포르비아 속 식물들에서 나오는 즙액은 피부자극을 유발할 수 있다.

조언

컨테이너를 선택할 때는 양보다 질을 살펴라.

뒷마당이 작다면 잔디밭이나 화단보다는 포장을 하고 컨테이너를 배치하도록 하라.

정원이 지루해보여 새롭게 바꿔보고 싶다면 컨테이너에 싱싱하고, 다양한 색상의 식물을 심어 배치해보자. 매력적이고 생기 있는 정원이 될 것이다.

▲ **바람을 잡다**
정원디자이너들에게 있어 컨테이너는 움직이는 물감 팔레트이자 감정을 달래주는 도구가 된다. 예를 들어 옥상정원에 부는 바람에 나뭇잎이 스치는 소리는 빌딩 아래 차량소음을 상쇄시킨다.

▶ **정원이 아니라 휴식공간**
실내생활이 실외로 확장되면서 컨테이너를 이용해 여러분 가까이에 정원을 만들 수 있게 되었다. 감각적인 의자 옆에 놓인 컨테이너에 심은 에케베리아가 데크를 장식하는 포인트가 되고 있다. 에케베리아는 유지관리도 매우 쉬운 식물이다.

참고

유지관리를 쉽게 하고 싶다면 60페이지를 참고하세요.

1 여러분의 개성을 표현하라
컨테이너 정원은 여러분의 개성을 표현하는 것으로, 자신감을 가지고 디자인을 하라.

2 환경을 고려하라
컨테이너를 배치할 주변 환경을 파악하라. 정형적인지, 비정형적인지, 현대적인지, 아니면 고풍스러운지를 판단한 후에 집의 외관에 어울리는 색상, 재질, 디자인의 컨테이너를 선택한다면 형태, 색상, 목적에 알맞은 배치가 가능할 것이다.

8가지 가이드라인

컨테이너 정원

5 비례와 규모를 생각하라
화분에 심은 식물이 다 자라면 얼마나 커질지, 식물생육 특성이 덩굴성인지, 직립성인지 등을 고려하여 컨테이너의 모양과 크기를 정하도록 한다.

보트 정원
독창적인 컨테이너로 낡은 노 젓는 배는 어떨까?
뉴욕에 위치한 작은 가정 정원 한편에 놓인 보트 정원은 모험적이고 색다른 경관을 제공한다.

포컬포인트를 만들다
절제미를 갖추어 식재한 감각적인 항아리의 배치는 가장자리를 따라 캐트닙을 심어놓은 자갈길을 강조하고 있다.

세련된 사각형의 컨테이너
토니 리들러 디자인의 회양목 테이블
납과 색 바랜 금속 컨테이너에 심은 회양목을
사각형으로 디자인하였다.

디자인하기

3 스타일을 정하라
컨테이너 정원에서 얻고자 하는
바 혹은 원하는 바를 분명히 정하라.
컨테이너는 즉각적으로 대담한 형태를
만들게 되므로 조심해야한다. 컨테이너의
스타일은 심을 식물과의 조화를 고려하여
선택해야 한다. 물론 컨테이너를 선택한
경우엔 그 컨테이너에 어울릴 식물을
선택해야 한다.

4 의도에 맞는가?
왜 컨테이너를 이용하려고 하는가?
어떤 구조를 형성하기 위한 것인지,
색상을 맞추기위해서인지, 허브식물이나
채소를 심기 위한 것인지, 야생동물을
끌어들이기 위한 것인지 목적을 분명히
하도록 한다. 특정한 목적으로 배치할
장소를 고려하여 컨테이너를 구입하도록
하자.

6 컨테이너 전체 균형을 생각하라
큰 화분에 회양목을 짧게 전정하여
식재하면 멋진 연출을 할 수 있으며, 작은
규모의 정원에 거대한 크기의 컨테이너를
배치하여 공간감을 확장시킬 수도 있다.
컨테이너는 시선을 끄는 효과가 높으므로
디자인에 신경을 쓰고, 특히 컨테이너에
식물을 심을 때는 전체적으로 안정적이고
안전한지, 전체 무게 중심이 어디인지를
확인하도록 한다.

단차를 둔 배치
키가 큰 세라믹 컨테이너에 라벤더를 식재하여 감각적인
화단을 구성하였으며, 라벤더의 방향 효과를 증대시켰다.

7 심미안을 가져라
컨테이너에 심은 식물은 화단에
있는 식물보다 가까이에서 볼 수 있어
다양한 감각을 자극할 수 있다. 미각, 촉감,
후각, 청각 등을 고려하라. 컨테이너가
돋보이도록 품질과 스타일을 완성하기
위해 노력한다

8 한계를 파악하라
정원을 꾸미기 전에 여러분이
정원에서 보낼 수 있는 시간이나 노력이
얼마나 되는지를 생각해보고, 컨테이너를
이용하여 선택한 장소의 제한요소를
극복할 수 있는지를 주의 깊게 생각하도록
한다. 현실적인 문제를 고려하지
않는다면, 정원 가꾸기는 스트레스를 받는
일로 전락하게 될 것이다.

기본적인 식재 형태

어떤 식물이 생육에 가장 적합할지, 컨테이너 모양에 어울리는 식물은 어떤 것일지,
컨테이너를 배치하고자 하는 공간에 대해 생각해보자.

조언

일반적으로 다 자란
식물의 높이는 컨테이너
높이의 2배, 폭은 1.5배
정도가 적절하다.

컨테이너 만들기

온실에서 컨테이너를
관리하는 경우라면, 여러
가지의 식물 조합을
고려해 선택을 하도록
한다. 많은 사람들이
첫인상만 가지고 너무
많은 화분과 식물을
구입하는 실수를 범한다.

자신의 디자인 감각을
믿고, 함께 심고자 하는
식물들과 컨테이너의
모양, 식물의 형태를 미리
스케치하도록 하자.

컨테이너와 식물의
질감이나 형태가 서로
대조를 이루는 디자인은
눈을 즐겁게 해줄 것이다.
예를 들어, 둥근 모양으로
전정한 월계수를 사각형의
베르사이유 박스에
식재한다거나, 세련된
금속 재질의 컨테이너에
가시가 있는 용설란을
식재하는 등 대비가 강한
디자인이 가능하다.

자신이 좋아하는 식물이 직립성인지 혹은 덩굴성인지 그 특성을 알고,
일반적으로 키웠을 때 크기와 높이를 알고 있어야 한다. 첫 번째로
구입하려는 식물에 대한 설명서를 체크한다. 컨테이너 정원사에게
가장 중요한 기술 중 하나가 식물이 자라는 과정을 이해하고 그 형태를
아는 것이다. 선택한 화분과 주변 환경에 어울리는 형태의 식물을
선택해야 한다.

적합한 화분, 적합한 식물, 적합한 형태

균형과 비례가 적절하게 표현되기 위해 기본적인 식재 형태를 알아야
하므로, 여기에서는 주요 식재 형태의 개요를 설명하고자 한다.

컨테이너와 식물의 조화
컨테이너에 심을 식물을 고를 때, 자신의 심미안을 믿고 가장 좋은 것을 고른다. 사진처럼
위압적으로 보이는 구성의 식물도 무겁고 기하학적인 모양의 컨테이너와 완벽히 어울린다.

직립형

사각형

타원형

직립형 컨테이너는 주의를 요한다. 직립형은 현대적이고 감각적인 느낌을 줄 수 있으며 산뜻하게 전정한 형태와 잘 어울린다. 그리스 항아리 같은 키가 큰 컨테이너를 정원 가장자리에 배치하면 평면적인 정원에 높이감을 줄 수 있으며, 덩굴성 식물을 올리는 데도 적합하다. 또한 향기가 있는 식물을 심을 경우 보다 가까이에서 감상할 수 있어 효과적이다.

윈도우 박스와 물통의 전형적인 모양이 사각형이다. 긴 물통과 윈도우 박스에는 정형적이든 비정형적이든 대칭으로 식재를 하는 것이 좋다. 색채를 풍부하게 식재하여 비정형적으로 편안한 배치하면 직선의 느낌을 완화시켜준다.

둥근 형태는 비정형적이며, 고요하고 안정된 분위기를 연출할 수 있다. 중심부에 배치할 컨테이너로는 둥근 형태의 화분이 적합하며, 편안한 대칭적 구조로 식재하여 모든 각도에서 감상할 수 있다.

식물과 컨테이너 아이디어

- 키가 큰 테라코타 분에 둥근 모양의 회양목Buxus spp.을 식재한다(위사진).
- 키가 크고, 경사진 아연도금 컨테이너에 깃털잔디Stipa tenuissima를 심는다.
- 홈통처럼 긴 테라코타 분에 리갈백합Lilium regale 을 심는다.
- 아티초크Cynara cardunculus와 레이디 플리머스 Lady Plymouth 품종 센티드 제라늄Pelargonium spp.을 석재 그리스 항아리에 심어 정원 가장자리에 배치한다.

- 윈도우 박스에 핑크색과 자주색의 페튜니아, 제라늄, 블루 나팔꽃, 핑크빛이 도는 담자색 로벨리아, 애기코스모스Brachycome로 늘어뜨려 식재하였다(위사진).
- 둥근 모양의 회양목, 시클라멘, 비올라, 늘어지는 아이비를 나무 윈도우 박스에 식재한다.
- 현대적인 느낌의 아연도금 물통에 파운테인 그래스Pennisetum orientale 'Karley Rose'를 심는다.
- 자주색 양배추, 프렌치 메리골드Tagetes patula, 한련화를 석재 사각 컨테이너에 심는다.

- 헤우케라 속 식물Heuchera 'Silver scrolls' & Heuchera americana과 흑소엽맥문동Ophiopogon planiscapus 'Nigrescens'을 식재하였다(위사진).
- 왜성 단풍나무Acer palmatum 'Atropurpureum' 를 유약을 칠한 동양적 분위기의 컨테이너에 심는다.
- 둥근잎 옥잠화Hosta tokudama와 무늬옥잠화Hosta undulata를 둥근 테라코타 분에 무리지어 심는다.
- 블루 페스큐Festuca glauca를 타원형의 반짝이는 금속 컨테이너에 식재한다.

평면형

부채 모양

종 모양

깊이가 낮은 분에 식재하는 경우 위에서 내려다보는 위치에 배치하게 되며, 내려다보기에 아름다운 식물을 선택하게 된다. 이러한 형식의 컨테이너는 가까이에서 감상할 수 있도록 주거용 건물 옆에 배치하게 된다. 넓고 깊이가 얕은 분은 토양이 담기는 공간이 적기 때문에 뿌리가 많이 발달하지 않고, 키도 작은 식물이 심기에 적합하다.

가장 전통적인 컨테이너 형태로 식물의 뻗어나가는 특성과 연결되어 컨테이너의 선이 연장되도록 구성한다. 이러한 구성은 위부분이 너무 무거우면 넘어질 위험이 있으므로 무겁지 않도록 주의해서 식재한다.

잎이 작은 언덕 모양으로 나오고 꽃대가 위로 향하는 식물과 덩굴성으로 늘어지는 식물을 선택하여 외곽선을 부드럽게 한다. 종 모양의 구성에서는 식물이 자라면서 컨테이너가 보이지 않게 되므로 저렴한 제품을 사용할 수 있어 경제적이다.

식물과 컨테이너 아이디어

- 넓고 얕은 테라코타 접시형의 컨테이너에 심은 바위솔Sempervivums(위사진).
- 깊이가 낮은 나무 컨테이너에 무늬 있는 레몬타임Thymus citriodorus 'Variegata', 미니 아이리스Iris reticulata, 노란색 크로커스를 함께 식재한다.
- 부추꽃Armeria spp., 꽃잔디Phlox subulata, 바위취 Saxifraga spp.를 석분에 심고 자갈로 덮어준다.
- 오스테오스페르멈Osteospermum과 헤우케라 Heuchera 'Plum Pudding'를 얕은 컨테이너에 식재한다.
- 쥐손이풀cranesbill, 용담gentians과 같은 여러 종류의 고산 식물을 석분에 식재한다.
- 미니 수선화와 아네모네 블란다Anemone blanda 를 함께 식재하거나 바위취를 모아심기한다.

- 테라코타 컨테이너에 마거리트Argyranthemum spp.를 식재하였다(위사진).
- 전통적인 테라코타 컨테이너에 둥글게 전정한 회양목Buxus spp.을 식재한다.
- 옥스아이 데이지Leucanthemum vulgare, 다이어스 캐모마일Anthemis tinctoria 'Sauce Hollandaise', 히말라야엔세 제라늄Geranium himalayense 'Plenum', 코르딜리네, 자주색 페튜니아를 참나무통에 식재한다.
- 나무통에 스위트 훼넬Foeniculum vulgare로 풍성하게 식재한다.
- 커리플라워Helichrysum italicum, 유럽부채야자 Chamaerops humilis등의 식물을 식재할 수 있다.

- 헤우케라Heuchera 'Cappuccino', 아이비Hedera helix 'Light Fingers', 흑소엽맥문동Ophiopogon planiscapus 'Nigrescens'을 테라코타 컨테이너에 식재하였다 (위사진).
- 마가리트, 오스테오스페르멈, 페튜니아, 버베나, 회색잎 헬리크리섬Helichrysum petiolare 을 가는 플라스틱 바구니에 식재한다.
- 무늬 아이비, 제라늄, 덩굴성 후크시아, 덤불 후크시아, 라임그린잎 헬리크리섬Helichrysum petiolare을 걸이 화분에 심어준다.
- 테라코타 분에 딸기를 심어준다.

조형적 형태

고사리나 야자류와 같은 조형적인 식물의 독특한 형태적 특성이 잘 나타나도록 컨테이너를 선택해야한다. 각이 선명하고 현대적인 형태의 컨테이너에 끝이 뾰족하고 날카로운 다육식물이나 선인장에 식재하면 잘 어울린다. 조형적 구성의 컨테이너는 포컬포인트로 이용할 수 있다.

자유형

정원에 활력과 변화를 주고자 한다면 특정한 규칙 없이 새로운 시도를 해보자. 기하학적 형태, 반짝이는 주철의 재질감, 윤이 나는 장식적 석재 컨테이너에 참나무를 식재하는 조합 등이 가능할 것이다. 또한, 오래된 페인트 통, 가는 바구니, 커다란 올리브 오일캔, 낡은 손수레 등을 이용하여 저렴하고, 손쉬운 플랜터로 재활용해보는 것도 좋다. 재활용하는 컨테이너가 너무 화려하다면 식물이 늘어지게 하여 가려줄 수 있을 것이다. 재활용 컨테이너 외관이 아름답다면 컨테이너를 가리지 않는 위로 자라는 식물을 식재하여 구성할 수 있을 것이다.

- 용설란 Agave americana 을 광택이 나는 스테인레스 스틸 재질의 컨테이너에 식재하였다 (위사진).
- 크레타 점토분에 잘 전정된 주목 Taxus spp. 이나 회양목을 식재한다.
- 테라코타 분에 코르딜리네를 식재하거나, 함석통에 대나무를 식재한다.

- 구리 재질의 콘 모양 컨테이너에 왜성 공작단풍나무 Acer palmatum dissectum 'Crimson Queen' 를 식재하였다(위사진).
- 커다란 조개껍질에 에케베리아를 단독으로 식재한다.
- 아이들의 모래놀이 양동이에 여러 색의 튤립을 식재한다.
- 화분이 보이지 않도록 두꺼운 로프나 체인으로 감싸준다.

- 낡은 손수레에 채소들을 심어서 가꾸어보자. 훌륭한 컨테이너 역할을 하게 된다(위사진).
- 낡은 음식물 통에는 감자를 심어보자.
- 버려진 램프 갓을 재활용하여 딸기를 심고, 상토 포대를 이용하여 토마토를 심어보자.
- 내건성이 강한 바위솔 Sempervivum, 무늬 바위취 Saxifraga 'London pride', 세둠 속 식물을 주방그릇에 심어보자.
- 타임이나 오레가노 같은 허브식물을 도금한 낡은 캔에 심어보자.

컬러 사용하기

사람들은 저마다 좋아하는 색이 있으며, 자신이 좋아하는 색이 무엇인지를
알 필요가 있다. 물론 각자 좋아하는 색이 다르듯이 컨테이너 식물에 대해서도
다르게 나타나므로, 개인적 취향에 맞는 컬러 계획을 세워보자.

식물색상 조언

자주색, 담자색은 응용이
자유로운 색상이다.
모든 식물에 대체로 잘
어울리는 자주색 계열의
식물로는 버베나가 있다.

함께 사용하기 가장
어려운 색상은 오렌지,
연어색, 핑크색으로
조심해서 사용하도록
한다.

보다 세련되고, 현대적인
색상을 계획한다면,
레이디스 맨틀이나
유포르비아 식물과 같은
라임 그린이나 애시드
옐로 색상을 이용한다.

계절에 어울리는 색상을
사용하도록 한다.

식물 생육이 어려운
겨울철에는 열매류,
수피, 가지들의 색상을
유용하게 이용할 수 있다.

단색 계획을 한다면, 잎과
꽃의 색상에서 다양한
명도를 표현하도록 한다.

난색 계열의 색상을
계획한다면 녹색의 잎이
많은 식물을 심어 조화를
꾀할 수 있다.

식물을 심을 컨테이너를 고를 때 좋아하는 색을 고르게 되는 경우가 대부분이다. 열은
자주색과 열은 노란색을 좋아하는 사람이라면 오렌지나 자주색 화분을 보면 거부감을
보일 것이다. 색채조화를 고려한다면, 주변과 어울리지 않는 색상의 부조화 또는 명암을
피할 수 있을 것이다. 색채연습을 통해 각각의 색상이 최대로 어울리는 꽃의 색상을
사용할 수 있게 되며, 색의 조화와 대조에 대해 이해하고 있다면 다양하고, 흥미로운
식물 조합을 시도해볼 수 있을 것이다.

색상환

색채를 이해하기 위해 기본적인
색상환표를 사용할 수 있다. 일차적으로
색상을 빨강, 파랑, 노랑의 삼원색으로
나눌 수 있으며, 삼원색은 서로 공유하는
색이 없이 단일색상으로 고유의 색을
나타낸다. 원색을 섞어 색을 만들 수
있는데, 빨강과 파랑을 섞어 보라색을,
파랑과 노랑을 섞어 초록색을, 노랑과
빨강을 섞어 주황색을 만들 수 있으며,
이렇게 만들어진 색을 중간색이라 한다.

색상환 이용하기

기본적인 색채학을 이해하고, 적용할
수 있는 정원사라면 미술에서 사용되는
색상환을 이용하여 서로 어울리는 색상을
선택하여 아름다운 정원을 창조할 수 있을
것이다.

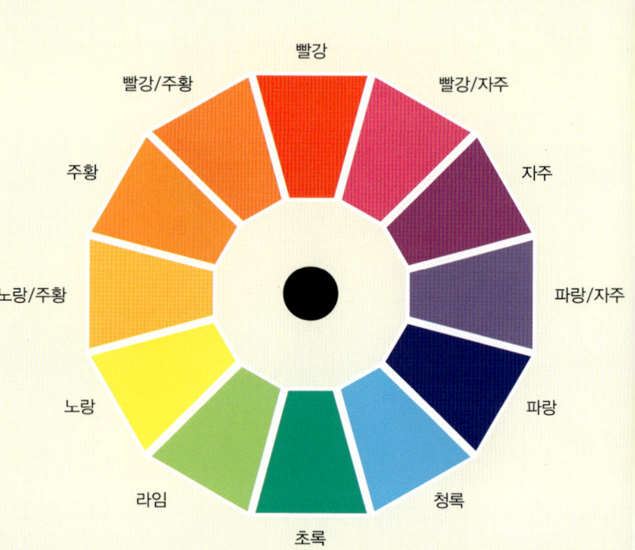

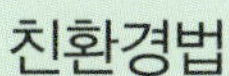

◀ 보라와 블루의 명암
테라코타 컨테이너에 두 종류의 크로커스를 보랏빛 아이리스Iris reticulata 'Harmony'와 함께 식재하여 유사색 조화를 이루고 있다. 여기에 노란색 수선화를 심어 아이리스의 보랏빛에 보색효과를 꾀하였다.

▲ 파랑에서 자주
하나의 분에 보색색상의 꽃을 함께 심었다. 튤립의 오렌지색이 보랏빛 팬지와 화분의 파랑에 의해 더욱 선명하게 보인다.

친환경법

자연에서 빌리자

식물조합과 색상을 계획할 때 주변의 자연환경을 둘러보자. 주변 환경과 컨테이너가 잘 어울릴 수 있도록 해주며, 벌이나 나비와 같은 수분매개자들을 유인할 수도 있다.

보색색상

가장 조화롭고, 안정적인 색상은 색상환에서 옆에 위치하는 유사색상들이다. 노랑과 보라와 같이 색상환의 정반대에 위치한 색상들은 매우 대조적인데, 이와 같은 색상의 조화를 보색대비라 한다. 영국 조경가 존 콘스터블은 그의 정원에서 항상 약간의 빨강색을 배치하여 녹색을 강하게 표현하였다. 프랑스 인상파 화가들도 보색색상을 자주 사용하였는데, 의도적으로 자주색 점을 찍어 노란색을 보다 선명하게 표현하였다. 보색색상을 함께 사용하면 강렬한 조화를 만들 수 있다.

난색계열의 색상

빨강, 오렌지, 핑크와 같은 난색계열의 색상은 주의를 집중시킬 뿐 아니라 정원을 매력적으로 만들어준다. 대부분의 난색계열의 꽃들은 태양광을 좋아하며, 밝은 햇빛 아래에서 가장 아름답게 보인다. 난색계열은 팽창하는 느낌이 있어 작은 정원에 사용하면, 공간을 더욱 작게 보이게 하여 불안정해 보일 수 있다. 시각적 효과를 위해 가까이 위치한 난색계열 색상(빨강, 오렌지, 노랑)을 2-3가지 선택하고 정반대에 위치한 색상(파랑)으로 보색 효과를 주면 활력이 넘치는 정원을 만들 수 있다. 파스텔 계열의 색상은 화려한 색상 옆에 있으면 묻혀 색상이 표현되지 않으므로 밝은 색상 옆에는 파스텔 색상을 배치하지 않는다.

▲ 난색계열의 테라스
테라코타 컨테이너에 키 큰 칸나와 달리아로 난색계열의 인상적인 배치를 하였다. 파란색 창문과 바닥 포장이 붉은색을 누그러뜨리며 대조를 이루고 있다. 난색계열 색상의 컨테이너를 강조하려는 것이 아니라면, 집 가까이에 강렬한 배치를 하는 것이 좋다.

컨테이너 색상 제언

집과 정원 색채계획에 어울리는 컨테이너를 선택하라.

위험을 무릅쓰지 마라. 테라코타는 대부분의 색상과 어울린다.

반짝이는 은색 잎의 식물은 특히 현대적인 감각의 금속 재질 컨테이너에 잘 어울린다.

다양한 색상의 유약을 바른 견고한 컨테이너를 선택한다.

색상 있는 컨테이너를 고르거나 칠을 할 경우에 식물 식재 계획에 어울리는 것을 선택할 수 있어야 한다.

권위적인 식재 계획을 세웠다면, '구식'의 보다 자연적인 색상을 이용하라. 밝고, 현대적인 느낌의 중간색을 사용하면 세련된 식재를 꾀할 수 있다. 항상 색상환표를 기억해두자 (p22 참고).

녹색과 회색의 조화
회색의 패널, 테라스, 연못, 검정색 컨테이너가 블루페스큐Festuca glauca 'Blue Glow'와 다른 관엽식물들로 어우러져 강조되는 세련된 정원으로 전체적으로 평화롭고 고요한 느낌을 주고 있다.

한색과 파스텔 색상

크림색과 흰색을 포함한 파스텔 색상은 다루기가 쉬우며, 난색계열의 색상과 달리 한색계열 색상에 임의적으로 배치해도 잘 어울린다. 더운 여름날 저녁에 향기로운 라벤더와 흰색과 핑크색의 리갈백합이 가득한 화분으로 둘러싸인 테라스에서 즐기는 휴식은 매우 즐겁다. 색상이 눈을 편안하게 해주며, 흰색 꽃들은 해가 진 후에도 밝게 빛나고 있다.

부드러운 색상

부드러운 색상은 작은 정원이나 그늘진 구석공간을 넓어보이게 하는 효과가 있다. 색상환에서 가까이에 위치한 색상의 파스텔 색상을 선택하면 조화롭게 배치할 수 있다. 정반대에 위치한 파스텔 색상은 현대적이고 세련된 감각을 주게 된다. 한 가지 색상을 사용할 경우에는 명도를 다르게 조합하는 것이 좋다.

잎의 역할

잎은 꽃만큼이나 중요한 역할을 하게 된다. 꽃을 감싸주어 더욱 돋보이게 해주며, 때로는 아름다운 잎을 감상하기도 한다. 회녹색 잎은 꽃들의 강렬함을 누그러뜨리는 효과를 보이는 반면, 진한 녹색은 난색을 더욱 강렬하게 만들어준다. 상록성의 잎은 정형적인 특징을 갖는다. 어둡고 진한 색상의 잎은 밝은 색상의 난색계열 꽃들을 차분하게 만들어줄 뿐 아니라 정원에 깊이감과 극적효과를 주어 분명하고 조화로운 특징을 부여해준다.

진한 색상의 식물은 현대적인 디자인의 도금 처리된 금속 컨테이너, 윤이 나는 청동 컨테이너 등에도 잘 어울린다. 그러나 너무 어두운 색상의 컨테이너는 답답할 수 있으니 주의하는 것이 좋다.

은색의 잎은 진한 색상보다 훨씬 편안하고, 공간이 확장되는 느낌을 준다. 특히 핑크 계열이 은색과 자주색의 잎에 잘 어울린다. 잎으로만 컨테이너를 디자인할 때에도 색상환을 이용하여 색채 조화의 원리를 따르도록 한다.

담자색 식재
오래된 흰색 법랑 그릇에 페튜니아, 후크시아, 로벨리아, 별꽃Isotoma을 혼합식재하여 담자색의 디자인을 하였다. 비슷한 채도의 담자색 꽃들이 조화를 이루고 있으며, 여기에 진한 자주색 페튜니아와 흐린 자주색 로벨리아를 더해 단조로움을 피했다.

색상의 실제

포도주색^(버건디)

대표식물:
아주가Ajuga'Burgundy Glow'

사진설명: 둥글고 짙은 포도주색의 아주가 잎이 밝고 싱싱한 녹색과 노란색의 창 모양 노랑꽃창포Iris pseudacorus 'Variegata' 잎과 대조를 이루고 있다. 두 식물 모두 습하고, 반그늘을 좋아한다.

계절: 아주가 식물은 상록성이며, 4월과 5월에 푸른색의 수상화서가 핀다.

함께 심을 만한 식물: 초여름에서 늦여름까지 알리움Allium 'Purple Sensation'과 네리네Nerine bowdenii를 심으면 색상이 어울린다.

이외 식물들: 헤우케라Heuchera 'Plum Pudding', 크리스마스 로즈Helleborus orientalis, 릴리움 네팔렌스Lilium nepalense, 튤립Tulipa 'Burgundy'

빨강색

대표식물:
동백나무Camellia japonica 'Barbara Morgan'

사진설명: 붉은색 꽃잎에 노란색 수술이 매우 화려하며, 윤이 나는 진한 녹색의 잎과 대조를 이루어 아름답다.

계절: 상록성의 잎으로 연중 즐길 수 있으나, 특히 겨울철에 이용하기 좋으며, 이른 봄에 보석같이 아름다운 꽃이 피는 모습은 식물의 가치를 더해준다.

함께 심을 만한 식물: 내한성이 강한 폴리스티쿰Polystichum setiferum 'Pulcherrimum bevis'과 스노우드롭Galanthus 'Atkinsii'이 잘 어울린다.

이외 식물들: 달리아Dahlia 'Grenadier', 애기범부채Crocosmia 'Lucifer', 흰말채나무의 붉은 가지Cornus alba 'Sibirica', 띠Imperata cylindrica 'Rubra'

오렌지색

대표식물:
단풍나무Acer palmatum

사진설명: 전세계 400여종이 있으며, 컨테이너에는 작고, 내한성이 강한 왜성 단풍나무 품종이 적합하다. 단풍나무 '아트로퓨퓨레움'Acer palmatum var. dissectum 'Atropurpureum'과 '오사카즈키'Acer palmatum 'Osakazuki' 품종이 밝은 오렌지와 심홍색의 단풍이 들며 플랜터에 식재하기 적합한 크기이다.

계절: 레드, 주홍색, 오렌지, 노랑색 등으로 단풍이 드는 가을철이 아름답다.

함께 심을 만한 식물: 단풍나무만 심는 것이 좋은데, 시베리아 붓꽃Iris sibirica, 옥잠화, 황금풍지초Hakonechloa macra와 같은 동양적인 식물이 어울린다.

이외 식물들: 금잔화Calendula officinalis 'Fiesta Gitana', 한련화Nasturtium 'Alaska', 크로커스Crocus ancyrensis 'Golden Bunch'

노랑색

대표식물:
튤립Tulipa 'West Point'

사진설명: 장식적인 테라코타 컨테이너에 심겨진 노랑색 튤립이 자줏빛 푸른색의 물망초Myosotis sylvatica와 보색대비를 이루고 있다.

계절: 봄에 꽃이 핀다.

함께 심을 만한 식물: 월플라워Erysimum 'Primrose Monarch', 다크블루 혹은 자주색의 팬지Viola 'Blue Blotch', 블루 페스큐 등이 어울린다.

이외 식물들: 원추리Hemerocallis citrina, 마거리트Argyranthemum 'Jamaica Primrose', 피튜니아Petunia 'Prism Sunshine', 해바라기Helianthus 'Teddy Bear', 크로커스Crocus 'Romance'

색상의 실제

녹색

대표식물:
꽃담배Nicotiana 'Lime Green'

사진설명 : 골드크리핑제니Lysimachia nummularia 'Aurea'와 헬리크리섬 Helichrysum petiolare 'Limelight' 이 식재된 테라코타 분에 향기가 있는 꽃담배Nicotiana 'Lime Green' 를 식재하였다. 녹색 잎과 꽃의 은은한 파스텔 색조가 눈의 피로를 덜어준다. 근접색상을 이용한 조화의 좋은 예가 된다.

계절 : 여름에 적합하다.

함께 심을 만한 식물:
코르딜리네Cordyline australis , 심홍색의 제라늄Pelargonium 또는 하부식재용 키 큰 꽃담배Nicotiana sylvestris 등이 어울린다.

이외 식물들 : 파인애플 릴리Eucomis bicolor , 백일홍Zinnia elegans 'Envy'

파랑색

대표식물:
무스카리Muscari armeniacum

사진설명 : 희고 타원형의 에나멜 칠을 한 주방용 볼에 무스카리를 산뜻하게 배치하였다. 무스카리의 밝은 파란색이 배경의 노란색 수선화와 선명하게 대비되고 있다.

계절 : 봄에 적합하다.

함께 심을 만한 식물:
수선화Narcissus 'Tete-a-tete' , 앵초Primula veris , 빈카Vinca minor , 프리틸라리아Fritillaria pyrenaica

이외 식물들 : 클레마티스Clematis 'Perle d'Azur' , 히아신스Hyacinthus orientalis 'Delft Blue' or 'King Cordo' , 메꽃Convolvulus sabatius , 로벨리아Lobelia erinus 'Riviera Sky Blue' , 캄파뉼라Campanula 'Takion Blue'

보라색

대표식물:
짙은 보라색 아이리스Iris spp.

사진설명 : 아이리스 마티나타 'Matinata' 또는 타이탄스 글로리 'Titan's Glory' 같이 벨벳 질감의 풍부한 색채의 보라색 아이리스를 커다란 맥주통 같은 컨테이너에 식재하였다. 파스텔 톤의 회녹색 잎에 의해 꽃이 지나치게 어두워 보이지 않도록 한다. 오렌지와 선명한 녹색 잎을 함께 식재하여 역동적인 효과를 볼 수 있다.

계절 : 초여름

함께 심을 만한 식물:
블루 오트그래스Helictotrichon sempervirens , 유포르비아Euphorbia griffithii , 헤우케라Heuchera 'Plum Pudding'

이외 식물들 : 알리움 속 식물들, 제라늄Geranium wallichianum 'Buxton's Variety' , 버베나Verbena bonariensis, 가지, 바위솔Sempervivum 'Purple Queen' , 팬지Viola 'Penny Violet Flare'

담자주색

대표식물:
라벤더Lavandula stoechas 'Papillon'

사진설명 : 담자주색상이 모든 색상 중에서 가장 부드러우며, 회녹색의 향이 나는 잎을 가진 프렌치 라벤더는 컨테이너 정원에 마음을 진정시키고, 즐거움을 주는 유용한 식물이다.

계절 : 6월에서 7월은 꽃에서 꿀을 찾으려는 곤충들이 몰려드는 시기이다.

함께 심을 만한 식물 : 올리브나무나 월계수 나무 아래에 심거나, 퍼플세이지나 커리 플랜트 Helichrysum italicum 같은 허브 식물 옆에 잘 어울린다.

이외 식물들 : 월플라워Erysimum 'Bowles' Mauve' , 로벨리아Lobelia erinus 'Waterfall Light Lavender'

분홍색

대표식물:

시클라멘 Cyclamen coum

사진설명: 매력적인 석재
컨테이너에서 시클라멘의
여성스러운 분홍색이 더욱
돋보인다. 옅은 색상의 품종을 함께
심어 부드럽게 표현되었으며, 두
가지 분홍색 무늬가 있는 회녹색의
잎과 잘 어우러진다.

계절: 봄에 적합하다.

함께 심을 만한 식물: 파랑과
보라색 크로커스, 프리뮬라 Primula
'Miss Indigo', 에케베리아 등이 함께
심기에 적당하다.

이외 식물들:
글라디올러스 Gladiouls communis ssp.
byzantinus, **오스테오스페르멈**
Osteospermum jucundum, 금낭화
Dicentra spp.

흰색

대표식물:

아가판서스

사진설명: 주목 생울타리의 짙은
녹색을 배경으로 아가판서스의
우아한 순백색이 대조를 이루고
있다. 아가판서스는 뿌리가
컨테이너를 가득 채우고 있을 때
꽃이 최상의 품질을 보여준다.

계절: 늦여름에 꽃을 즐길 수 있다.

함께 심을 만한 식물: 아가판서스만
심어도 좋으며, 애기범부채 Crocosmia
'Lucifer', 꽃담배 Nicotiana sylvestris,
회양목 생울타리, 라벤더 등과
어울린다.

이외 식물들:
흰색 금어초 Antirrhinum majus,
라바테라 Lavatera trimestris 'Mont Blanc'

검정색

대표식물:

팬지 Viola 'Molly Sanderson'

사진설명: 검정에 가까운 꽃이 피는
몇 안 되는 식물 중 하나로 독특한
색상으로 눈을 사로잡는다. 팬지는
약간의 덩굴성 특성을 가지고
있으며, 꽃이 작아 혼합식재를 통해
색상을 잘 표현할 수 있다. 진한
보라색을 강하게 표현하고 싶다면
가까이에 노란색 식물을 심는다.
보라색 꽃잎에 노란색이 있는 팬지
품종은 이러한 대비 효과를 강하게
표출할 수 있다.

계절: 초여름에 꽃이 좋다.

함께 심을 만한 식물:
늘어지는 버베나 'Tapien Violet'과
골든크리핑제니 Lysimachia nummularia
'Aurea'

이외 식물들:
블랙아이리스 Iris chrysographes,
흑소엽맥문동 Ophiopogon planiscapus
'Nigrescens', 에오니움 Aeonium
'Zwartkop'

갈색

대표식물:

사초 Carex buchananii

사진설명: 색상환에 있는 색을
모두 섞으면 갈색이 만들어진다.
갈색은 가장 자연적인 색상으로
죽거나 마른 식물 외에도 자연계에
넓게 분포되어 있음을 알 수 있다.
이들은 자연환경과 완벽한 조화를
이루고 있으며, 명도에 따라 옅은
베이지에서 짙은 월넛색까지 다양한
색상이 있다. 최근 정원용 그래스를
금속 재질의 컨테이너에 심어
아름답게 표현하고 있다.

계절: 늦여름과 가을

함께 심을 만한 식물:
버베나 Verbena bonariensis,
헬레니움 Helenium autumnale 'Moerheim
Beauty'

이외 식물들:
스위치그래스 Panicum virgatum,
적피단풍 Acer griseum

질감

부드럽고 털이 난 벨벳 느낌의 램스이어에서 선인장의 뾰족한 바늘에 이르기까지
식물은 다양한 질감을 가지고 있다. 식물의 질감을 강조한 화분은 컨테이너 정원에서
매우 인상적인 느낌을 준다.

식물 리스트

용설란 Agave	뾰족함
회양목 Boxwood	산뜻함
선인장 Cacti	가시가 많음
칸나 Cannas	왁스층이 있는
고사리류 Ferns	깃털같이 가벼움
그래스류 Grasses	부드러움
램스이어 Lamb's ears	벨벳 같음
이끼 Moss	푹신함
양귀비 Poppies	종이 같음
다육식물 Succulents	다육질의

컨테이너 정원을 다양한 색상의 꽃들로 배치하는 구성은 색상만으로도 충분히
아름답기 때문에 매우 쉬운 작업이 될 수 있다. 그러나 색상만으로 이루어진 정원은
패스트푸드를 먹은 후에 소화가 잘 안되는 것처럼 완벽한 감흥을 불러오진 못한다.
경험이 많은 컨테이너 정원 디자이너일수록 잎이 주는 즐거움과 다양한 색상보다는
질감이 더욱 중요하다는 것을 알게 된다. 시각적 아름다움을 위해 비슷한 질감끼리
놓아보자. 활력을 북돋는 정원에는 뾰족한 식물을, 편안한 분위기 연출에는 둥근 식물을
이용한다. 잎의 크기 또한 매우 중요한데, 가볍고 하늘하늘한 느낌의 아디안텀과 뻣뻣한
느낌의 코르딜리네를 함께 식재한다거나, 둥글고 다육질의 바위솔과 반들거리는 좁은
잎의 흑소엽맥문동을 함께 식재하여 근사한 전경을 만들 수 있다.

　질감은 식물뿐 아니라 컨테이너에서도 표현될 수 있으므로 부드러움, 거친 질감,
광택이 없는 것, 반짝이는 질감 등과 같이 대조적인 질감을 사용해보자. 때에 따라서는
질감 표현이 잘 되어 만져보고 싶은 충동을 일으키기도 한다. 봄철 구근 잎이 나오기
전에 부드러운 이끼로 마운드를 만들어 주거나 솜털이 난 벨벳 느낌의 램스이어를
만져보자.

◀ 부드럽고 벨벳 같은 느낌
사각형의 컨테이너에 심은
작은 라벤더를 창턱에 나란히
배치하였다. 부드럽고 푹신한
이끼를 이용하여 구릉이 있는
자연적인 느낌을 주었다. 이끼를
이용할 때는 부드럽게 두드려서
분을 덮을 수 있도록 한다. 숲에서
이끼를 채취하는 행위는 생물들의
서식지를 파괴하게 되므로
오른쪽에서 소개하는 방법을
이용하여 직접 만들어보는 것은
어떨까?

◀ 길고 뾰족한 느낌
뾰족한 느낌의 데실리온 Dasylirion glaucophyllum이 균형감 있는 컨테이너에서 분출하는 모습은 주변의 부드럽고 도톰한 다육식물의 잎과 대담한 대조를 이룬다.

▼ 가시가 많음과 매끈함
테라코타 분에 왜성 소나무와 그래스류를 식재하여 바닷가 정원의 데크를 인상적으로 장식하였다. 소나무의 침엽과 그래스류의 부드러움, 거기에 테라코타 분의 분필가루가 묻은 듯 매끄러운 표면의 대조가 어우러져 활기찬 느낌을 만들어준다.

친환경법

이끼 기르기

자연스러운 연출을 위해 컨테이너에 이끼를 길러보자.

1. 주방에서 사용하는 블랜더에 이끼 한 움큼을 넣는다.
2. 백설탕이나 버터밀크 반 티스푼과 맥주 한 캔을 첨가한다.
3. 대충 섞어서 컨테이너나 컨테이너에 놓인 바위 등과 같이 이끼를 덮으려는 곳에 혼합물을 펼쳐놓는다.
4. 직사광선을 피해 물을 끓여 식힌 후 스프레이를 하여 습도를 유지해준다.

날카롭고 단단한 구성 ▶
다육식물인 파키베리아 글라우카 Pachyveria 'Glauca'를 현대적 감각의 금속 컨테이너에 자갈을 깔고 정형적인 형태로 식재하였다. 질서있게 균형잡힌 배식으로 자신감 있고 감각적인 모습을 보여준다. 끝이 뾰족하고 매끄러운 로제트 형의 잎이 금속 컨테이너에 반사된 둥근 자갈과 표면을 덮고 있는 모래와 대조되는 효과를 보인다.

인상이 강한 컨테이너

인상적인 컨테이너를 만드는 방법은 대담하고,
크게 생각하는 것이다. 대부분의 정원은 디자인 계획서에 따라 만들어지게
되는데, 컨테이너 정원은 좀더 대담하게 계획해보자. 정신없는 화단보다는
좋아하는 식물조합을 컨테이너에 심어 시선을 끄는 것이 좋다.

식재를 위한 6가지 비법

식물리스트

천사의 나팔Brugmansia spp.

칸나Cannas

코르딜리네Cordyline

달리아Dahlias

나무고사리Dicksonia antarctica

팔손이Fatsia japonica

나팔나리Lilium longiflorum

허니부시Melianthus major

억새Miscanthus sinensis 'Morning Light'

잎새란Phormium

1 단순하면서 인상적으로

자주색의 반짝이는 컨테이너에 큰꽃알리움을 심었다. 알리움은 직사광 아래에서 잘 자라며, 가을에 구근을 심으면 초여름에 인상적인 광경을 연출할 수 있다. 모래나 왕모래를 섞어 배수가 잘 되는 토양에 심도록 하며, 높이는 150cm까지 자랄 수 있다. 식물을 많이 심어주면 서로 지지를 하여 버틸 수 있으므로 지지대를 따로 세우지 않아도 된다. 컨테이너는 바람이 부는 곳은 피해서 배치하도록 하고, 꽃피는 시기가 지나면 잎도 자연스럽게 죽고 이듬해 다시 꽃이 핀다.

◀ **자주색 반짝이는 컨테이너에 심은 큰꽃알리움**Allium giganteum
알리움 중 가장 키가 커서 강렬한 포컬포인트가 될 수 있다. 관상용 그래스와 함께 사용하거나 지중해풍 식재계획에 사용하면 특히 강렬한 표현이 가능하다. 컨테이너에 봄구근과 함께 심어 봄부터 초여름까지 꽃을 볼 수 있게 계획할 수 있다.

컨테이너가 돋보이게 하는 요령

길, 담장, 퍼골라 등과 같이 시선을 이끄는 곳에 컨테이너가 배치되도록 하는 것이 요령이다.

컨테이너 크기가 작다면, 받침대 등을 이용하여 높이를 높여준다.

넓은 공간에 배치할 계획이라면 바닥이 좁은 컨테이너는 바람이 불거나 하면 쓰러지기 쉬우므로 피하도록 한다.

좋은 재료로 만들어진 독특하고 감각적인 컨테이너는 비용이 매우 비싸다.

커다란 테라코타 분, 베르사이유 박스, 그리스 항아리 등은 그 자체로 인상적인 식재가 가능하며, 시각적 영향력을 가지게 된다.

식물을 심을 생각이라면, 독특한 형태의 식물을 선택하도록 한다.

컨테이너와 전체 디자인이 크지 않다면, 작은 화분을 층층이 겹쳐 쌓아서 하나의 통일된 형태를 만들어준다.

컨테이너를 주문제작하는 것도 매우 독창적인 디자인을 계획할 수 있다(예, 현관문 색상과 같은 색상의 화분을 이용하는 등)

▲ 과시
화려한 천사의 나팔Brugmansia 꽃이 테라스에 강렬한 이미지를 부여한다. 이 식물은 독성이 있으므로 애완견이나 어린아이들이 만지지 않도록 주의한다.

2 위를 향하여

붉은색 띠와 흑소엽맥문동을 함께 식재한 독특한 조합은 배수가 잘되고, 습하면서 양분이 충분한 토양에 심도록 한다. 사용된 식물들은 햇빛을 좋아하지만, 약한 그늘도 견딜 수 있다. 겨울에는 전정하지 않는다. 늦여름 햇빛이 붉은색 띠의 아름다운 잎을 비추는 장소에 배치하라.

3 클래식하고 조용하게

장식적인 커다란 석재 컨테이너에 일년초를 심는다. 잎과 꽃이 산만하지 않게 적절히 조절하여 일년초를 식재하면 석재 항아리를 가장 아름답게 표현할 수 있게 된다.

4 위엄있게

인상적인 컨테이너에 심은 회양목 토피어리와 시클라멘과 같은 가을철 피는 꽃을 함께 식재하면 공공정원의 분위기를 연출한다. 정형적인 형태의 정원에 클래식한 '엄마 닭과 병아리'와 같은 그루핑을 보여주고 있다. 둥근 회양목 컨테이너에 시클라멘과 그래스류를 번갈아 심어주어 정형적인 배치에 색상과 질감을 더해준다. 중심의 토피어리된 회양목은 커다란 테라코타 분과 함께 높이감과 권위를 표현하고 있다.

5 크고 대담하게

컨테이너에서 자라는 천사의 나팔 꽃은 이국적인 향기가 있어 주위를 사로잡는다. 햇빛이 충분하고 배수가 잘되는 비옥한 토양에서 잘 자라는 식물로 꽃피는 시기에 질소 성분을 충분히 주면 꽃이 아름답게 핀다.

6 무대 디자인

큰 컨테이너를 둘 만한 공간이 없다면 작은 화분들로 계단식으로 층층이 꾸며보자. 뒤쪽으로 키가 큰 식물을 배치한다.

한 종류 식물로 심기(단일식재)

컨테이너에 한 종류 식물만 심는 것은 정형적이고
현대적인 디자인의 기본이라 할 수 있다. 강렬한 표현과 함께
잎, 꽃, 식물의 형태 등이 잘 표현되는 방법이기도 하다.

식물 리스트

꽃 :
아가판서스Agapanthus,
리갈백합, 튤립

잎 :
고사리 류Ferns,
옥잠화Hosta,
잎새란Phormium,
나무고사리Tree ferns

관목 :
회양목, 수국

그래스 :
대나무, 관상용 그래스류

교목 :
난쟁이 소나무dwarf mugo pine,
단풍나무

반복적으로 열을 이루거나 짝을 지어 배치하면 세련된 시각적 리듬감을 표현하기에 좋다. 단일식재에 적합한 식물로는 조형적으로 독특한 특성을 가진 매력적인 식물로 꼭 크기가 큰 식물에 한정지을 필요는 없다. 시클라멘, 바위솔, 타임, 알리움 같이 크기가 작은 식물들도 무리지어 심으면 멋진 경관을 연출할 수 있다. 봄이나 가을에 우아한 느낌의 구근식물들은 더 화려한 구근식물에 의해 그 빛을 잃기도 한다. 깊이가 낮은 그릇에 식재하여 감상하기에 좋은 자리에 배치할 수 있다. 색상조합을 다양하게 하면서 배치하면 또 다른 즐거움이 될 것이다.

제안

- 실뿌리로 이루어진 백합, 아가판서스 같은 식물들이 심기에 적합하다.
- 포복경으로 번식되는 식물이나 번식이 잘 되는 식물은 작은 정원에 적합하지 않으므로 컨테이너에 심도록 한다.

◀ **깔끔한 화이트**
페튜니아 품종을 장미 아래 식재하여 화분을 완벽히 가려주는 역할과 멋진 경관을 연출하고 있다.

친환경법

일년초 중 대표적으로 기르기 쉬운 식물로 페튜니아가 있다. 페튜니아는 산뜻하고 둥글게 자라서 화분이나 걸이 화분을 덮기에 적합하고, 벌새, 나비, 벌 등을 끌어들이기에도 좋다.

계절별 단일식재 계획

봄

튤립
Tulipa 'Ballerina'

설명: 강렬한 주황색의 백합 모양의 꽃이 피는 튤립 '발레리나'Tulipa 'Ballerina' 품종을 촘촘히 심어 인상적인 경관을 연출하고 있다. 56cm 까지 자랄 수 있다. 근사한 오렌지색 튤립으로 프린세스 이레네Prinses Irene' 품종이 있는데, 붉은색 줄이 나있으며, 자주색과 녹색 기운이 돌고 30-35cm 정도 자란다.

배치: 효과적 배치를 위해 꽃 얼굴 부분이 물망초Myosotis sylvatica의 푸른색과 대비되도록 배치하거나, 배경 식물로 노랑과 밝은 녹색을 배치하도록 한다.

컨테이너: 손잡이가 있는 도금한 금속 컨테이너가 실용적이면서 현대적인 느낌을 준다.

조언: 가을 또는 초겨울에 컨테이너 당 15개 정도의 구근을 촘촘히 심어준다.

초여름

레몬밤
Melissa officinalis 'Aurea'

설명: 테라코타 분에 심은 무늬있는 레몬밤Melissa officinalis 'Aurea'이 초여름 향기를 발산하는 포컬포인트로서 모든 각도에서 감상할 수 있는 경관을 연출하고 있다. 60-120cm까지 자란다.

배치: 손으로 문지르면 강한 레몬 향을 내는 허브 식물로 손을 뻗어 잎을 만질 수 있는 장소에 배치한다.

컨테이너: 키친가든 혹은 허브가든에 어울리는 식물로 레몬밤은 클래식한 테라코타 분에 잘 어울린다.

조언: 잎을 떼어내어 끓인 물을 부어 허브티를 즐겨보자.

친환경법

흰색의 작은 레몬밤 꽃은 벌이나 곤충들이 좋아한다.

계절별 단일식재 계획

여름

아가판서스
Agapanthus 'Purple Cloud'

설명: 아가판서스는 그 자체만으로도 멋진 모습을 연출한다. 게다가 아가판서스의 뿌리는 다른 식물들이 자라는 것을 방해하므로 단일 식재하는 것이 좋다. 포장된 길 위에 컨테이너를 일렬로 배치하면 눈을 사로잡기에 충분하다. 아가판서스*Agapanthus* 'Purple Cloud'는 8, 9월 꽃이 피고, 햇볕이 잘 드는 장소에 두도록 한다. 90cm까지 자랄 수 있다.

배치: 남아프리카 원산으로 햇빛이 잘 드는 곳에 배치한다.

컨테이너: 식물의 높이감을 부여하고 있으나, 컨테이너가 약하면 뻗어가는 뿌리에 의해 균열이 생길수도 있으니 조심하도록 한다.

조언: 추운 지역에서는 컨테이너를 잘 감싸고, 온실 등 서리를 피할 수 있는 곳에 배치한다.

늦여름

멕시칸 세이지
Salvia leucantha

설명: 매우 풍성한 모습을 연출하여 모든 이로 하여금 존재를 알게 해준다. 사실 멕시칸 세이지*Salvia leucantha*는 우아한 멋이 있으며, 늦여름과 가을에 걸쳐 꽃이 피고, 가뭄이나 병충해에 강하여 기르기 쉬운 식물이다. 대개 60-120cm까지 자라는데, 높이와 폭이 같다.

배치: 햇빛을 좋아하는 식물로 빛이 부족하면 줄기가 도장하기 쉽다.

컨테이너: 높이가 있는 컨테이너에 식재하면 자연스럽게 옆으로 늘어진다.

조언: 무성하게 자라도록 하려면 초여름에 전정을 해준다. 여름철 동안 생육하기 위해 많은 공간이 필요하다.

친환경법

세이지는 나비와 벌새가 좋아하는 식물이다.

가을

더그우드/말채나무
Cornus spp.

설명: 5월에 흰색꽃이 피고, 가을에는 붉은 단풍이 드는 붉은 가지 더그우드 Cornus spp.는 연중 아름다운 모습을 보여주는 식물이다.

배치: 줄기는 밝은 붉은 색으로 늦가을 햇빛이 잘 드는 장소에 배치한다.

컨테이너: 붉은색 줄기가 테라코타 분과 대비를 이루며 겨울철에 어울리는 컨테이너 식재가 가능하다.

조언: 산성 토양을 좋아하는 식물로 소나무 잎으로 멀칭을 해준다.

친환경법

더그우드 열매는 여름에서 겨울에 이르기까지 새들의 먹이가 된다

겨울

회양목 토피어리
Boxwood

설명: 캥거루, 토끼, 병아리 등 동물 모양의 토피어리는 테라스에 익살스러운 형태를 부여하며 이로부터 대화가 시작될 수도 있다.

배치: 전정한 회양목 토피어리는 포컬포인트로 배치하는 것이 좋다.

컨테이너: 육묘장에서 사용하는 화분은 운송용일 뿐이며, 상록성의 식물을 영구적으로 심을 수 있는 안정감 있고 노출된 장소에 적합한 컨테이너가 요구된다. 무겁고, 서리에 강한 테라코타 분이나 반짝이는 세라믹 컨테이너가 장기간 사용할 컨테이너로 적합하다.

조언: 토피어리로 사용되는 많은 관목들은 햇빛을 좋아하는데, 회양목 같은 경우는 그늘에서도 견딜 수 있다.

정형적인 식재

정형적인 정원은 대칭적 구조와 기하학적 도형을
이용해 질서와 미를 창조하고자 한다.

식물리스트

꽃:
리갈백합, 장미, 튤립

잎:
옥잠화

관목:
라벤더,
관목성 월계수Portugese cherry
laurel, 쥐똥나무, 토피어리
회양목, 토피어리 주목,
산토리나

교목:
시트러스류, 소나무류,
월계수

기는 식물: 아이비류

친환경법

정형적인 정원
식재에서 주목, 쥐똥나무,
회양목 같이 잎이 우거진
상록성 식물을 식재하면
연약하고 작은 야생생물의
은신처를 제공하여
보호할 수 있다.

정형적 정원에서는 세심하게 계획된 화단과 컨테이너와
같은 전통적인 조경 소재를 발견할 수 있다. 식물이
식재된 컨테이너는 정형적 정원의 필수적인 아이템으로
정형적 디자인을 강조하고, 중요한 포컬포인트를
제공한다. 또한 산책로를 따라 컨테이너를 열을 지어
배치하여 공간감을 부여하고, 반복적 배치를 통해
시각적 율동감을 창조한다. 컨테이너는 기하학적 패턴을
강조하기 위해 사용되거나 다른 공간으로 동선을
유도하고, 공간을 나눌 때 사용될 수 있다. 정형적 배치에
가장 적합한 컨테이너 형태로는 크고 오래된 스타일의
이탈리아식 테라코타 분이나, 석재 그리스 항아리,
베르사이유 박스 등이 있다.

조언

- 의자 옆, 현관 앞 등과 같은 공간에 컨테이너를 두 개씩
  배치해주면 무게감과 시각적 인지도를 높이는 데 매우
  효과적이다.
- 컨테이너는 동일한 것으로 혹은 비슷한 스타일과 같은
  재질의 컨테이너를 사용하도록 한다.
- 크기가 큰 컨테이너는 매력적인 경관을 계획하는 데
  사용될 수 있으며, 이웃 정원의 눈에 거슬리는 부분을
  가리는 데 사용할 수도 있다.
- 컨테이너로 정원의 높이 변화를 추구하거나, 키가
  높은 컨테이너를 배치하여 평평한 정원에 극적효과를
  부여할 수 있다.

토피어리가 중요하다

식재할 때 정형적인 정원의 가장 중요한 본질은
토피어리라 할 수 있다. 잘 전정된 회양목, 주목,
쥐똥나무 등을 컨테이너에 심어 배치하면 어느 정원이든
즉각적으로 정형적인 정원의 표현이 가능해진다.

질서와 미의 창조

커다란 테라코타 분에 흰색의 우아한
튤립 품종을 심어 퍼골라를 지나 정형적인
주목 울타리 아치를 향해 일렬로 배치하여
주의를 끌고 있다.

배치: 이 우아한 튤립은 정형적인 정원뿐 아니라,
봄철 잔디밭에 심어도 자연스러운 배치에도 잘
어울린다.

컨테이너: 가을에 비옥하고 배수가 잘되는 토양을
컨테이너에 채우고 빈틈없이 심어준다. 60cm
정도 자란다.

조언: 흰색의 튤립 꽃은 짙은 녹색 잎을 배경으로
두드려져 보인다. 컨테이너에 15개 이상의 구근을
심어야 최상의 효과를 볼 수 있다.

공간감 부여

동일한 컨테이너를 정형적인 형태로 배치하는 전통적 방법으로 시각적 율동감을 줄 수 있다.

배치: 둥글게 전정된 회양목을 심은 커다란 테라코타 분을 테라스에 배치하여 높낮이의 변화에 주의를 끌고 있다. 또한 공간이 확장되는 효과를 보이고 있다.

컨테이너: 정원에 사용된 커다란 테라코타 분은 마치 고대 유물과 같이 문화와 역사적 감각을 부여해준다.

조언: 컨테이너의 회양목 볼은 반복적으로 배치할 때 조화를 이룬 최상의 모습을 표현할 수 있다.

포컬포인트 만들기

버베나, 로벨리아, 페튜니아를 적절하게 조합하여 우아한 석재 항아리에 아래로 흐르는 듯한 식재와 부드러운 파스텔 색상이 석재의 회색과 조화를 이루고 있다.

배치: 주변의 화단 위로 컨테이너가 배치되도록 돌기둥을 받치고 컨테이너를 올려놓아 위풍당당한 포컬포인트를 창조한다. 이러한 섬세한 꽃을 이용한 포컬포인트의 배경으로는 상록성 식물 울타리가 가장 효과적이다.

컨테이너: 항아리를 높게 배치하여 꽃과 잎이 자연스럽게 늘어져 풍성해지도록 할 수 있다.

조언: 컨테이너를 높게 배치하면 식재된 식물들을 관리하기 쉽다.

관록과 무게감 부여

테라코타 분에 심은 깃털잔디 (관상용 그래스류)가 산들바람에 흔들리고 있다. 바람에 움직이는 그래스의 움직임이 물의 흔들림과 질감을 반영하는 듯하다.

배치: 정형적인 배치는 디자인에 무게감과 관록을 부여하고 있다.

컨테이너: 바닥이 넓은 컨테이너는 식물이 바람에 흔들릴 때 안정감을 부여해준다.

조언: 겨울철 종자는 피리새와 같은 새들의 훌륭한 먹이를 제공한다.

웅장함

조언

컨테이너 재료를 대리석, 석판, 테라코타 같은 전통적인 재질을 이용하라. 자연적이고 우아한 석재 항아리만큼 웅장함을 표현하기에 적합한 것은 없다.

포컬포인트에 프레임 만들기

20세기 가장 유명한 정원 중 하나인 영국의 시싱허스트의 정원에 있는 해자도로에 목마가렛을 심은 컨테이너를 배치하여, 계단을 돋보이게 하고 컨테이너 뒤에 있는 벽돌담을 부드럽게 해주는 효과를 얻을 수 있다.

배치: 계단 상단부에도 목마가렛을 반복적으로 배치하여 의자로 시선을 집중시키는 효과가 있다.

컨테이너: 서리가 많은 지역이라면 겨울철에는 추위를 피할 수 있는 곳으로 목마가렛 화분을 옮겨 놓는다.

조언: 온실이 없으면 5월 말에 어느 정도 자란 식물을 구입하는 것도 방법이다.

공간 분할하기

이탈리아 스타일의 분식용 침엽수를 테라코타 분에 심어 테라스 경계에 배치하여 공간을 나누어준다.

배치: 침엽수 컨테이너를 기둥처럼 배치하여 사이사이로 보이는 정원으로 시선을 유도함과 동시에 개인적인 공간과 안도감을 부여한다.

컨테이너: 컨테이너에 침엽수를 심을 때 뿌리 부분이 작고 컨테이너가 외부환경에 그대로 노출되므로 록키산 향나무 *Juniperus scopulorum 'Skyrocket'* 같이 내건성과 내한성(특히 뿌리 부분)이 강한 식물을 선택하도록 한다. 필요하다면 짚이나 화분덮개 등으로 보온해준다.

조언: 침엽수를 컨테이너에 심을 때는 자주 전정하지 않도록 콤팩트하게 자라는 종류를 선택하는 것이 좋다. 원주 모양의 침엽수를 컨테이너에 심어 배치하면 어색한 공간을 없애고, 정원 디자인에 높이와 체계를 부여하게 된다.

정형성 만들기

정형적인 형태의 납 물통 컨테이너에 아이비가 늘어지게 심고 광나무를 심었다. 그 옆에 회양목을 심은 작은 화분을 배치하였다.

배치: 창문 앞에 어색한 공간에 배치하여 정형적인 배치가 다소 상쇄된다.

컨테이너: 크기와 무게감이 있으므로 움직이지 않는 것이 좋고, 작은 분들을 주위에 배치하여 주변과 잘 어울리게 배치한다.

조언: 크기가 큰 컨테이너에는 관목이나 작은 교목을 심게 되는데, 이때 일반적으로 컨테이너 내의 토양은 산도가 높기 때문에 산성토양을 좋아하는 블루베리 같은 식물은 유지하기 어렵다.

비정형적 식재

비정형적인 컨테이너 정원은 편안하고 재미가 있다.
토양을 담기에 충분한 크기와 매력적인 형태라면
어떤 종류의 컨테이너도 사용이 가능하다.

식물리스트

일년생:
일년초화류,
제라늄Pelargoniums,
땅 위로 기는 식물, 채소류

잎을 보는 식물과 다년생:
선인장, 그래스류, 허브 등
방향성 식물, 야생화

교목과 관목:
덩굴성 식물, 과실수,
올리브 나무 등

친환경법

질서정연한
정원에 비해 자연스러운
형태의 정원이 야생생물을
끌어들이기에 적합하다.
지난 50년간 그 수가
감소하고 있는 범블비의
서식처로 야생 정원은
매우 중요하다.

정원을 가꾸는 즐거움 중 하나가 길가 상점이나
농장에서 흥미로운 식물을 구입하고 식물에 어울릴만한
컨테이너를 집 주변을 샅샅이 뒤져 찾는 일이다. 낡은
나무상자나 안 쓰는 통나무 바스켓, 혹은 낡은 농장
바구니, 구멍 난 카우보이 신발, 녹슨 손수레, 올리브오일
캔, 삐걱거리는 보트 등 어떤 것이라도 컨테이너로
사용할 수 있다. 물론 여러분의 취향에 따라 혹은 식물을
기르는 즐거움을 느끼고자 아니면 여러분의 창의성
표현에 따라 컨테이너를 선택하게 될 것이며, 주변에
버려진 오래된 물건을 사용하면 재활용으로 환경도
보호하고 비용도 절감할 수 있다.

비정형적 배치

형식이 없다고는 하지만, 아무렇게나 던져놓듯이
배치한다면 매우 복잡해 보이므로, 몇 가지 디자인
방식에 따라 컨테이너를 배치하는 것이 좋다. 가장
효과적인 연출법은 '엄마 닭과 병아리' 방식으로 중앙에
큰 화분을 배치하고 주위를 둘러 작은 화분을 모아서
배치하는 방식이다. 화분을 배치할 때 율동감있게
배치하도록 주의해야 하는데, 율동감이란 곧게 뻗은
일직선이 아니라 구불구불한 길에서 발견할 수 있다.
정형적인 정원에서 느껴지는 절제된 질서와는 달리
비정형적인 정원에서는 색상과 식물 조합이 넘치듯이
만발하고 있다. 예를 들어 주방 입구 쪽에 채소만 자라는
것이 아니라, 꽃과 허브가 함께 식재되어 있는 것이다.
가을이 오면 꽃은 지고, 꽃대만 남아 씨를 먹으러 오는
새들의 휴식처가 될 것이다.

재활용 컨테이너 이용하기

시골 별장 정원 스타일로 낡은
자동차 문에 나무박스를 달아
식물을 심었다.

배치: 재사용된 자동차는 야생생물들에게
은신처를 제공해주는 천국으로 변신하게
되었다.

컨테이너: 이것이 재활용의 본질이 아닐까
생각된다.

조언: 재활용 컨테이너로 삼베로 만든 커피
포장봉투만한 것이 없어 보인다. 커피숍에 가면
얻을 수 있는데, 정원 한쪽에 재활용 공간을
만드는 데 가볍고 효과적인 방법이 된다.

'엄마 닭과 병아리' 배치

겨울철 화분을 배치하는 전형적인 방법으로 '엄마 닭과 병아리' 방법이 있다.

배치: 크기가 큰 '엄마 닭' 화분을 중앙에 배치하고, 4개의 작은 화분을 특별한 질서 없이 자유롭게 배치하였다.

컨테이너: 중심 컨테이너에 코르누스 세리세아 Cornus sericea 'Cardinal'와 에리카Erica carnea 'Winter Snow'를 심고, 주변의 작은 컨테이너에 관상용 그래스Carex dipsacea, 헤우케라Heuchera 'Can Can', 보스니아 소나무Pinus heldreichii var. leucodermis 'Schmidtii', 에리카를 심었다.

조언: 식물을 식재한 작은 화분을 배치할 때 3개 혹은 5개 등과 같이 홀수로 배치하도록 한다.

꽃과 허브 혼합 식재하기

시골정원의 소박한 컨테이너에 꽃, 과일, 채소가 가득하게 식재한다. 낡은 소스팬에 상치를 심고, 양동이에는 스위트 바질을 심고, 여러 종류의 화분에 양파, 야생팬지, 금잔화, 미니양배추를 가득 심었다.

배치: 요리할 때 쉽게 수확하기 위해 컨테이너를 주방 입구 가까이에 배치하는 것이 가장 좋다.

컨테이너: 소스팬, 양동이 등 오래된 주방도구를 재활용하는 것도 재미있다.

조언: 주방도구를 컨테이너로 이용할 때 반드시 바닥에 구멍을 뚫어 배수가 될 수 있게 한다.

금속 바구니 꾸미기

금속 바구니에 내성이 강한 에케베리아를 심었다. 에케베리아는 장기간 관리가 소홀해도 환경에 견뎌내는 강인한 식물이다.

배치: 재미있는 질감과 아담한 형태로 낮게 디자인할 때 이상적인 식물이다.

컨테이너: 배수가 잘 되는 토양을 요구하는 에케베리아에 있어 금속 바구니는 매우 이상적인 컨테이너라 할 수 있으며, 새롭게 변신하였다.

조언: 침엽수를 컨테이너에 심을 때는 자주 전정하지 않도록 콤팩트하게 자라는 종류를 선택하는 것이 좋다. 원주 모양의 침엽수를 컨테이너에 심어 배치하면 어색한 공간을 없애고, 정원 디자인에 높이와 체계를 부여하게 된다.

친환경법

- 방대하리만치 다양한 화분과 플랜터를 이용한 비정형적인 컨테이너 정원은 다양한 종류의 야생곤충, 양서류, 야생동물들의 서식처 역할을 한다.

- 너무 깨끗하게 정리하지 않아도 된다. 컨테이너 주변에 떨어진 잎과 줄기들은 겨울철 야생생물의 서식처가 되어준다. 야생생물을 정원에 끌어들이고 싶다면 약간은 어수선한 정원을 만들어준다.

독창적인 컨테이너

오래된 흰색의 에나멜 빵 통에 여름철 핑크,
자주, 담자주색의 페튜니아와 로벨리아를
가득심어 보았다. 토양을 담을 수 있고,
배수만 잘 된다면 어떤 곳에도 식물을
기를 수 있다.

배치: 세워놓은 통나무는 자연적인 받침대로
훌륭하며, 그 위에 놓인 함석 컨테이너를
돋보이게 해준다.

컨테이너: 과거를 떠올리는 듯한 식재로 과거를
회상한다.

조언: 함석은 빨리 녹이 슬기 때문에 오랫동안
보고 싶다면 함석 재질의 컨테이너는 사용하지
않도록 한다.

친환경법

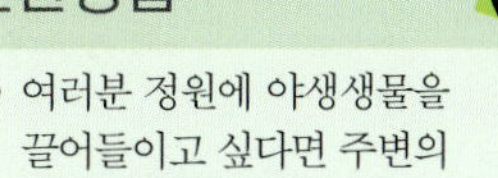

- 여러분 정원에 야생생물을
  끌어들이고 싶다면 주변의
  자연환경을 돌아보자.
- 야생생물을 끌어들이기 위해
  일년초와 야생화를 기른다.
- 완전히 뽑아내지 말고 야생화들이
  자랄 수 있도록 하자.

대비되는 형태 배치하기

다양한 색상의 튤립, 노란색 팬지,
그래스류를 심은 테라코타 컨테이너를
배치하여 형태와 질감이 대비되는 배치를
효과적으로 표현하였다.

배치: 다양한 형태와 크기의 유약을 바르지
않은 테라코타 분으로 포장된 길 위에 통일감을
가지고 어울리게 배치하는 방법을 보여주고
있다. 부드러운 갈색이 다채로운 색상배치를
돋보이게 하고 있다.

컨테이너: 핑크색 튤립을 심은 커다란 테라코타
컨테이너는 함께 배치된 화분들과 공통점이
없어 보인다. 대조적인 형태의 식물들, 관상용
그래스의 연약함이 튤립의 단단함과 대조되어
시각적으로 활기찬 표현이 연출되고 있다.

조언: 화려하고 매력적인 화분을 돋보이게
하고 싶다면 단순한 형태의 식물을 심는다.
만약 식물이 독특하고 이국적인 형태를 가지고
있다면 평범한 컨테이너에 심어서 식물이
돋보이게 한다.

자연적인 모습으로 연출하기

잎이 무성한 정원에 나무 테이블이나
컨테이너 같은 자연적인 소재를 적당히
배치했다.

식물 식재는 질감 표현을 감각적으로
하여 컨테이너의 단순함을 효과적으로
표현하였다.

배치: 그늘과 걸이 화분을 고정할 수 있는
퍼골라를 지탱하는 강한 기둥과 같은 구조물
안에서 비정형적으로 배치하였다.

컨테이너: 구멍이 난 나무 컨테이너의
가장자리를 따라 이끼를 심어 자연적이며
조용한 젠 스타일의 배치를 이루었다.

조언: 그늘진 침엽수 배치 공간에 고사리와
이끼류를 심어 부드럽게 연출한다. 믿을만한
육묘장에서 삼림지대 식물을 구입하고,
야생에서 함부로 채취해서는 안된다.

현대적 식재

수세기 동안 기본적인 디자인 원리는 변한 것이 없지만 현대적 감각의 컨테이너
정원은 오늘날 우리의 생활을 보여준다고 할 수 있다.

식물 리스트

꽃:
아가판서스, 알리움,
칸나, 아이리스, 라벤더,
백합

잎:
대나무, 고사리류,
관상용 그래스류, 잎새란,
나무 고사리

다육식물: 용설란, 바위솔

관목: 회양목

교목: 자작나무,
올리브 나무

친환경법

지구상에 물이
부족해지는 상황에서
정원에 물을 주는 일이
점점 중요해지고 있다.
따라서 바위에 붙어사는
식물이나 세둠속 식물 등
다육식물을 많이 사용하고
있으며, 라벤더와 로즈마리
같이 덥고 건조한 기후에
잘 견디는 내건성이 있는
식물이 선호된다.

정원은 더 이상 거리를 두고 감상하거나
귀찮은 공간이 아니다. 정원은 무어인들의
안마당이나 일본식 젠 스타일의 정원과
같이 사람들이 휴식을 취하고 식사를 하는
공간을 집 안에서 야외로 확장해주고
있다. 또한 현대적 정원은 제한된 공간을
어수선하지 않고 깨끗하게 만들어주는
효과가 높다. 현대식 주택건물에 사용하고
있는 스테인레스 스틸, 화강암, 미장한
석재, 나무 등과 같이 현대적 재료를
이용한 컨테이너들은 감각적인 부속물로
중요한 역할을 하고 있다.

현대적 감각의 컨테이너 배치의 기본
원리는 반복, 기하학적 배열, 공간의
사용 등 정형적인 정원에서 사용되는
기본원리와 같다. 크기가 크고, 현대적
감각의 컨테이너를 기하학적인 형태(일렬
배치)로 배열하여 공간감과 질서를 느낄
수 있도록 세련되게 디자인할 수 있다.

현대적 디자인은 회양목, 잎새란,
올리브 나무 같이 색상보다는 질감이
독특하면서 깔끔한 형태의 식물을
강조하여 정돈되게 배치하는 경향이
나타난다. 바쁜 현대인들의 생활 패턴에는
바위솔이나 관상용 그래스류처럼 관리가
쉬운 식물들이 적합하며, 토피어리 역시
깔끔하고 분명한 형태로 인기가 높다.

현대적 접근

조언

- 깨끗하고 정돈된 모습을 표현하기 위해서는 가능하면
  식물의 종류를 적게 사용한다.
- 크기가 큰 컨테이너에 식물을 심는 것이 매우 효과적이다.
- 자연 상태에서 자라는 것처럼 토양이 보이지 않도록 표면을
  덮어준다. 예를 들어 용설란 화분에는 윤이 나는 자갈을
  덮어준다거나, 잔디에 조개껍질이나 돌멩이를 덮어준다.
  이렇게 멀칭을 해놓으면 잡초가 발생하는 것을 막고, 토양의
  물을 보유하는 효율이 높아지게 된다.
- 현대적 정원에는 색상, 질감, 형태 등이 독특한 식물을
  사용하는 것이 디자인에 잘 어울린다.
- 가능하다면 집 내부 인테리어와 연계하여 컨테이너
  분위기를 선택하도록 한다.
- 파티오나 옥상 테라스 등과 같이 사교 모임이 많은
  장소에서는 조형적인 형태의 식물에 위를 향하는 조명이나
  개별 조명을 설치하여 분위기를 연출한다.
- 현대적 감각의 컨테이너에 바퀴를 부착해주면 유지관리가
  쉽고, 이동성이 있어 즉흥적으로 재배열하여 새로운
  분위기를 만들 수 있다.
- 정원에 사용된 가구, 컨테이너 등 여러 가지 요소들의
  재료를 비슷하게 사용해주면 통일감을 줄 수 있다.

야외공간 식재

둥근 회양목 볼을 심은 커다란 테라코타 컨테이너를 배치하여
식사를 위한 야외공간에 현대적 감각의 완벽한 배경을 형성하고
있다. 공간의 경계를 분명하게 해주며, 고급스럽고 세련된 느낌을
주고 있다.

배치: 위를 향한 조명이 정형적인 디자인을 강조해주며, 야외에서
저녁식사를 하고픈 마음이 들게 한다.

컨테이너: 컨테이너의 크기와 높이에 의해 테라스가 실제보다 넓고 여유
있어 보인다.

조언: 토양으로 가득 채우면 너무 무겁기 때문에 아랫부분은 스티로폼이나
가벼운 재질의 것으로 채워 컨테이너가 너무 무겁지 않게 한다.

질서있고 깔끔하게 배치하기

깊이가 낮은 컨테이너에 세듐속 식물을 심어 현대적인 감각의
실개천 위에 규칙적으로 배치하여 물에 떠있는 듯하다.

배치: 햇빛이 그대로 내리쪼이는 곳에는 식물들이 쉽게 시들어 버린다.
뜨거운 바닷바람이 부는 장소에 세듐을 심어 현대적인 실개천을 부드럽게
해주고 있다.

컨테이너: 세듐은 뿌리가 낮게 자라므로, 우아한 느낌의 낮은 그릇을
컨테이너로 사용할 수 있었다.

조언: 세듐은 내건성이 강해서 7−10일에 한번 정도 물을 주면 된다.

관리가 쉬운 디자인

타이어 모양의 스틸 재질 컨테이너에 심겨진 사초가 눈길을 사로잡는다.

배치: 가녀린 그래스류가 분출하는 듯한 모습이 매끄럽고 반짝이는 금속성 컨테이너와 질감 대비를 이루고 있다.

컨테이너: 수레바퀴 모양의 반짝이는 스틸 컨테이너는 현대적 감각의 소재를 사용하고 있으면서도 그 모양이 유기적인 형태로 대조를 이루고 있다.

조언: 사초속에 속하는 식물은 습지나 물가에 살고 있으므로 습한 토양을 좋아하며, 한낮의 뜨거운 햇빛은 피하는 것이 좋다.

4개의 식물로 표현한 디자인

뾰족한 조형적인 형태의 용설란이 아래 수반에 반사되어 강조되고 있다.

배치: 4개 컨테이너를 일렬로 배치하여 현대적인 느낌을 주고 있으며, 회녹색의 뾰족한 용설란 잎이 조형적 형태를 만들어준다.

컨테이너: 같은 형태와 크기의 크레타식 화분에 각각 독특한 형태의 식물을 심어 배치하였다.

조언: 용설란의 매력적인 뾰족한 잎은 매우 날카롭기 때문에 부드러운 질감의 식물로 주변을 둘러싸거나 사람들이 지나다니는 길에서 먼 곳에 배치하도록 한다.

주문 제작한 컨테이너 사용하기

현대적 감각의 정원에서 컨테이너가 스타일을 표현하는 중요한 요소가 되고 있으며, 때에 따라서는 식물보다도 중요하게 미적 형태를 표현하고 있다.

배치: 매끄러운 데크 바닥에 실용성을 겸비한 감각적인 컨테이너를 이용하고 있다. 바퀴가 달린 컨테이너를 이용하여 차폐 혹은 공간분할과 같은 여러 목적으로 쉽게 재배치가 가능하다.

컨테이너: 얇은 금속 소재는 용도가 다양한데, 현대적 감각을 표현하는 데 적합하며, 여러 모양과 크기로 변형하기 쉬운 소재이다.

조언: 바퀴 달린 컨테이너를 움직여 일시적으로 그늘진 장소를 활기차게 만들 수 있다.

자연스러운 자갈 멀칭

둥글고 매끄러운 자갈과 거친 질감의 올리브 나무 껍질, 아연도금한
금속 컨테이너의 반짝이는 표면이 대조를 이루어 아름답게
연출된다.

배치: 전통적으로 테라스식 정원에서 자라던 올리브 나무를 심고 자갈을
표면에 덮어 본래 환경과 비슷하게 만들어주고자 하였다.

컨테이너: 실버 금속 컨테이너와 라벤더, 올리브 나무와 같은 은빛이 도는
녹색 잎의 식물이 특히나 잘 어울린다.

조언: 자갈로 멀칭을 해주면 잡초도 억제하고 화분에 수분을 보유하는
데 도움이 된다. 식물을 보호하기 위해 자갈 아래에 구멍이 있는
플라스틱판이나 신문지를 깔아주면 좋다.

녹색 지붕에서의 휴식

식물을 심거나 자연적인 환경으로 조성할 수 있으나 사용하지 않는
옥상이 세계적으로 수천 에이커에 달하고 있다. 충분히 고려하여
식물을 심은 컨테이너는 그 지역의 야생생물을 끌어들이고,
공기오염이나 소음 등을 막는 데 도움이 될 수 있다.

배치: 옥상에 배치한 컨테이너에 관상용 그래스류를 심어 환경을 보호하고,
사적 공간을 형성하고 있다. 경관이 좋은 방향으로 프레임을 만들어주고,
식물을 이용해 차폐효과를 보기도 한다.

컨테이너: 현대적인 금속 재질의 컨테이너는 멋진 경관을 보여주나
조심해서 사용해야 한다. 옥상은 햇빛이 바로 내리쬐는 장소로 그늘이
거의 없어 금속 재질의 컨테이너는 열을 받기 쉽고, 그에 따라 식물 뿌리가
고온에 상해를 받을 수 있음을 명심하도록 한다.

조언: 플랜터는 특히 물을 주게 되면 매우 무거워지므로 옥상에 배치하기
전에 옥상 및 건물에 대해 전문가 진단을 받도록 한다.

친환경법

컨테이너에 채소를
심어 유기농으로 재배하면
오염된 토양으로 쓸모없던
구역을 회복시키고,
비용도 절약할 수 있다.

발코니

발코니는 실내 인테리어 공간을 확장시켜 디자인하게 되는
장소로 컨테이너 정원을 설치하여 실내외 양쪽에서 감상할 수 있으며,
연중 미세환경을 조절할 수 있다.

바닷가에 위치한 발코니
돌출된 발코니에 이상적인 식물로 바닷가에 사는 식물이 있다.
바닷바람에도 잘 견디고, 관리도 쉬운 편이다. 희끗희끗한 나무 컨테이너에
부추꽃Armeria maritima , 범의귀, 바위솔, 베로니카Veronica teucrium 등을
심었다.

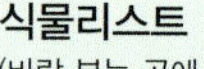

식물리스트
(바람 부는 곳에서
견디는 식물)

교목: 산사나무, 단풍나무

기어오르는 식물:
다래나무, 클레마티스,
머루Crimson Glory Vine , 아이비

생울타리용 식물:
카푸카Griselinia littoralis ,
호랑가시나무, 소사나무,
쥐똥나무

상록 관목:
회양목, 헤베 어텀 글로리
'Autumn Glory' 품종,
감탕나무, 멕시칸 오렌지
블러섬Choisya temata

다년생 식물:
부추꽃Armeria maritima ,
원추리, 제라늄

발코니는 다양한 용도로 사용이 가능한
공간으로 시골에서 도시의 세련된
분위기를 연출하거나 반대로 도심지
한가운데에서 프랑스 시골에 와 있는
느낌을 줄 수도 있다. 몇 개의 컨테이너를
이용하여 구성함으로써 다양한 분위기가
연출될 수 있는 장소이다.

발코니 컨테이너 정원에서는
안전성을 확인하라

컨테이너에 식물을 심고, 물을 주게 되면
그 무게가 상당히 나가기 때문에 발코니가
그 무게를 견딜 수 있는지 확인하는 것이
중요하다. 하중을 견딜 수 있는 벽이나
기둥 쪽으로 컨테이너를 배치하고,
가장자리 쪽 무게를 견딜 수 있는 곳에
크기가 큰 컨테이너를 배치하도록 한다.
윈도우 박스, 걸이 화분, 선반에 놓은
컨테이너 등이 아래로 떨어져 지나가는
사람이 다치지 않도록 안전에 신경 써야
한다. 윈도우 박스의 경우 부착시키는
난간의 견고성을 반드시 확인하도록 하고,
화분에 물을 주는 경우 무게가 급격히
증가하므로 선반받이를 튼튼한 것으로
사용한다. 화분의 높이가 30cm 정도는
되어야 배수가 원활하게 이루어지며,
너무 낮은 용기는 물이 빠져나갈 공간이
부족해서 문제를 야기할 수 있다. 무게가
걱정이라면 컨테이너 재질이 가볍고
튼튼한 것을 선택하고, 작은 화분을
여러 개 펼쳐서 배치하는 것도 한 방법이
될 수 있다.

디자인 아이디어
발코니에 컨테이너를 도입하기 전, 스케치북에 몇가지
디자인을 계획해본다. 그림에 자신이 없다면 사진을
찍어 트레이싱 페이퍼를 대고 구, 사각형과 같은 기본
형태를 그리고, 전체적인 윤곽을 대충 그려본다. 아래
그림은 3가지 형태의 발코니 배치 디자인이다.

강렬하고 관리가 요구되는 디자인
화분과 윈도우 박스에 화려한 색상의 제라늄을 무리지어 식재하여
지나가는 사람들을 즐겁게 해준다.

방위

체크리스트

- 발코니의 미세환경이 어떠한가?
- 발코니가 접하는 면이 어느 방향인가?
- 해가 비치는 시간은 언제인가? 해가 전혀 들지 않는 곳인가?
- 바람이 심한 곳인가?
- 오염된 것은 없는가?
- 차폐가 필요한가?

위에서 설명한 요소들을
고려하여 발코니 환경에
적합한 식물을 선택해야 한다.
선택한 식물이 야외나 실내에서
감상하는 기간 동안 최상의
상태를 유지할 수 있도록 한다.

시원하고 현대적인 디자인
깊이가 있는 도금한 금속 컨테이너에 관리가 쉬운 다양한 종류의
식물을 심었다. 도심 내에 자연적이면서 현대적 감각의 배치로 발코니를
디자인하고 있다.

발코니 정원을 만들 때 주의할 점

디자인

실내공간의 인테리어와 연계하여 발코니
스타일을 디자인하면 공간이 넓어 보이는
효과가 있다.

제한된 공간에는 사각 형태의 컨테이너를
이용하는 것이 공간을 덜 차지한다.

깊이가 있는 컨테이너가 식물 생육에는
적합하다(수분을 유지하기에 유리하다).

회양목 같은 상록성 관목을 식재하여 사시사철
즐길 수 있도록 한다.

춘식 구근과 추식 구근을 번갈아 심어
컨테이너의 효율성을 높인다.

차폐

트렐리스, 난간, 지지대 등을 타고 올라가는
식물을 이용하여 사적인 공간을 만들어 준다.

물받이통에 주목으로 생울타리를 만들어 차폐
효과를 얻는다.

상록수에 비해 바람에 대한 내성은 상대적으로
약하지만 낙엽성의 기어오르는 식물을
트렐리스에 올리는 것도 차폐 효과를 볼 수
있다.

바람 등 외부환경에 대한 노출

일정 방향에서 계속 바람이 부는 위치에 있는
발코니라면 휴식 공간을 만들기 위해 차폐
방법을 이용해보자.

회양목이나 쥐똥나무 같은 바람에 강한 관목을
불필요한 경관을 가리거나 바람막이용으로
사용하는 것도 한 방법이 될 수 있다.

키가 큰 식물은 바람이 불면 넘어질 위험이
있으므로 사용하지 않도록 한다.

물주기

여름철 발코니에 배치한 식물들이 땅에 심은
식물들에 비해 물을 더 많이 필요로 한다.
식물이 많은 넓은 공간이라면 관수 시스템을
갖추는 것이 좋다(p122, 물주기 참고).

발코니에 지붕 부분이 있다면 연중 물주기를
게을리해서는 안된다.

유리섬유, 플라스틱, 금속 재질로 만든
배수구멍이 없는 컨테이너를 사용하여 물
손실을 줄일 수 있다.

무게를 줄이기 위해 토양을 이용하기보다는
수경재배 방식이나 가벼운 인공토양을
사용한다.

옥상 테라스

고층건물과 아파트가 많아지면서 새로운 형태의
실외 정원을 계획하게 된다. 컨테이너를 사용하여 고층 높이에
식물을 옮겨 심을 수 있게 되었다.

식물리스트

내풍성 교목:
난쟁이
소나무Dwarf mugo pine,
호랑가시나무, 에스칼로니아
Escallonia, 산사나무,
중국단풍나무triden maple

내풍성 상록 관목:
삼나무Atlantic white cedar,
회양목,
그리세리니아Griselinia,
헤베(잎이 작은 품종들),
감탕나무, 향나무, 돈나무

내풍성 낙엽 관목:
장미류, 조팝나무, 산자나무

상록성 야자:
부채꼴 잎 야자수

내풍성 다년생식물:
아가판서스,
부추꽃Armeria maritima,
잎새란, 원추리

쉽게 말해 고층빌딩이 생기면서 빌딩
옥상 공간으로 정원이 옮겨가는 것으로
옥상 테라스에 정원을 구성하고 곤충과
새들을 불러들이는 공간을 만들 수 있다.
옥상에 설치된 정원은 바쁜 도시생활
속에서 안식처 역할을 하며, 공기정화
및 오염물질 제거의 효과도 얻을 수
있다. 컨테이너를 사용해 최첨단의
스타일로 쉽게 변화를 꾀할 수 있다. 옥상
정원을 계획할 때 반드시 고려할 점은
안전을 확인하는 것이다. 토양, 식물,
물이 가득한 컨테이너는 상당히 무게가
나가므로 컨테이너를 배치할 장소가
안전한지 반드시 전문가의 진단을 받도록
한다. 지역의 개발 동의가 필요한지도
확인하도록 한다. 컨테이너는 기둥이나
벽 근처 등 무게를 지탱할 수 있는 곳에
배치한다.

지나친 노출

옥상이란 공간은 노출이 매우 심한 장소로
적합한 식물을 고르는 일이 중요하다.
내건성, 내풍성이 강한 관상용 식물과
그래스류, 낮게 자라는 관목류, 왁스층이
발달한 잎을 가진 식물들이 적합하다.
외부환경에 노출된 장소이기 때문에
컨테이너 토양이 쉽게 마르게 된다.
라벤더, 산토리나 등의 회색빛의 작은
잎을 가진 식물이나 건조에 강한 세듐 속
식물들이 컨테이너에 적합하며, 옥상에
관수 시스템을 설치하는 것이 바람직하다.

디자인 아이디어
채소 정원, 휴식을 위한 정원, 모임을 위한
정원 등 여러분이 원하는 목적에 따라 옥상 정원
공간에 표현할 수 있는 디자인 형태이다.

열대우림의 테라스
옥상 정원을
하늘에서 촬영한
것으로 열대식물을
이용해 정원을
구성하였다.

그래스류의 속삭임
옥상 정원에 금속 컨테이너로 관상용 그래스류의 높이감을 부여하여 배치하고, 건물 아래 바쁜 일상에서 벗어나
바닷가에 온 듯한 느낌을 갖게 해준다.

컨테이너 선택하기

컨테이너는 안전하고 실용적인 형태를
사용한다.

돌풍에 견딜 수 있어야 한다.

바닥이 좁아서 안정감이 떨어지는
컨테이너는 피한다.

물이 빠지는 데 지장이 없는 높이여야 하고,
적절한 배수처리가 되어야 한다.

포장된 바닥이라면 흙이 새어나오지
않도록 컨테이너 안을 처리한다.

키가 큰 컨테이너는 내부에 자갈이나 못
쓰는 화분으로 바닥을 처리하고 땅콩껍질
같이 가벼운 충진물질로 채워 컨테이너
무게를 감량한다.

테라코타 컨테이너가 견고하지만
플라스틱이나 유리섬유 컨테이너보다 빨리
마르고 무겁기 때문에 옥상 정원에서는
플라스틱 재질로 테라코타 느낌이 나도록
만든 컨테이너를 사용하는 것이 좋다.

금속 컨테이너는 현대적 감각의 디자인에
잘 어울리며 내구력이 강하다. 반면, 뜨거운
햇빛 아래 노출시 토양이 빨리 뜨거워져
뿌리가 손상을 입는 단점이 있다. 금속
컨테이너는 이중구조로 제작하여 환경
(더위, 추위)에 따라 토양 온도가 급격히
변하는 것을 막아주도록 한다.

여러 컨테이너를 사용하면 혼잡스러워
보일 수 있으므로 전체적으로 통일된
느낌으로 배치한다.

식물심기

현대적 디자인에는 잎새란, 옥잠화,
용설란, 대나무 같이 형태미가 있는 식물이
적합하다.

피트나 야자껍질 등에 펄라이트와
버미큘라이트 같은 인공토양을 섞어
배수도 좋게 하고 컨테이너 무게도 줄인다.

무게가 가벼운 컨테이너는 안전성이
떨어질 수 있으니 주의하고, 배수가 잘
되면 수분 요구도가 높아져 자주 물을
주어야 한다.

최소한 일년에 두 번 정도는 뿌리가
무성하게 자라 컨테이너가 작지 않은지
확인해야 한다.

영구적으로 식물이 자라도록 배치한다면
자생식물을 이용하는 것이 환경에 잘 견딜
수 있다.

교목과 관목은 옥상 공간을 분할하고,
휴식처를 제공하는 효과를 준다. 회양목,
주목, 향나무 같은 상록성 식물은 길고
키가 큰 컨테이너에 심어주면 훌륭한 차폐
효과를 얻을 수 있다.

컨테이너에 트렐리스를 부착시켜
포도덩굴, 아이비, 토마토 등 덩굴성
식물이 자랄 수 있도록 한다. 식물이 자라
트렐리스를 덮으면 차폐와 바람막이
역할을 훌륭하게 수행하게 된다.

관목류는 벽 가까이에 배치하여 기른다.

기후환경 확인하기

옥상 공간의 미세기후를 확인하도록 한다.

- 노출된 공간인지, 가리개가 있는가?
- 햇빛이 강한지, 그늘이 있는지?
- 주로 어느 방향에서 바람이 불어오는가?
- 가리고 싶은 경관이 있는가?
- 사적 공간을 필요로 하는가?
- 수도시설이 가까이 있는가?
- 배수시설이 갖추어져 있는가?
- 옥상으로 식물, 토양, 컨테이너 등을 쉽게
  운반할 수 있는 시설(엘리베이터 등)이
  있는가?

기후환경에 따라 식물 종류와 적합한 형태의
컨테이너를 선택하게 된다. 빌딩 아래로부터
올라오는 열기에 의해 옥상 정원이 지상보다
더워지는 공간에는 내한성이 약한 식물도
식재가 가능하다. 교목, 과실수, 꽃, 채소 등
어떤 종류의 식물이라도 심을 수 있다.

바람막이와 차폐
소나무는 내한성 및 내공해성이 강하며, 바람에도
내성이 있어 옥상정원의 사적인 공간에 배치하여
상록성의 바람막이와 차폐 역할을 할 수 있다.
나무 아래에 식재된 식물은 옥잠화와 철쭉류이다.

선큰 가든 Sunken gardens(침상원)

믿기 어렵겠지만, 선큰 가든에 컨테이너 정원을 꾸미는 이점이 있다.
내한성이 약한 식물과 음지성 식물들이 생육하기에 적합할 뿐만 아니라,
양지에 비해 식물이나 화분의 유지 관리가 쉽다.

식물리스트

다년생식물:
엽란Aspidistra, 나팔나리,
고사리,
크리스마스 로즈Helleborus,
헤우케라Heuchera, 옥잠화,
맥문동,
도깨비부채Rodgersia, 비올라

일년생식물:
임파첸스, 꽃담배

구근식물 : 시클라멘,
수선화, 스노우드롭, 튤립

덩굴성식물 :
클레마티스, 등수국

관목 : 회양목, 동백나무,
사철나무, 모과나무,
후크시아, 멕시칸 오렌지
블러섬, 피라칸사, 영춘화

교목 : 호랑가시나무

그래스류 : 사초,
하코네클로아Hakonechloa

선큰 가든은 위치상 그늘이 져서 토양의
수분이 길게 유지되며, 식물들도 햇빛
아래에서보다 느리게 생장하여 콤팩트한
형태를 유지하고 있는 경우가 많다.

지하 위치에 컨테이너 정원을 계획할 때
주의할 점은 빛과 접근성이다. 공간에
따라 제한적으로 빛이 들어오는 경우에는
식물 선택에 영향을 미치게 된다. 빛이
들어오는 장소와 시간을 확인하고 그에
따라 식물을 선택한다. 다행히 어두운
공간을 꾸며줄 음지성 식물의 종류는
매우 많다. 또한 접근성은 컨테이너의
크기를 결정하는 중요한 요인이다.
선큰 공간이 제한적이라면 큰 컨테이너를
배치하고 관수 및 양분관리가 쉬운 관목을
심어준다.

통행이 빈번한 공간이라면, 사각의
컨테이너를 사용하여 빈 공간을 줄이고,
수직으로 자라는 식물을 심어 어두운
벽면을 밝게 연출하거나 지하의 어두운
느낌을 없애줄 수 있다. 수직으로
자라는 식물로 반그늘에서 잘 자라는
클레마티스가 적합하다. 그늘에서 자라는
클레마티스의 종류가 양지에서 자라는
것보다 자유롭게 꽃을 피우지는 않겠지만,
아름다운 색은 더 오래 유지할 수
있을 것이다.

대부분의 덩굴성 식물은 트렐리스처럼
지지대가 필요하며, 경우에 따라
등수국처럼 자기 몸을 서로 지탱하며
자라는 식물도 있다.

디자인 아이디어
선큰 공간에 정글을 주제로 대담한 구성을 하거나,
절제된 배치로 현대적으로 연출하거나 색상과
향기를 도입하는 등의 디자인이 가능하다.

스타일 조언

- 공간감과 스타일을 위해 과감하게 커다란 컨테이너를 구입하거나 독특한 형태의 식물을 단일 식재하여 짝을 이뤄 배치하면 매력적인 경관을 연출할 수 있다.
- 고급스러운 녹색의 정글을 꾸미고 싶다면 고사리, 도깨비부채, 나팔나리 같은 이국적인 형태의 음지성 식물을 컨테이너에 심어 배치한다.
- 옥잠화와 베고니아의 둥근 형태의 잎과 그래스류의 길쭉한 잎이 대비를 이룬다.
- 부드럽고 감각적인 이끼의 미적 가치를 놓치지 말자. 살아있는 멀칭 재료로 사용하거나, 이끼로 식물을 감싸 그릇이나 나무구멍에 심어주면 자연적 느낌을 살릴 수 있다.

선큰 공간에 컨테이너 배치시 주의할 점

컨테이너에 물이 차지 않도록 관리한다.

계절별로 구근, 다년생 및 일년생 식물을 심어 색을 도입한다.

반짝이는 스틸이나 알루미늄 재질의 빛을 반사하는 컨테이너를 사용하여 공간을 넓고 밝게 만들어준다.

흰색이나 파스텔 색상의 꽃을 도입하여 답답해보이지 않도록 한다.

연둣빛 옥잠화와 콜레우스, 무늬가 들어간 수국 등 밝은 잎이 있는 식물을 이용한다.

공간이 어둡다면 햇빛을 좋아하는 회녹색 잎 식물은 피한다.

대부분의 허브식물은 햇빛을 좋아하는데, 민트, 차이브, 파슬리 등은 그늘에서 자랄 수 있다.

쓰레기통이나 재활용통이 눈에 띄지 않도록 식물을 심은 컨테이너를 배치하여 가려준다.

▲ 음지 식물
상록성의 고사리는 그늘진 선큰 공간에서 자랄 수 있으며, 어두운 공간을 밝게 만들어주고, 가장자리의 딱딱함을 부드럽게 만들어준다.

▼ 숨겨진 보물
지하에 위치한 정원으로 화려한 느낌의 칼라 *Zantedeschia spp.* 와 대나무를 심어 노출된 벽면을 부드럽게 하고 녹색을 도입하여 편안한 휴식 공간을 연출하고 있다.

친환경법

피라칸사는 그늘진 선큰 정원에서도 잘 자란다. 봄에는 벌들이 좋아하는 흰색 꽃이 만발하고, 가을에는 붉은색 열매가 풍성하다. 피라칸사의 풍성한 잎은 새와 야생생물의 서식처로 이상적인 장소이다.

친환경법

지렁이 통에 채소 쓰레기를 모아 퇴비를 만들어보자. 지렁이는 낚시가게나 통신판매를 통해 살 수 있으며, 붉은 줄 지렁이 또는 지렁이를 채소 쓰레기 모으는 통에 넣어주면 지렁이들이 채소를 먹고 소화시켜 영양이 풍부한 천연비료를 만들어주고 토양 내 공극을 만들어준다. 지하 장소 같은 작은 공간에 적합하다.

통로

통로의 중요성을 간과하기 쉬운데, 쓰레기통이나 가정용품 등으로
어수선해지기 쉬운 장소이다. 좁은 공간인 통로는 여러분 집에 접근하는
중요한 공간이므로 깨끗이 정리를 하고 컨테이너를 배치하여
새로운 공간으로 변화시켜보자.

식물 리스트

색상이 있는 음지식물:
베고니아, 극락조화, 시클라멘,
후크시아, 임파첸스, 동백,
로벨리아Lobelia erinus, 꽃담배,
프리뮬러, 팬지

내음성이 강한 관목과 고사리류:
엽란, 도깨비고비Cyrtomium falcatum, 쿠마
대나무, 아디안텀, 스키미아Skimmia×confusa,
나무고사리

내음성이 강한 다년생 식물:
크리스마스 로즈Helleborus, 헤우케라, 옥잠화

야생생물을 위한 음지식물:
사초Carex, 호랑가시나무, 아이비, 레몬밤,
피라칸사

방향성 음지식물:
애기동백Camellia sasanqua, 은방울꽃,
인동덩굴Lonicera×prupusii 'Winter Beauty',
멕시칸 오렌지 블러섬Choisya 'Aztec Pearl',
꽃담배, 방향성 옥잠화, 백당나무

스케치
높은 벽의 길이감을 없애주기 위해
정형적인 포컬포인트를 사용하였다.
낮은 벽을 편안하게 연출하기 위해 방향성
식물을 비정형적으로 배치하였으며,
대나무로 보기 싫은 벽면을 차폐해주고
사적공간을 조성하였다.

통로의 한쪽은 높은 집의 벽면으로 형성되고, 다른 한쪽은 울타리 면으로 이루어져
전반적으로 어두침침하다. 일반적으로 콘크리트, 자갈, 마르고 단단한 흙 등으로
포장되어 있어 컨테이너를 배치하기 쉽게 되어 있다. 길을 따라 일정한 간격으로 단순한
형태를 반복적으로 배치하면 공간감이 형성된다. 금속 컨테이너에 둥근 회양목을
일렬로 배치하여 강렬한 구성을 이룰 수 있으며, 공간 사이사이에 계절별 컨테이너를
도입하여 색상과 대비효과를 얻을 수 있다. 통로 끝에는 크고 인상적인 컨테이너를 포컬
포인트로 배치하여, 통로의 좁은 느낌을 제거한다. 한 컨테이너에 여러 종류의 식물을
심을 때는 생육 특성이 비슷한 식물끼리 심어야 한다. 예를 들어 고사리, 디기탈리스,
옥잠화 등의 조합이 가능하다. 특히 은은한 향기와 음지에서 견딜 수 있는 덩굴장미는
좁은 통로에서 기르기 좋은 식물로, 진한 핑크색의 버본 장미는 가시도 없고 3m이상
뻗어 올라가 넓게 퍼진다.

민달팽이, 달팽이는
통로와 같이 시원하고
축축한 곳을 좋아한다.
달팽이들이 여러분의
컨테이너 식물을 먹어치우기
전에 카펫이나 판자를
바닥에 깔아두면, 이튿날
아침 쉽게 달팽이를
제거할 수 있다.

▼ 구두점 모양 화분
구두점처럼 동글동글한 화분과 둥글게 잘 전정된
회양목이 구불구불한 벽돌 길을 따라 집으로 가는
길을 안내하고 있다. 비정형적인 식재 계획에
회양목 볼이 정형적인 느낌을 부여한다.

▲ 실내 우림
고사리, 옥잠화, 대나무 등을 화분에 심어 배치하여 집의
한쪽 통로를 이국적 분위기로 연출하였다. 마루청을 재활용한
데크에 의해 자연적인 분위기가 돋보인다.

통로에 컨테이너 정원을 만들 때 주의할 점

통로가 매우 좁다면
공간을 적게 차지하는 사각
컨테이너를 사용한다.

방으로 가는 길에는 적어도
90cm 폭은 비우고, 너무
많은 화분을 배치하여
공간을 혼란스럽게 만들지
않는다.

바깥으로 자라서 길을
막아버리는 관목류보다는
벽을 타고 올라가는
덩굴식물이나 관목이
적합하다.

벽바닥에는 고사리나
시클라멘 같은 반음지성
식물이 적합하다.

통로에는 가시가 있거나
날카로운 식물은 심지
않는다.

긴 통로에는 컨테이너를
2/3 정도 배치하여 공간을
분할해준다.

벽쪽 공간에는 걸이 화분이
적합하다. 동일한 모양과
디자인의 화분을 사용하지
않으면 어수선해 보이므로
주의한다. 높은 쪽에 위치한
화분의 식물이 햇빛을
더 많이 받을 것이므로
고려하여 배치한다.

파티오

파티오에 놓을 식물과 컨테이너를 구입할 때는 반드시 거실 공간의
인테리어에 어울리는 것으로 선택해야 할 것이다. 거실 인테리어가
현대적인지 고전적인지를 파악하고, 좋아하는 색상은 어떤 종류인지,
원하는 스타일이 전원풍인지, 세련된 도시풍인지, 아니면
최첨단의 디자인을 원하는지 파악하도록 한다.

식물 리스트

나비가 좋아하는 식물:
프리카트 아스터Firkart's aster,
헬리오트로프Heliotrope

밀폐용 식물:
호랑가시나무, 월계수

상록성 차폐식물:
대나무, 멕시칸 오렌지
블러섬

꽃피는 기간이 긴 식물:
수국, 라벤더

엉성하게 자라는 식물:
올리브 나무

향기있는 식물:
꽃담배, 오리엔탈 백합

반음지성 식물: 제라늄

음지성 식물: 임파첸스

형태가 독특한 식물:
회양목, 스키미아Skimmia,
주목

양지성 식물 : 페튜니아

질감이 좋은 식물 :
쑥Artemisia,
블루 페스큐 그래스

파티오는 거실 공간의 확장 혹은 거실
인테리어를 반영하는 공간으로 파티오의
미세환경과 노출 정도를 파악하고 그에
따라 컨테이너에 심을 식물을 선택하도록
한다. 바람막이가 있는 공간이라면
내한성이 좀 약한 식물도 배치할 수
있지만, 가능하면 내한성이 강한 식물을
선택하도록 한다. 커다란 컨테이너에
식물을 심어 유지하면서 계절별로 작은
화분에 일년초를 이용하여 색을 도입한다.
식물이 없는 파티오는 무미건조하고
딱딱한 느낌이다. 컨테이너를 이용하여
날카로운 느낌을 줄이고, 아름다운
공간으로 바꿀 수 있다.

컨테이너를 이용해 공간을 구획하고
사적인 공간을 확보할 수 있다. 저녁
식사나 휴식을 위한 공간으로 만들고
주변의 가리고 싶은 경관은 차폐를
한다. 거실에서도 볼 수 있다면 상록성의
식물을 컨테이너에 식재하여 사시사철
감상을 할 수 있게 한다. 파티오 크기가
작다면 공간을 많이 차지하는 덤불형
식물은 피하고, 회양목이나 주목 같은
상록성 토피어리나 향나무 같이 수직으로
자라는 식물을 선택한다. 파티오를 휴식
공간으로 꾸미고자 한다면 식물을 선택할
때 향기와 색상을 우선시하여 선택한다.
파스텔 계열의 꽃들이 향기가 강하고
시각적으로 편안함을 주는 경향이 있으며
퇴근 후에 즐기는 공간이다보니 낮동안
향기를 방출하는 것보다 저녁에 꽃이
피고 향기를 방출하는 종류를 선택하는
것이 좋다. 향기가 좋은 식물로는 백합,

그래스류를 이용해 단순한 디자인, 상록수
토피어리를 이용한 강렬한 배치, 편안한 혼합식재
등의 디자인을 파티오에 적용할 수 있다.

꽃담배 등이 있으며, 라벤더, 센티드
제라늄 같은 에센셜오일을 방출하는
방향성 식물이 매우 적합하다(p98-99
참고). 앉는 장소에는 질감이 중요한데,
쑥처럼 향기나는 은빛의 섬세한 잎이
좋다. 스트레스를 경감하기 위해
블루그래스의 부드러운 잎을 식재해준다.
너무 여러 스타일의 컨테이너를 사용하지
말고, 파티오 바닥재와 어울리는 소재를
사용한다. 테라코타 컨테이너는 석재와
벽돌이 잘 어울리고, 반짝이는 금속은
데크와 잘 어울린다.

기능성

체크리스트

- 신선한 샐러드를 위해 토마토 화분 옆에 커다란 바질 화분을 배치해보자.
- 바비큐를 위한 파티오에 허브 컨테이너를 배치하면 바비큐나 샐러드에 바로 따서 넣을 수 있고, 좋은 향기를 즐길 수 있다.
- 컨테이너를 이용해 방처럼 꾸며, 어른들이 얘기를 나누고 휴식을 취하는 동안 아이들이 놀 수 있는 공간을 만들어준다.
- 어린이들이 정원에 관심을 가질 수 있도록 딸기나 블루베리 등의 맛있는 열매가 열리는 식물을 심어보자.

▲ 단독배치
저녁 식사를 위한 파티오 공간에 수직적인 느낌의 커다란 테라코타 분 회양목 볼을 배치하여 작은 테라스가 커 보이는 효과가 있다.

▼ 트리플 효과
작은 화분에 세둠과 팬지를 심어 테이블에 놓아 파티오의 포컬포인트를 제공한다.

파티오 조성시 주의점

컨테이너를 너무 많이 사용하지 않는다. 휴식을 위한 공간에 너무 많은 컨테이너를 사용하면 안정적인 느낌을 주기 어렵다.

정원 디자인을 강조하거나 주의를 돌리기 위해 컨테이너를 사용해보자. 파티오에 주의를 집중하고자 한다면, 밀집되게 식물을 배치하여 주변경관을 가려준다. 정원 쪽에 주의를 집중하고자 하면 식물 사이사이로 정원이 보일 수 있도록 가지가 얼기설기한 식물을 배치한다.

큰 컨테이너를 배치하게 되면서 발생할 수 있는 사고를 막기 위해 경계를 만늘어수는 것이 좋다. 회반죽으로 포장을 하거나 화단을 둘러싸 경계를 만늘어 준다.

벽

벽면은 작은 도심지 정원에서 비어있는 캔버스처럼
화분을 배치할 수 있는 가치있는 여분의 공간을 제공해준다.
컨테이너를 배치하여 답답할 수 있는 벽면을 연중 다채로운
색상으로 눈길을 사로잡는 공간으로 변화시킬 수 있다.

식물 리스트

동쪽 벽면:

칼라,
벚나무속 식물Prunus spp.,
등수국, 모과, 인동,
나무고사리Tasmanian tree fern

북쪽 벽면:

동백, 클레마티스,
섬개야광나무Cotoneaster,
개나리, 장미,
게리야Garrya spp.

남쪽 벽면:

과실수, 제라늄, 장미,
백화등Star jasmine,
서향Winter Daphne,
등나무Wisteria

서쪽 벽면:

동백, 매나무Ceanothus,
자스민, 목련, 장미

야외의 작은 공간들 중에 벽면에도
바닥에 조성하는 정도로 구성할 수 있음을
기억하자. 벽면에 컨테이너 정원을 계획할
때 다음 사항들을 기억하도록 하자.

1. 벽면이 동서남북 어느 방향을 향하고
   있는가?
2. 하루에 해가 드는 시간을 확인한다.
3. 어떻게 노출되어 있는가?
4. 어떤 모양의 컨테이너를 선택할
   것인가? 사각의 컨테이너가 둥근
   형태에 비해 공간도 덜 차지하고
   토양도 많이 담을 수 있음을
   기억해두자.

벽면에 햇빛이 비치는 장소, 그늘진
장소, 바람이 부는 방향 등 미세한 기후를
확인하도록 하자. 남쪽을 면한 벽은
정원의 북쪽에 위치한다.

노출

서쪽 벽면: 장미와 과실수 등 대부분의
식물은 북동풍을 피할 수 있는 서쪽을
면한 따뜻한 벽면에서는 잘 자란다.

남쪽 벽면: 남쪽을 면한 벽면에서 내한성이
약한 식물도 피해없이 자랄 수 있다.
제라늄과 은빛 잎의 지중해 원산 (라벤더
등 허브식물)의 난색 계열 식물들이 자랄
수 있다. 햇빛을 받아 수분이 빨리 마르지
않도록 주의를 기울인다.

동쪽 벽면: 좀더 내한성이 있는 개나리,
모과 등이 적합하며, 이른 아침
온도가 급변하기 쉬운 지역으로 서리

디자인 아이디어

창문 아래에 방향성 식물 화분 3개를 안전하게 걸어서 배치하거나,
벽 상단에 구유통같은 컨테이너에 식물을 심어 부드럽게
마무리하거나, 색상이 화려한 일년초와 사이사이 상록성 식물을 심어
벽면을 덮어주는 방식이 있을 것이다.

피해도 주의한다. 이러한 피해는 동백,
클레마티스, 과실수 등 꽃 피는 식물들에
있어서 심하게 나타날 수 있으니 주의를
기울여야한다.

북쪽 벽면 : 북쪽 벽면에 적합한 식물로는
그늘지고 어두운 공간을 밝게 해줄 수
있는 흰색이나 밝은 색상의 꽃이 피는
식물을 배치한다. 디기탈리스나 고사리
같은 삼림지대 식물이 잘 적응한다.
서양까치밥나무 같은 경우 벽면을
타고 올라가거나, 덤불 형태로 자란다.
모렐로체리나무는 음지에서 잘 자라는 몇
안 되는 과실수이다. 영춘화, 인동과 같은
양지성 식물은 북쪽 노출에 견딜 수 있다.

▲ 전원풍
재활용 깡통에 제라늄을 심어 벽면에 계단처럼
튀어나온 공간에 배치하여 동쪽 안마당을 재창조하였다.

▼ 향기로운 입구
도금을 한 컨테이너에 허브식물을 심어 어두침침한
지하실 내려가는 길을 키친가든으로 바꾸었다.

안전과 물주기

- 컨테이너는 벽면에 잘 고정하도록 한다.
  물을 주면 매우 무거운데 컨테이너가
  떨어지기라도 한다면 매우 위험할 수 있다.
  컨테이너 고정 방법은 뒤에서 다루고 있다
  (p103 참고).
- 벽에 고정한 컨테이너는 물주기에
  어려움이 있을 수 있다. 식물을 잘
  키우려면 컨테이너를 관리하는 방법에
  주의하도록 한다. 컨테이너에서 물이
  떨어지면 아래쪽에 놓여있는 시설물이나
  식물에 영향을 주게 되므로, 물받이가 있는
  컨테이너를 사용하거나 컨테이너 안쪽에
  배수층을 만들어 밖으로 물이 떨어지지
  않도록 한다.
- 관수가 어려운 장소라면 점적관수
  시스템을 도입하거나 윈도우 박스나 걸이
  화분에 사용하는 영양분을 함유한 수분
  보유 젤을 사용한다 (관수 p122-123 참고).
- 높은 곳에 위치한 컨테이너나 걸이 화분에
  물을 주기 위해 호스에 막대기를 묶어
  사용하는 것도 한 방법이다.

벽면 컨테이너정원 조성시 주의점

홈통, 걸이 화분, 철제 바구니,
잘 부착된 화분, 예쁜 깡통 등
다양한 종류의 컨테이너를
사용할 수 있다.

벽 바닥에 독립적으로 서있는
화분이나 플랜터를 배치할
수도 있다. 공간이 충분하다면
비를 맞을 수 있도록 벽에서
약간 떨어뜨려 배치할 수 있다.

바닥에 덩굴성 식물을
심을 생각이라면 벽에
나무 트렐리스나 철사를
설치하는데, 이때 공기
순환이 잘 되도록 벽에서
약간 떨어져서 트렐리스를
설치해준다.

덩굴성 식물 대신에 벽 위쪽에
홈통처럼 길쭉한 컨테이너를
단단히 설치해주고 아래로
늘어지는 식물을 심는 것도 한
방법이다.

입구와 계단

집으로 들어가는 입구는 여러분의 스타일과 개성
그 이상을 표현해주는 공간이다. 현관 앞을 개성있는 공간으로
조성하기 위해 적절한 컨테이너와 식물을 선택하고,
치밀하게 계획을 세우도록 한다.

안전을 위해 주의할 점

- 정원에 있는 계단은 매력적인 요소인 반면, 위험한 요인이 될 수도 있으므로 안전성을 고려한 측면에서 식재를 계획하도록 한다.
- 컨테이너가 계단을 차단하거나 소방피난도로에 배치돼서는 안된다. 계단과 입구는 쉽게 접근할 수 있어야 하며 특히 노인들에게겐 더욱 중요하다. 컨테이너를 배치해 계단으로 주의를 끌고 단차를 확인할 수 있도록 도와주며, 난간이 없는 곳에 배치하여 심리적 안정감을 줄 수 있다.
- 계단이 좁거나 입구가 작은 경우라면 가시가 있거나 옆으로 퍼지는 식물은 피하도록 한다.

식물 선택은 파티오에 적합한 식물 형태를 선택하면 된다 (p58 참고).

입구는 휴식을 취하거나, 오래 머무는 곳이 아니라 통과해버리는 공간으로 순간적으로 인상을 주어야 하는 공간이다. 컨테이너를 사용하면 앞마당처럼 지속적으로 관리하지 않아도 개성있는 연출이 가능하다. 건물 전면의 건축양식과 현관 앞 공간은 오랜 기간 공들여 조성할 만한 가치가 있다. 전통적인 스타일에서 현대적인 스타일, 전원풍의 경관에서 세련된 경관 등을 결정하고 벽돌, 석재, 콘크리트, 나무 등 소재와 색상 계획도 확인하도록 한다.

정형적 구성

입구는 정형적인 형태의 구조가 잘 어울리는 공간으로 컨테이너 사용시 강한 인상을 주면서, 관리가 쉬운 식물을 선택하여 최상의 상태를 유지하도록 한다. 주목이나 회양목 같이 잘 전정된 상록성 식물은 일 년 내내 최상의 모습을 유지하고 있으며, 동일한 컨테이너에 심어 현관문 양 옆에 배치하면 주의를 끌고 엄숙한 느낌을 줄 수 있다. 베르사이유 박스에 잘 전정한 월계수를 심거나 키 큰 컨테이너에 둥근 모양의 회양목을 심어 현관 앞에 배치하면 매우 효과적이다. 그 아래 계절에 따라 식물을 식재하여 색을 도입해줄 수 있다. 봄에는 구근 식물을 겨울에는 시클라멘이나 팬지를, 여름에는 한련화나 라벤더 등을 심어준다. 겨울철 상록성 식물과 토피어리는 크리스마스 등 장식을 위해 조명을 사용하여 꾸밀 수 있다. 비정형적인 구성에는 코튼 라벤더라

디자인 아이디어
무미건조한 공간이 컨테이너를 배치하면서 아름답게 변하는 것을 알 수 있다. 엄숙함, 시선유도, 프레임 등의 효과를 얻을 수 있다.

불리는 산토리나, 아르테미시아를 질감과 향기를 머금은 깔끔한 형태로 다듬어 배치할 수 있다. 향기가 강한 장미, 인동, 자스민 등을 현관문 주변으로 식재하여 번갈아 가며 꽃이 피도록 계획한다.

계단

튤립이나 둥근 회양목을 컨테이너에 심어 배치해주면 정형적 효과를 얻을 수 있다. 한련화, 아이비 잎 제라늄, 멕시칸 데이지 등 늘어지는 식물을 이용하여 비정형적인 디자인을 구성한다. 타임, 세이지, 로즈마리, 마조람 같은 향기가 있고 요리에 이용하기 좋은 허브식물을 조합하여 배치한다. 계단 양 옆으로 컨테이너를 배치하거나 아래에서 위를 향해 배치하는 방식으로 가장자리의 날카로움을 부드럽게 완화시키고 위아래로 시선을 유도하고 있다.

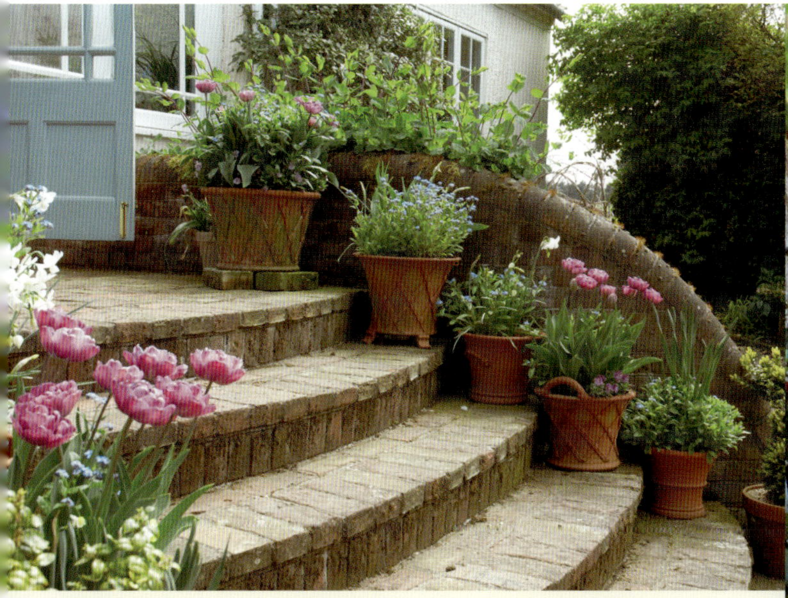

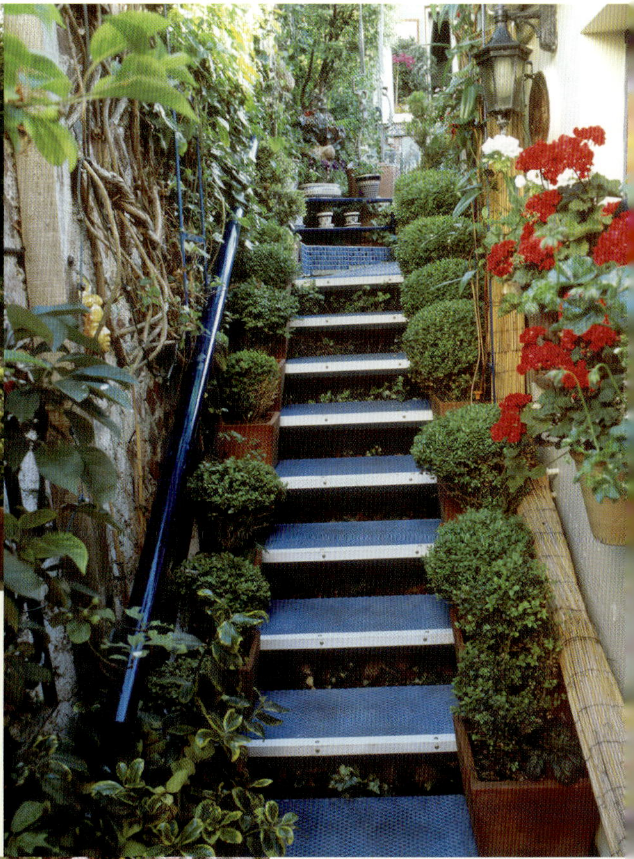

▲ **봄을 걷다**
튤립, 물망초, 수선화를 심어 넓은 벽돌 계단을 부드럽게 연출하였다.

▼ **주의를 끌다**
월계수를 심은 테라코타 컨테이너를 배치하여 균형미 있는 정형적인 입구를 연출하였다.

▶ **회양목 회랑**
테라코타 컨테이너에 둥근 회양목을 심고 계단에 배치하여 딱딱한 가장자리를 가려주는 효과가 있다. 무거운 사각 컨테이너를 배치하여 통로를 최대한 확보하여 안전을 고려하였다.

입구에 배치할 때 주의할 점

작은 화분들이 많으면 걸려 넘어지거나, 관리하기도 어렵고 복잡해보일 수 있으니 너무 많이 사용하지 않도록 한다.

집 밖이라 도둑을 맞을 염려가 있으니 너무 비싸고 좋은 컨테이너는 보안이 필요하다. 바닥에 붙박이로 만들거나 배수구멍을 이용해 체인을 묶어두거나, 움직이지 않는 컨테이너를 이용할 수 있다.

출입구 양쪽에 트렐리스를 안전하게 설치하여 덩굴성 식물을 올려주면 격자를 만들어주게 되어 위엄있는 효과를 얻을 수 있다. 일 년 정도는 식물을 심고 잘 관리하여 유인을 해주어야 식물이 자리를 잡는다.

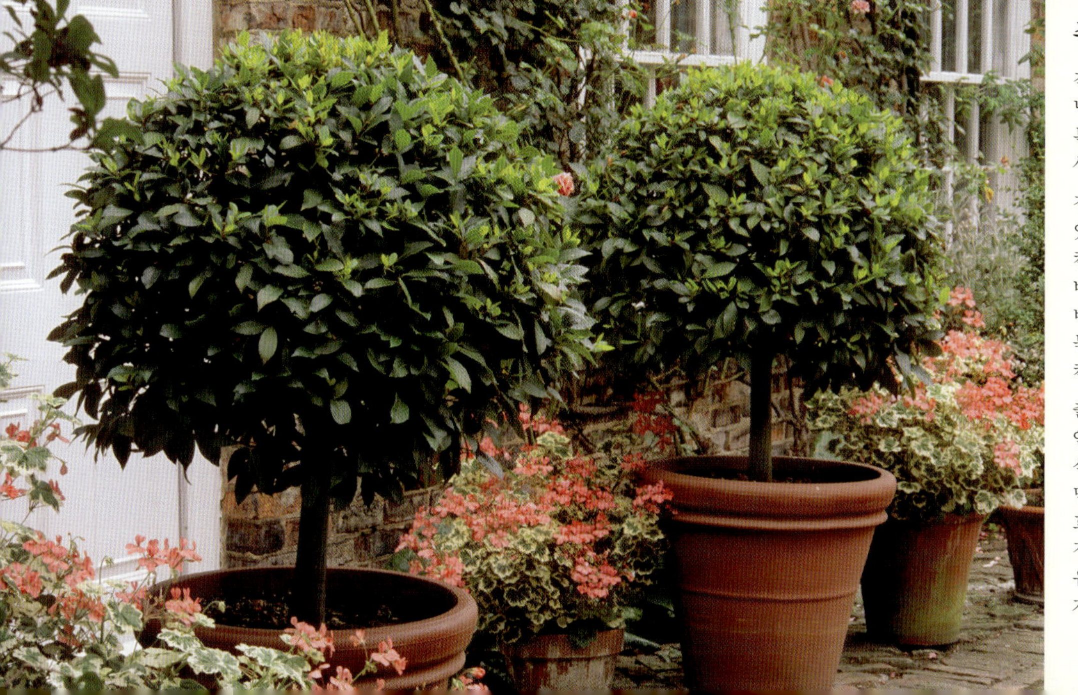

쉽게 관리하기

정원에서 아름다운 컨테이너를 오래도록 보고 싶은데,
관리할 시간이 없다면 어떻게 해야 할까?
매일 매일 귀찮게 하지 않을 관리가 쉬운 컨테이너 정원을 찾아보자.

식물 리스트

고산식물:
알파인 포피,
세듐, 바위솔

조형적 식물:
아가판서스, 용설란,
알로에Aloe striatula,
베쇼네리아Beschorneria
yuccoides, 잎새란,
푸야 알페스트리스Puya
alpestris

개화기간이 긴 식물:
아킬레아, 카모마일,
석죽, 라벤더, 꽃담배,
페튜니아, 팬지

음지성 식물 :
유포르비아, 팔손이,
고사리류

관리가 쉬운 컨테이너 정원을 얻으려면
계속해서 정원일을 하지 않도록 계획을
잘 세우도록 해야한다. 연중 유지가
되는 관목류는 일단 형태가 잡히면 전정,
물주기, 비료주기를 이따금씩 해줄 수
있다. 다음은 컨테이너 식물을 쉽게
관리하는 방법이다.

- 식나무 같은 상록성 관목은 내성이
  강하며, 겨울에는 붉은색 열매가
  열린다.
- 멕시칸 오렌지 블러섬은 덥고, 양지
  및 반그늘 지역에서 잘 자란다. 별다른
  관리가 없어도 봄이 되면 흰색의
  향기로운 꽃을 피운다(겨울 추위가 심한
  곳은 관리가 필요하다).
- 팔손이 같은 조형적 식물과 유카를 닮은
  베쇼네리아 같은 다육식물은 내성이
  강한 식물이다(지역에 따라 겨울철에는
  온실로 옮겨놓아야 한다).
- 둥근 회양목은 스타일을 만들기도 좋고
  관리가 많이 필요하지도 않다. 현대적인
  컨테이너에 심어주면 강렬한 효과를 볼
  수 있다.
- 꽃사과처럼 연중 아름다운 모습을
  보여주는 식물을 멋진 컨테이너에
  심어주면 늘 보고 즐길 수 있다.
- 대부분의 고산식물이 컨테이너에서 잘
  자라며, 낮은 화분이나 석재 컨테이너에
  잘 어울린다. 비료는 거의 필요없으며
  왕모래를 섞어 배수가 잘 되는 토양에
  심도록 한다.

디자인 아이디어
바위솔은 관수를 거의 해주지 않아도 되며, 페튜니아는
여름철 동안 계속해서 꽃을 피운다. 크기가 큰 상록성
식물들은 이따금씩 물을 주되 한번에 충분히 주도록 한다.

식재

조언

- 토양을 기본으로 해서 식재를 하고, 지효성 유기질
  비료를 섞어준다.
- 식물을 심은 후에는 바크 칩, 자갈 등으로 표면을
  덮어주어 수분을 보유하고, 잡초가 나지 않도록 한다.
- 첫해에는 물관리를 주의해야 하는데, 매일 조금씩 주는
  것이 아니라 충분히 흠뻑 주도록 한다.
- 뿌리가 잘 내리면 식물은 스스로 잘 살아가므로 너무
  뜨겁고 건조한 날에만 이따금씩 물을 주면 된다.
- 관수 시스템을 설치하면 물 낭비도 줄일 수 있어
  친환경적인 방법이 될 수 있다.
- 식물 관리가 어렵다면 아름다운 컨테이너 자체를
  돋보이게 하는 것도 한 방법이다.

관리가 쉬운 식물 5가지

1 숙근 제라늄
숙근 제라늄의 새로운 교배종들이 봄부터 가을까지 꽃을 피운다. 품종에는 '앤 폴카', '오키도키', '퍼플필로우' 등이 있다.

2 웨이브 페튜니아
웨이브 페튜니아는 다양한 색상이 있으며, 쉽게 기를 수 있다. 번식력도 좋아서 봄부터 늦여름까지 놀라울 정도로 꽃을 피운다.

3 원추리
다양한 색과 형태의 새로운 품종이 있으며, 여름철 내내 계속해서 꽃을 볼 수 있다.

4 그래스류
억새와 깃털잔디가 연중 자라며, 봄에 전정을 해준다.

5 바위솔
바위솔은 잘 자라며, 쉽게 번식이 된다. 별 모양의 꽃이 그늘에서 피는데, 핑크 또는 빨강색이며, 수천종의 품종이 있다.

▲ 페튜니아 화분
페튜니아는 상대적으로 저렴하면서 생육 및 유지관리가 쉬운 식물이다. 그림에서는 전원풍의 항아리에 심었는데, 걸이 화분, 윈도우 박스, 녹화, 혼합 식재 등 다양하게 이용할 수 있다.

▲ 고요하고 시원함
독특한 세라믹 컨테이너에 다육식물을 심어 최소한의 관리 노력으로 고요함을 표현하였다.

▶ 단정한 형태
높은 수준의 화석연료 배출이나, 소음과 인공 빛에 의한 공해가 정원 환경에 심각한 영향을 미치고 있다. 컨테이너에 그래스류를 심어 뒷마당이나 발코니에 배치하면 자연에 있는 듯한 느낌을 받을 수 있으며 수월하게 유지관리할 수 있다.

야생생물 끌어들이기

도시가 발달하면서 점차 농사를 짓던 시골까지 잠식해가고 있는 현실에서
점점 더 많은 야생생물들이 우리의 뒷마당에서 서식처를 찾고 있다.
공해가 심한 도심지에서 살아가는 나비들에게 윈도우 박스는 음식과 휴식을 취하는
오아시스와 같다. 야생생물과의 협력은 건강한 환경을 유지하는 데 도움이 될 것이다.

▼ 나비가 좋아하는 식물
나비들은 꽃에 꿀이 많고 일찍
꽃이 피는 식물을 좋아한다.
메리골드는 눈길을 사로잡는
형태와 색상으로 나비들을
끌어들이기에 좋은 식물이다.

야생생물이 좋아하는 나무들

과실수, 산사나무,
호랑가시, 향나무, 목련,
마가목,
자작나무Betula nigra, 풍년화
Hamamelis

야생생물 특히 새들이 좋아하는 식물

노란데이지[3],
진홍로벨리아Lobelia cardinalis,
코스모스,
엘더베리Sambucus,
에키놉스Echinops,
등골나무Eutrochium,
에키나세아Echinacea purpurea,
해바라기,
멀레인Verbascum,
가막살나무속 식물Viburnum

▲ 진딧물 경보
진딧물의 천적인 무당벌레는
여러분의 컨테이너 정원에서
발생하는 진딧물을 효과적으로
없애줄 수 있다. 또한
무당벌레는 나비의 좋은
먹이감이 되고 있다.

먹이사슬

모든 동물과 곤충들은 먹이사슬로 연결되어 서로 먹고 먹히는 의존관계에 있다. 정원에
야생생물을 적극적으로 끌어들이면 이들은 적이 아니라 정원사의 친구가 될 수 있다.
다양한 종류의 식물은 야생생물을 위한 서식처, 음식, 물을 공급해주는 중요한 역할을
하게 되며, 우리는 빈약한 견본품 같은 정원이 아니라 살아 움직이는 정원을 얻을 수
있게 된다.

보금자리

인동덩굴이나 클레마티스 같은 덩굴성 식물은 양분 공급원일뿐 아니라 작은 새들의
보금자리이자, 곤충들이 겨울을 나는 은신처가 되어준다. 상위 포식자들로부터
피난처를 제공해주며, 새와 곤충들이 좋아하는 식물을 심어 꽃과 열매를 공급해준다.
가을에 떨어진 낙엽더미는 겨울철 곤충과 딱정벌레의 귀중한 은신처가 된다.

열매가 맺히는 덤불

컨테이너에 심은 생울타리용 블루베리, 산사나무, 도그우드, 가막살나무 같은 자생
식물들은 음식과 서식처의 중요한 공급원이 된다. 열매가 맺히는 생울타리는 새들이

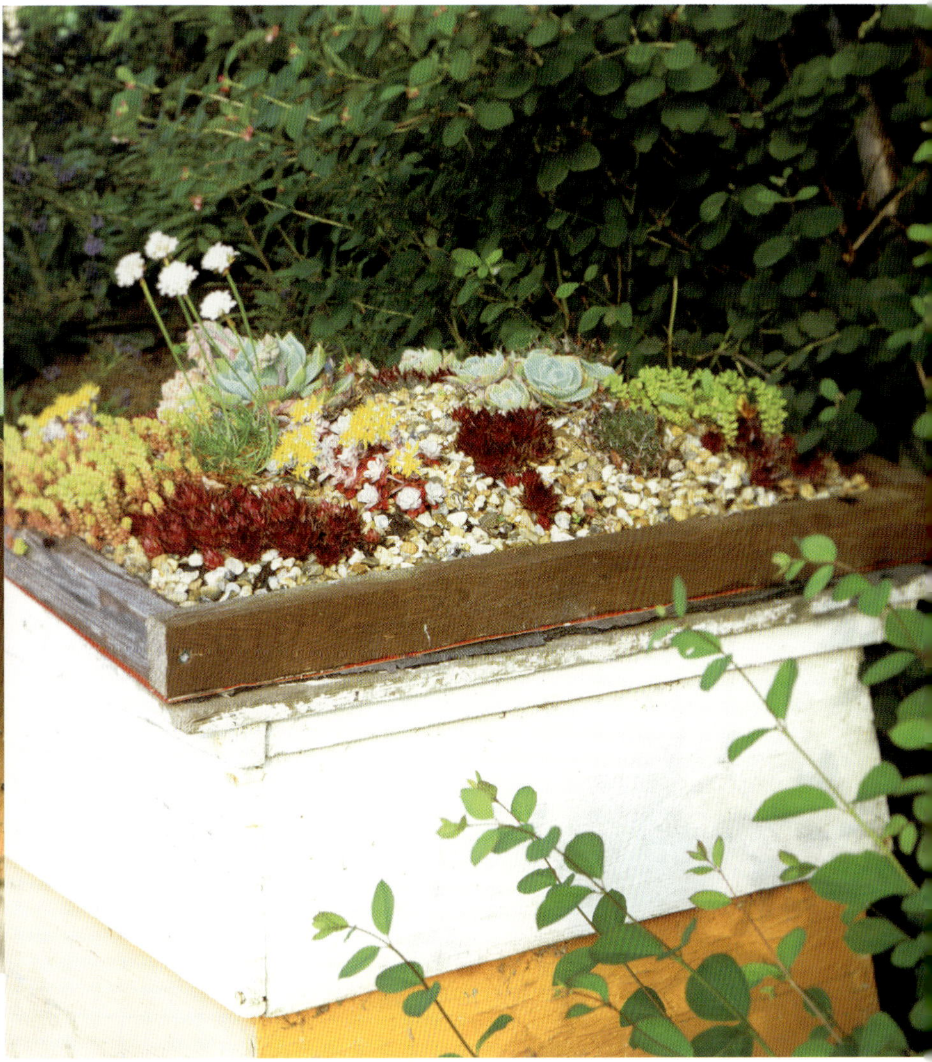

열매를 다 먹을 때까지 전정하지 말고
기다려준다. 여름철은 새들이 둥지를 틀고
있는 시기이므로 전정을 하지 않는다.
옆에는 미국담쟁이덩굴, 인동덩굴, 능소화
등의 덩굴성 식물을 올려준다. 겨울밤
덩굴에 작은 새들이 숨기 좋도록 너무
짧게 전정하지 않는다. 가시가 있는
관목을 심어주어 새들이 육식동물로부터
피할 수 있는 피난처를 제공해준다.

야생생물 특히
벌이 좋아하는 꽃 10가지

배초향Agastache,
꽃다지Aubrieta,
캔디터프트Iberis,
프렌치메리골드Tagetes patula,
헤베,
라벤더,
마조람,
갯개미취Aster amellus,
레드 발레리안Centranthus ruber,
세듐

친환경법

어스름녘의 즐거움

달맞이꽃이나 꽃담배 같이
저녁에 향을 풍기는 식물을 심어
어둠 속에 반짝이는 별처럼 꽃들이
반짝여 나방을 끌어들인다.

꿀이 많은 봄꽃

꽃다지Aubrieta, 크로커스,
석죽, 물망초, 무스카리,
헤더, 히야신스, 프리뮬라,
팬지, 월플라워

꿀이 많은 여름꽃

방향성 허브식물,
부들레아,
버터플라이위드Asclepias
tuberosa,
캐트닙Nepeta, 달맞이꽃,
꽃담배Nicotiana sylvestris,
헬리오트로프, 인동덩굴,
버베나, 천일홍

새를 끌어들인다

곤충을 유인하는 꿀이 많은 식물과 꽃들은 새들도 유인하게 되는데, 꽃이 진 후
열매가 저절로 땅에 떨어지고 나서도 꽃대를 그대로 둔다. 겨울에 그곳에서 거미들이
살 집을 마련하는 것을 볼 수 있다. 겨울이 지나고 봄이 되면 제거해준다. 엘더베리,
섬개야광나무 같은 베리류 관목이 있으면 개똥지빠귀, 찌르레기 같은 새들이 찾아온다.

농약을 사용하지 않는다

곤충은 야생생물의 중요한 먹이가 되므로, 해충을 제어하기 위해 정원에서 농약을
사용하지 않는다. 여러 종류의 식물을 혼합하여 식재하면 해충을 조절하는 데
효과적이다. 혼합식재를 하여 얻는 미적인 효과와 함께 야생생물을 위협하지 않고
해충과 병을 제어할 수 있게 된다. 다음은 함께 심으면 유용한 식물들이다.
- 메리골드와 토마토, 마늘과 장미, 두가지 혼합식재는 진딧물을 방제하는 데
  효과적이다
- 한련화와 양배추를 함께 심으면 애벌레들이 한련화를 더 좋아하므로 애벌레에 의한
  양배추 피해를 줄일 수 있다.
- 당근과 파 또는 양파를 함께 심으면 파와 양파에서 풍기는 강한 향에 의해 당근
  파리를 방제할 수 있다.

물

야생생물을 끌어들이는 데 물은 필수적이다. 나무통이나 오래된 싱크대에 물을 채우고
수생식물을 심었다. 여기에 꿀이 많은 꽃과 열매가 열리는 관목, 종자를 맺고 있는
그래스류와 꽃들이 다양한 종류의 곤충, 새, 양서류를 끌어들일 것이다.
컨테이너에 작은 돌무덤을 만들고 물 위로
식물이 서 있도록 지탱해주면, 화분에
연못을 만들어 줄 수 있다. 어떤 동물에게
컨테이너 안의 물속은 안전한 장소가 될
것이다. 물 위를 덮고 있는 식물이 안전한
은신처를 만들어주게 된다. 수면 위에
떠있는 작은 나무 조각은 목마른 곤충들의
착륙장소 역할을 할 것이다. 나무 널빤지
아래쪽은 개구리가 숨어 있기 좋은
곳이 된다. 야생생물을 위한 연못이라면
물고기는 기르지 않는다.

친환경법

야생화 풀밭

가을에 가든센터에서 구입한
그래스류 씨와 꽃씨를 섞어서
뿌려두면 봄에 풀밭을 만들 수 있다.
좋아하는 일년초를 선택하고,
씨를 섞어서 컨테이너(윈도우 박스면
충분하다)에 심어준다.

다른 식물들 사이에 컨테이너를
배치하여 야생생물에게 자연에
가까운 보호환경을 제공해 줄
수 있다.

컨테이너에 고인 물이 썩지
않도록 산소를 발생하는 수생식물을
심어주도록 한다.

오래된 싱크대는 구멍을 막고 물을
채우면 완벽한 컨테이너 연못을
만들 수 있다. 이때 밀폐제를
사용하여 방수를 확실히 하도록
한다.

욕조 재활용
연못 컨테이너를 만들기 위해 오래된 욕조만큼
재활용하기 적합한 것은 없을 것이다.

화분에서 야생생물을 만나다

조언

- 야생생물을 끌어들이기 위해 정리하지 않은 컨테이너를 남겨둔다. 죽은 가지, 낙엽더미는 야생생물의 좋은 먹이와 은신처가 된다.

- 컨테이너를 그룹으로 혹은 일렬로 배치하면 야생생물에게 '회랑'을 만들어주게 된다.

- 곤충과 새들은 먹이를 공급해주고 은신처가 되는 풍부한 식물들을 좋아한다. 컨테이너를 서로서로 모아서 배치해주고, 발코니나 테라스의 경우에는 벽 근처에 배치해준다.

- 다양한 종류의 식물을 심으면 야생생물을 끌어들이는 데 도움이 된다.

- 윈도우 박스가 하나라면 곤충, 나비, 나방들을 위한 먹이와 은신처로 이용될 수 있는 식물들로 주의깊게 선택하도록 한다.

- 월플라워, 야로우Achillea, 세듐은 겨울철 긴 기간 동안 동물들에게 먹이를 제공해줄 수 있는 식물이다.

- 향기가 있는 꽃들은 정원에서 사람들에게 후각적 즐거움을 제공해줄 뿐 아니라 나비와 나방을 끌어들이기 쉽다.

- 일반적으로 겹꽃보다는 홑꽃에 꿀이 더 많다.

- 개화기간을 길게 하기 위해선 수분이 되지 않도록 하면 되는데, 이때에도 새들의 먹이를 제공하기 위해 몇몇 꽃들은 종자가 맺히도록 해준다.

- 컨테이너에 딱정벌레, 꽃등에, 나비 등이 좋아하는 쐐기풀을 심어 다양성을 확보한다.

- 커다란 컨테이너나 윈도우 박스에 야생화 씨를 섞어서 뿌려준다.

- 잡초를 뽑을 때에도 심어놓은 식물들 사이에서 야생화가 자라는 것을 허락하도록 한다.

▶ **다양성**
다양한 식물들을 그룹으로 모아 심어서 작은 생태계를 만들어준다.

야생생물이 좋아하는 걸이 화분 만들기

초여름 새들이 쉴 수 있도록 40cm 크기의 걸이 화분을
만드는 데 필요한 재료들이다.

1. 프렌치 라벤더Lavandula stoechas

2. 고산 딸기Fragaria vesca 'Semperflorens' × 5

3. 스윗 알리섬Lobularia maritima × 5

4. 이베리스Iberis sempervirens × 2

5. 무늬 아이비Hedera helix 'Glacier'

6. 크리핑 타임Thymus serpyllum × 2

7. 물접시

8. 견과류를 채워넣은 새모이 주머니

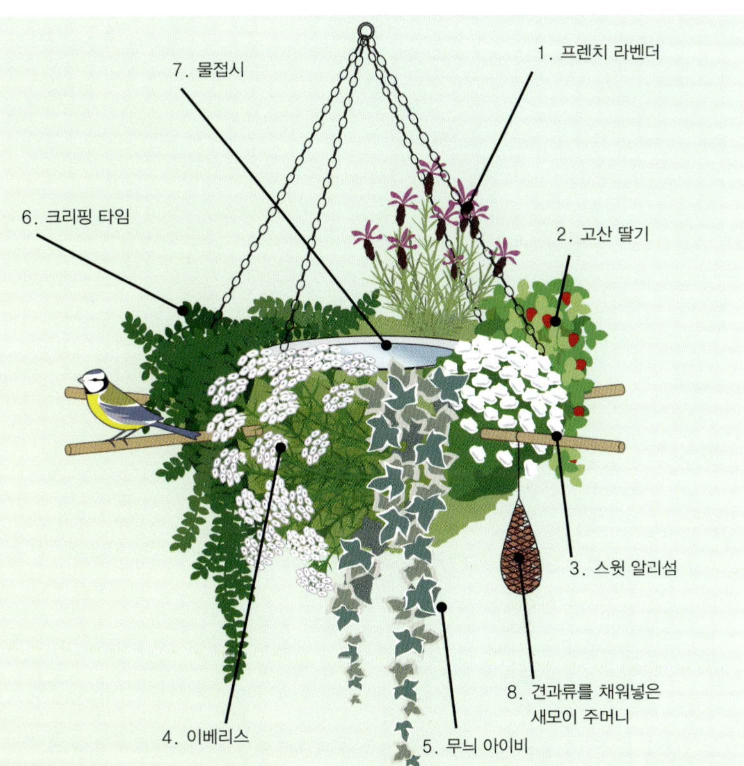

한눈에 보는 야생생물이 좋아하는 식물들

식물 특성	사용할 수 있는 식물들	좋아하는 생물들
방향성 허브	실란트로, 라벤더, 캐트닙, 차이브, 로즈마리, 타임, 파슬리, 민트	나비류, 익충
일년초	금잔화, 플록스, 페튜니아, 백일홍, 코스모스, 로벨리아, 샐비어, 해바라기	나비류, 익충, 조류
관목	부들레아, 향나무, 삼나무, 아메리칸 엘더베리, 미국낙상홍, 섬개야광나무, 피라칸사	조류, 나비류
키가 큰 식물	샤스타 데이지, 아이리스, 과꽃, 버가못, 수레국화, 솔리다고goldenrod, 디기탈리스, 멀레인Verbascum, 꽃담배	나비류, 나방류, 익충
음지/반음지성 식물	인동덩굴, 둥굴레Polygonatum odoratum, 꽃고비Polemonium racemosum	나비류, 나방류, 수분매개충
기어오르는 식물	후크시아, 나팔꽃, 로벨리아	벌, 나비류, 벌새
다년초	야로우Achillea, 델피늄, 세둠, 야생딸기	벌새, 나비류

계 ● 절 ● 별 ● 식 ● 재

컨테이너에는 제한된 시기가 없다.
어느 시기에나 갖고 있는 식물로 다양한 색감이나
구조를 재미있게 꾸밀 수 있다.
컨테이너는 혼잡한 초본 정원 가운데 있었더라면
관심을 끌지 못하고 무시당했을 수도 있는
꽃과 식물에 최고의 관심을 집중하게 한다.
컨테이너는 계절별 구근류와 함께 숙근초를
식재함으로써 일 년 내내 즐길 수 있다.
계획을 잘 세운다면, 한 식물이 무대에서 내려올 무렵
다른 식물이 각광을 받게 되기 때문에 꽃들의 향연은
계속해서 이루어질 수 있다.

봄 식재 제안

가을에 식재한 구근이 봄이 되면 반갑게 얼굴을
내밀기 시작한다. 만약 당신이 미처 심지 못했더라도
당황하지 말라. 가든 센터에 가면 가지각색의 봄꽃과
구근들로 가득차 있을 것이다.

봄철 식물 조합

**짙은 보라, 노랑,
인디고(남색)**
짙은 보라색 튤립,
큰앵초, 노란색 월플라워,
남색 물망초

녹색, 블루
무늬 아이비, 포복성
로즈마리, 파란 히야신스,
블루 이페이온, 블루 무스카리

오렌지, 밝은 녹색
오렌지색 튤립,
채도가 높은 녹색의
유포르비아Euphorbia

흰색, 녹색
늘어지는 갯버들Weeping pussy
willow, 흰색 크로커스,
소엽 무늬 아이비

노랑, 파랑, 흰색
노랑 튤립, 파란 무스카리,
흰색 아네모네, 흰색 데이지

노랑, 연한 자주색
노란 앵초, 연노랑과
연한자주색 팬지

겨울을 나는 동안 황량해진 화분을
피하려면(p82 참고), 구근이 자랄 동안
크리스마스 로즈, 천천히 자라는
그래스류나 붉은 말채나무 줄기와 같은
초본성 숙근초를 심어라. 만약 구근류만
식재하고 싶다면, 흙 표면을 화려한
이끼로 빽빽하게 채워주면 컨테이너가
좀 더 완벽하고 매력적으로 보일 것이다.
추운 지방이라면, 동해 피해를 막기 위해
천이나 다른 단열재로 컨테이너를 보온해
주거나 온실, 냉상 또는 지붕 밑으로
옮겨줄 필요가 있다.

스노우드롭, 크로커스, 미니수선화는
제일 먼저 볼 수 있는 식물들로 늦은
겨울이나 이른 봄의 추운 날씨에도
잘 견딘다. 넓은 범위의 가지각색의
시클라멘, 팬지, 큰앵초는 겨울이 끝나갈
무렵부터 가능하다. 이들은 봄이 되어서도
색을 유지할 수 있다.

봄꽃들의 색이 바랠 즈음 수세가
약해진 구근을 꺼내서 정원에 다시
심어라. 신선한 식물이나 향기나는 백합
또는 달리아와 같이 여름에 개화하는
구근으로 정원의 공백기간을 채운다.

이른 봄은 교목과 관목과 같이 오래
키워야 하는 식물을 심기에 최고의
시기이다. 대부분의 여름에 개화하는
구근류나 근경류는 서리 피해가 없고
토양이 데워진 늦은 봄에 식재 할 수 있다.
늦은 봄은 여름에 꽃을 보는 컨테이너와
걸이 화분이 시작되는 시기이기도 하다.

▲ 봄철 스타일
튤립Tulipa 'Black Parrot' 밑에 흰색 팬지를 배치한 매력적인
봄철 조합이다. 서로 지탱할 수 있도록 튤립을 한데 모아
빽빽하게 심는다.

봄의 손짓

설명: 15cm 크기의 진한 노란색 수선화Narcissus 'Tête-à-tête'는 컨테이너용으로 가장 인기 있는 왜성 수선화 중 하나이다.

개화기: 봄철 가장 이른 시기에 피는 수선화의 하나로 좀 더 이른 봄 개화하는 구근인 크로커스와 완벽하게 어울린다.

컨테이너 형태: 배수가 잘되는 작은 컨테이너를 사용하라.

식재: 수선화와 크로커스 구근은 가을에 식재한다. 앵초는 늦은 겨울부터 이른 봄 사이에 추가로 식재할 수 있다. 그러나 이러한 식물들은 일반적으로 이른 봄에 포트로 사서 한번에 식재할 수 있다. 초봄에 구근에서 싹이 올라오기 시작하면 유기농 액비를 뿌려준다.

식재토양: 완효성 비료가 첨가된 다목적 배양토 또는 비양토 배지를 사용한다.

장소: 양지바른 곳에 두었다가 꽃이 진 후 정원에 이식한다.

수량

- 수선화 × 5
- 크로커스 × 5
- 프리뮬라 × 6

오렌지 껍질

설명: 튤립은 봄철 구근 중에서 가장 화려하며, 특히 컨테이너에 재배하기 쉽다. 튤립Tulipa 'Prinses Irene'은 보라색, 빨간색, 녹색의 신비한 줄무늬가 있는 오렌지색 꽃잎을 가지고 있으며 30-35cm 크기의 시선을 사로잡는 튤립이다. 연노랑 월플라워는 전통적인 하부식재용 식물이다.

개화기: 중간 봄에 개화하며, 연노란색, 녹색, 남색이 멋지게 보인다.

컨테이너 형태: 테두리가 넓은 큰 컨테이너가 특히 잘 어울린다.

식재: 화려한 오렌지색의 튤립을 돋보이게 하려면 인디고블루 물망초 또는 짙은 파란색의 왜성 수레국화를 사이사이에 식재한다. 튤립 구근과 수레국화는 늦은 가을에 구입하라. 물망초는 흰가루병에 걸리기 쉽기 때문에 봄에 신선한 것으로 구입하는 것이 좋다.

식재토양: 완효성 비료가 첨가된 흙을 기반으로 한 배양토를 사용한다. 이른 봄에 튤립의 새싹이 올라오면 액비를 뿌려주고, 튤립이 개화하기 시작할 때 한번 더 뿌려준다.

장소: 양지, 차양이 있는 곳.

수량

- 튤립Tulipa 'Prinses Irene' × 24
- 왜성 수레국화 또는 물망초 × 8
- 월플라워(왜성 연노랑색) × 12

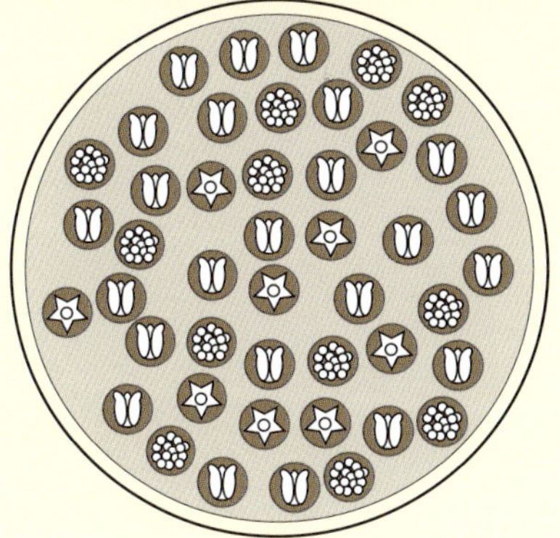

매혹적인 데이지

설명: 겹꽃 데이지Bellis perennis를 사용하였다.

개화기: 데이지는 봄철에 개화하는데 반면, 흰색의 바코파Bacopa는 이른 서리가 내릴 때까지 연속적으로 꽃이 핀다.

컨테이너 형태: 작고 깊이가 낮은 컨테이너가 적당하다.

식재: 이른 봄에 데이지를 식재하고, 4월에 장식을 위해 흰색 바코파를 첨가한다.

식재토양: 완효성 비료가 첨가된 혼합토양을 사용한다.

함께 심을 만한 식물: 튤립과 같은 봄철 구근과 앵초, 무스카리는 환상의 짝궁이다.

장소: 양지바른 곳에 둔다.

수량

 겹꽃 데이지 × 2

흰색 바코파 × 4

꼬마 천사와 악마

설명: 크리스마스로즈Helleborus ´Deep purple´, 수선화, 석창포Acorus gramineus ´Ogon´의 조합은 영구적인 식재가 가능하다. 좋은 배치를 위해서는 개화 후에 수선화 구근을 제거하고 가을에 새로운 구근을 다시 식재한다.

개화기: 이 컨테이너는 이른 봄에 가장 멋지게 보일 것이다.

컨테이너 형태: 이 조합은 어떠한 형태라도 잘 어울리지만 깊이가 깊은 컨테이너를 이용하는 것이 좋다. 여기에서는 빅토리아 스타일의 연통에 식재하였다.

식재: 가을 중반에 식재한다. 일반적으로 이 식물들은 대부분의 장소와 토양에 잘 견딘다.

식재토양: 흙을 기반으로 한 혼합토양에 식재하고, 관수에 신경쓰는 동시에 적당하게 배수가 되게 한다. 이른 봄에 비료를 뿌려준다.

함께 심을 만한 식물: 진보라색 크리스마스로즈는 풀모나리아 Pulmonaria ´Sissinghurst White´, 헤우케라Heuchera ´Chocolate Ruffles´와 잘 어울린다.

장소: 이 컨테이너는 양지바른 곳이나 그늘진 곳 모두에 적합하다.

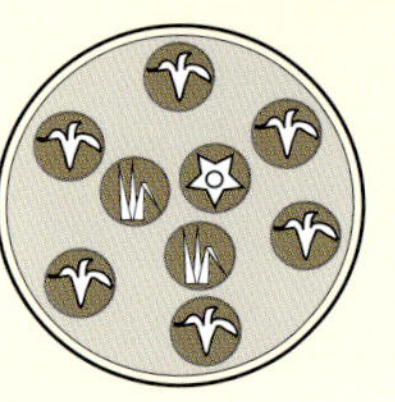

수량

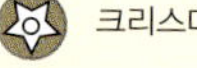 수선화 × 6

크리스마스로즈 × 1

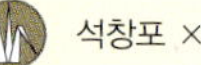 석창포 × 2

동시개화

설명: 아네모네^{Anemone blanda}와 개화하려는 튤립.

개화기: 이 식물 조합은 봄의 중반에 동시에 개화할 것이다.

컨테이너 형태: 입구가 넓은 컨테이너가 적합하다. 여기에서는 테라코타 분에 식재하였다.

식재: 늦은 가을에 구근을 식재한다.

식재토양: 비료가 첨가된 혼합토양에 식재한다.

함께 심을 만한 식물: 동시개화를 위해서는 봄 중반 튤립을 구하도록 한다. 늦게 개화하는 수선화^{Narcissus 'Thalia'}는 특히 매력적으로 보일 것이다.

장소: 밝은 그늘에 둔다.

수량

아네모네 × 7

튤립 × 7

봄식재

조언

- 같은 꽃이나 구근일지라도 품종에 따라 일찍 개화하는 것과 늦게 개화하는 것이 있다는 것을 명심하라(예를 들면, 튤립과 수선화). 이러한 식물들을 봄철에 개화하는 다른 식물들과 함께 묶는다면, 같은 시기에 꽃이 필 수 있게 해야 한다.
- 야생동물들이나 고양이들이 여러분의 컨테이너에 해를 입히는 것을 막기 위해서, 가시가 있는 호랑가시나무나 장미에서 전정한 가지를 토양에 꽂는다.

이외 봄철 식물들

- 아잘레아
- 동백나무
- 현호색^{Corydalis}
- 앵초
- 크로커스^{Crocus}
- 시클라멘^{Cyclamen coum}
- 무스카리^{Grape hyacinth, Muscari armeniacum}
- 팬지
- 프리뮬라
- 스노우드롭^{Galanthus nivalis}

친환경법

봄이 오면 가장 햇빛이 잘 드는 곳과 그늘진 곳을 찾아보고, 월플라워^{Erysimum}, 앵초, 팬지를 식재한 화분을 배치해 보라. 그러면 봄이 되어 찾아온 곤충들에게 먹이를 제공해줄 수 있다.

여름 식재 제안

여름 컨테이너의 성공 비결은 서로 어울리는 색과 모양을 고려할 뿐만 아니라
여름 내내 꽃이 계속될 수 있는 식물 조합을 선정하는 데 있다. 같은 꽃이라도
품종에 따라 수명이 엄청나게 다양하기 때문에, 시든 식물 때문에 생생한 디자인을 망치지
않기 위해서는 언제나 식물에 대한 조사를 하는 것이 현명하다.

여름철 식물 조합

파스텔
이소토마Isotoma axillaris,
헬리크리섬Helichrysum petiolare 'Limelight',
페튜니아'Prism Sunshine'

파랑, 흰색, 핑크
백합Lilium 'Arena', 로벨리아, 제라늄

강렬한 색상
한련화, 코르딜리네

연한 자주
라벤더, 버베나Verbena bonariensis

흰색, 핑크, 마젠타
흰색 마거리트Argyranthemum foeniculaceum,
핑크색 마거리트 데이지, 리코리스(감초),
늘어지는 자주색 페튜니아

연분홍, 보라
제라늄'Lady Plymouth', 리코리스, 헬리오트로프

보라, 연한자주
큰꽃알리움, 라벤더

초록, 오렌지
용설란, 캘리포니아 포피(금영화)

보라, 오렌지, 빨강
꽃양배추, 프렌치매리골드, 빨강 한련화

베이지, 보라
깃털잔디, 진보라색 아이리스

빨강, 연두
빨강 칸나, 아이비 무늬 제라늄,
꽃담배'Lime Green'

내한성이 있는 식물들은 조성에 걸리는 시간을 위해서 봄에 식재하고, 연약한 계절
식물들은 오월이 될 때까지 기다린다.

여름에도 컨테이너를 다양하게 꾸밀 수 있다. 일년초가 가장 일반적인 선택이지만
관목이나 덩굴성 식물, 숙근초, 여름 개화 구근 등도 이용할 수 있다.

만약 작은 콘크리트 마당이라도 가지고 있다면, 컨테이너나 윈도우 박스에 야생화를
심어 여러분의 현관 앞에 자연을 옮겨올 수 있다.

글라디올러스, 알스트로메리아, 섬머 히야신스와 같은 다양한 종류의 여름 구근들이
컨테이너에 이상적이다. 백합은 화려한 나팔나리부터 향기 좋은 리갈백합까지 종류가
무척 다양하다.

이른 봄 컨테이너에 식재할 때, 각각의 식물들이 얼마나 지면 위와 아래로 자랄
것인지를 알고 있어야 하며, 뿌리, 잎, 꽃이 발달할 수 있는 충분한 공간을 만들어 주어야
한다. 컨테이너는 여름철 더위에 쉽게 마를 수 있기 때문에(p60-61 참고), 의욕적으로
컨테이너 장식에 착수하기 전에 적어도 하루에 한 번씩 물을 줄 수 있는지를 확인해야
한다. 여름 컨테이너에서 허브와 채소가 매우 잘 자란다.

▼ **제왕의 장미**
장미 앤 불린'Anne Boleyn'은 영국의 헨리 8세의 여섯 왕비 중 한명의 이름을 따서 지어졌는데, 사랑스러운
핑크빛의 컴팩트한 장미를 계속 피운다. 이 장미는 컨테이너에 심었을 때 완벽한 선택이다.

화려한 장식

설명: 옅은 분홍색 목마가렛Argyranthemum frutescens, 'Summer Melody'과 시네라리아Pericallis 'Sensetti Magenta Bicolor'는 여름철 활기찬 조합을 보여준다. 목마가렛은 연중개화하는 다년초이기 때문에 여름철 컨테이너에 주로 사용할 수 있다. 다양한 색과 모양을 가진 80여 품종이 있다.

개화기: 시든 꽃을 따준다면 여름부터 가을까지 계속 꽃을 볼 수 있으며, 누렇게 된 잎을 따주면 새로 어린 잎이 나온다.

컨테이너 형태: 뿌리내림을 위해서는 깊은 컨테이너에 식재하는 것이 좋다.

식재: 목마가렛과 시네라리아는 늦은 봄에 식재해야 한다.

식재토양: 혼합 배양토를 사용하고 유기농 수분보유 폴리머를 섞어준다. 액비는 식재 후 3주 뒤에 약하게 한번 주고, 이후 2-3 주마다 준다.

함께 심을 만한 식물: 회색 잎을 가진 헬리크리섬Helichrysum petiolare, 버베나, 이소토마Isotoma axillaris가 잘 어울린다.

장소: 양지바른 곳에 둔다.

수량

- 시네라리아Pericallis 'Sensetti Magenta Bicolor ' × 1
- 시네라리아Pericallis 'Sensetti' × 1
- 목마가렛 × 1

차가운 색의 향연

설명: 보라색 또는 푸른색 스카비오사는 여름철 장식에 있어서 스타라 할 만하다. 핀쿠션처럼 생긴 꽃은 길고 우아한 줄기에 달려 있는데, 6월부터 9월까지의 여름철에 개화하며 나비와 벌이 좋아하는 식물이다. 연한 노란색을 돋보이게 하는 연보라와 파란색 색상환을 가진 목마가렛Argyranthemum과 채도 높은 노란색 가장자리를 가진 제라늄 잎이 조화롭다.

개화기: 시든 꽃을 제거하면 가을에 들어갈 때까지 계속 꽃을 볼 수 있다.

컨테이너 형태: 깊고 긴 모양의 컨테이너는 식물들이 가장자리를 따라 자연스럽게 웨이브를 이루게 하며, 여름 내내 장식해도 좋을 만큼의 토양을 제공할 수 있다. 아연도금된 컨테이너가 블루와 담자색의 꽃과 특히 잘 어울린다.

식재: 늦서리의 피해가 없는 늦은 봄이나 이른 여름에 식재한다. 보통 정도의 관수가 요구되며, 유기질 비료를 2-3주마다 시비하라.

식재토양: 완효성 비료가 섞인 혼합 배양토를 사용한다.

함께 심을 만한 식물: 웨이브 페튜니아와 보라색 헬리오트로프

장소: 양지 바른 곳에 둔다.

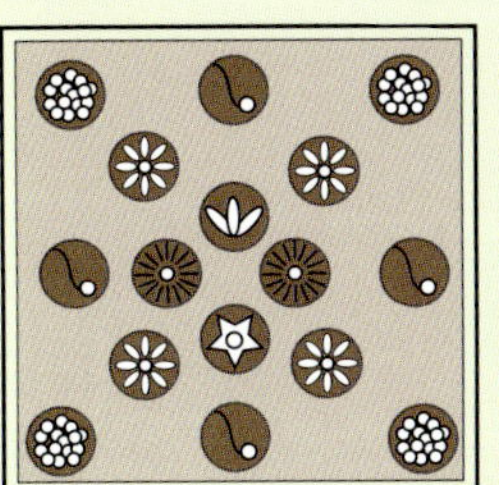

수량

- 목마가렛, 노랑 프리뮬라 × 1
- 제라늄Pelargonium 'Lady Plymouth' × 1
- 블루 애기코스모스Brachycome × 4
- 스카비오사 × 2
- 헬리크리섬(실버) × 4
- 덩굴성 버베나(자주색) × 4

불꽃 장식

설명: 멕시칸 데이지Erigeron karvinskianus와 짝을 이룬 깃털잔디 포니 테일스'Pony Tails'는 최소의 노력으로 최고의 효과를 제공한다. 이 장식은 노출된 공간에 좋을 뿐만 아니라 야생생물에게 은신처를 제공한다.

개화기: 멕시칸 데이지Erigeron와 그래스를 잘라주면 봄에 다시 새싹이 돋아나 여름부터 이른 가을에 걸쳐 폭발적인 모양의 장식을 보여준다.

컨테이너 형태: 커다란 알리바바 스타일의 테라코타

식재: 포니 테일스와 멕시칸 데이지는 가을이나 이른 봄에 식재한다.

식재토양: 여분의 배수를 위해서 완효성 비료와 모래 또는 펄라이트가 섞인 혼합 배양토에 식재한다. 또한 안정적인 수분 공급을 위해 유기질 수분보유 폴리머를 식재 토양에 섞어준다.

함께 심을 만한 식물:
잎새란Phormium tenax과
알리움 드럼스틱Allium sphaerocephalon이
잘 어울린다.

장소: 햇볕이 내리쬐는 곳에 둔다.

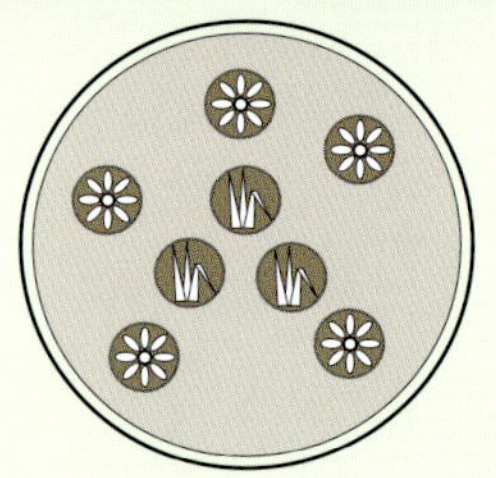

수량

 깃털잔디 × 1~3

 멕시칸 데이지 × 5

친환경법

겨울을 거치면서 남겨둔 그래스류의 줄기는 아름다울 뿐만 아니라 새들의 먹이가 될 수 있다. 여름철에 멕시칸 데이지는 꿀벌과 나비들을 끌어들인다.

여름 재배

조언

- 뜨거운 날씨에도 수분이 계속 유지되게 하려면 화분 배양토에 물을 함유하는 폴리머를 섞어준다.

- 개화기를 길게 하고 싶다면 시든 꽃을 제거해주고 비료를 적당량 시비한다.

- 한 화분에 다년초와 일년초를 함께 식재하는 것 보다는 개별적으로 심은 다양한 컨테이너들을 무리지어 배치하는 것이 좋다.

대담한 아름다움

설명: 각양각색의 늘어지는 제라늄으로 가득찬 윈도우 박스만큼 기분 좋게 해주는 것이 또 있을까? 여기에 사용된 제라늄은 데코라 레드'Decora Red', 해피 페이스 맥스'Happy Face Max', 엘레강트'L'elegante'와 센티드 제라늄'Attar of Roses'이다.

개화기: 이 윈도우 박스는 여름철 내내 꽃이 핀다. 시든 꽃을 제거하고, 상처 입었거나 병든 잎을 제거한다.

컨테이너 형태: 윈도우 박스를 사용한다. 만약 윈도우 박스가 너무 무겁다면, 배치를 하고나서 식재를 한다.

식재: 늦서리의 피해가 완전히 사라진 늦은 봄에 식재한다.

식재토양: 다목적 혼합 배양토를 사용하고, 액비를 2주에 한 번씩 공급하거나 완효성 비료를 토양에 섞어준다.

함께 심을 만한 식물: 제라늄 사이에 연두색 꽃담배를 배치한다면 멋지게 어울릴 것이다.

장소: 햇볕이 내리쬐는 곳에 둔다.

주의: 윈도우 박스는 지나치게 덥거나 바람이 강한 날씨에는 쉽게 마를 수 있기 때문에 물을 줄 필요가 있는지 수시로 살펴봐야 한다.

수량

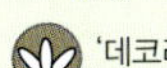 '데코라 레드' 품종 × 2

 '해피 페이스 맥스' 품종 × 3

 '엘레강트' 품종 × 1

 센티드 제라늄 × 1

친환경법

- 버베나는 나비들이 가장 좋아하는 식물로 개화기간 내내 꿀을 찾아 모여든 나비들로 장관을 이룰 것이다.
- 여러분이 야생화 정원을 계획한다면, 나비는 꿀을 찾아 다니지만 나비의 유충은 식물의 잎을 필요로 한다는 것을 명심해라.

여름 식재

조언

- 당신의 관목과 숙근류가 자라는 시기인 늦여름에 삽수를 채취해서 비용을 절감한다.
- 공간이 협소하다면, 당신이 좋아하는 숙근초들을 개별 식재하여 한 군데 모아놓는다.
- 접시꽃과 델피니움과 같은 초본성 식물은 미니종을 이용한다.

이외 여름철 식물들

- 목마가렛Argyranthemum 'Jamaica Primrose'
- 도깨비 바늘Bidens
- 라벤더
- 백합Lilium 'Arena'
- 로벨리아
- 한련화Nasturtiums
- 장미Rosa 'Anne Boleyn'
- 파인애플 세이지Salvia elegans
- 늘어지는 버베나

가을 식재 제안

여름이 끝나가면서, 봄에 식재했던 대부분의 식물들은 지저분하고
칙칙해지기 시작한다. 하지만, 가을은 각종 과실과 열매를 수확할 수 있는 시기이며,
교목과 관목들이 화려한 가을 옷으로 갈아입는 계절이다. 겨울이 시작되기 전에
마지막으로 화려한 색의 향연에 빠져보는 것은 어떨까?

가을철 식물 조합

초록과 골드
헤우케라Heuchera 'Obsidian',
파운테인 그래스Pennisetum
orientale , 사초Carex 'Evergold'

초록, 빨강, 오렌지
스키미아Skimmia japonica
'Rubella' , 사초Carex testacea,
바위남천Leucothoe 'Scarletta'

핑크, 초록, 보라
에리카Erica gracilis,
가울테리아Gaultheria mucronata
a.k.a Pernettya mucronata
헤우케라Heuchera 'Plum Pudding'

핑크, 골드, 초록
사초Carex
유포르비아Euphorbia , 에리카

자주, 은색, 검정
헤우케라Heuchera 'Silver
Scrolls' ,
붉은 바위취Heuchera americana ,
흑소엽맥문동Ophiopogon
planiscapus 'Nigrescens'

▶ 핫도그
화분에 심은 말채나무는
화려한 가을 단풍을
보여준다.

왜성공작단풍나무Acer palmatum 'Dissectum Atropurpureum'는 아담한 크기와 질감이 좋을 뿐만 아니라 단풍색이 아름다우며, 좋은 품종으로 가넷'Garnet'과 레드 피그마'Red Pygma' 품종이 있다. 색상이 화려한 가을 베리류와 과실들은 야생동물을 위한 잔치를 베푼다. 섬개야광나무Cotoneaster와 마가목Sorbus spp.은 선명한 붉은 열매가 달리고, 봄에 꽃으로 뒤덮였던 꽃사과는 이제 붉고 노란 과실이 달린다. 레드 센티널'Red Sentinel' 품종은 특히 컨테이너용으로 적합하다.

미국담쟁이Parthenocissus, 머루Vitis coignetiae 와 같은 여러 덩굴식물들과 시클라멘, 가을 크로커스와 같은 구근 품종들도 아름다운 가을색으로 물든다. 달리아는 단연 돋보인다. 윈도우 박스와 같이 작은 컨테이너에서 키울 경우 재배기간이 짧은 품종이 적합하다. 큰 화분을 사용할 때에는 부피감이 있어 보이게 하기 위해 지주를 세워주고 순집기를 해야만 한다. 청동색 잎과 빨간 꽃을 피우는 달리아 비숍 오브 란다프'Bishop of Llandaff' 품종은 단연 인기가 있다.

관리가 별로 필요 없는 그래스류는 가을 컨테이너용으로 적합하다. 파운테인 그래스는 늦여름부터 겨울까지 브러시 형태의 꽃을 오래 볼 수 있다.

◀ **가을 핑크**
핑크색 네리네^{Nerine 'Stephanie'}
와 진분홍 네리네^{Nerine undulata},
트럼펫형 꽃을 가진 흰색 옥잠화
Hosta plantaginea 'Gandiflora'의 눈에
띄는 조합으로 네리네는 담을 따라
양지바른 곳에 약간의 그늘이
드리워지는 장소를 좋아한다.

가을의 계단

설명: 그래스류는 컨테이너에 키우기 매우 쉬우면서도 가장
문제가 적은 식물이다.

개화기: 붉은 바위취는 핑크빛의 작은 꽃이 달린 화서 다발을
봄부터 가을까지 볼 수 있다. 늦은 여름에 매력적인 깃털
모양의 관모가 발달해서 늦은 봄까지 달려있다.

컨테이너 형태: 광택이 나는 세라믹 컨테이너를 사용한다.

식재: 이른 가을에 식재한다. 겨울철 동안 토양의 수분을
유지할 수 있게 하되 지나친 관수를 하지 않는다. 만약 잎의
모양이 흐트러지기 시작한다면, 이듬해 생육을 위해 늦은
겨울에 잎을 잘라준다. 휴가 기간 동안에 주워온 자갈이나
조약돌로 컨테이너 주변을 장식하는 것도 좋다.

식재토양: 혼합 배양토를 사용하는데, 이 식물들은 모두 촉촉한
토양을 좋아한다.

함께 심을 만한 식물: 그래스와 함께 키가 큰 흰색, 핑크,
보라색 튤립과 같은 추식 구근을 식재한다.

장소: 양지 또는 반음지에 둔다. 이 식물들은 한낮의 뜨거운
햇볕을 좋아하지 않는다.

수량

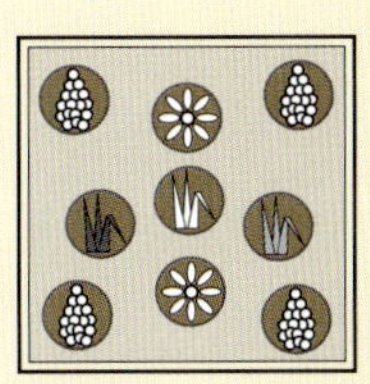

헤우케라^{Heuchera 'Plum Pudding'} × 4

사초^{Carex stricta} × 1

무늬 사초^{Carex brunnea 'Variegata'} × 1

레더리프 사초^{Carex buchananii} × 1

범위귀^{Saxifrage 'Southside Seedling'} × 2

동방의 광채

설명: 공작단풍나무Acer palmatum 'Dissectum Atropurpureum'의 넓고 둥근 잎은 가늘게 찢어져 있는데, 여름에는 붉은 보라색을 띠다가 가을이면 선명한 오렌지색으로 변한다.

개화기: 가을이면 특별히 멋진 색으로 물든다.

컨테이너: 크고 윤이 나는 동양적인 컨테이너가 좋다.

식재: 가을 또는 봄에 식재하는 것이 좋다.

식재토양: 완효성 비료가 포함된 혼합 배양토를 사용한다.

장소: 양지에서도 견딜 수 있지만, 반음지가 가장 좋다.

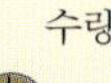

수량
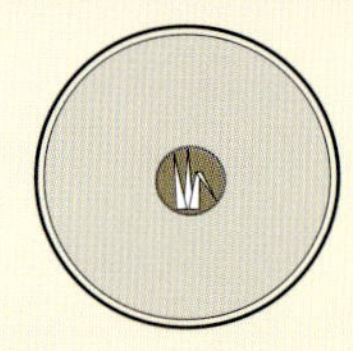 공작단풍나무 × 1

건조에 강한 배치

설명: 컨테이너에 세둠Sedum 'Autumn Joy', 자주색 잎 세둠S. 'Matrona', S. telephium ruprechtii, 늘어지는 세둠S. 'Ruby Glow'을 함께 식재한다. 알로에 Aloe vera를 에오니움Aeonium arboreum과 함께 테라코타 화분에 식재한다. 벌과 나비가 날아올 것이다.

개화기: 가을에 개화한다.

컨테이너 형태: 테라코타가 이상적이다. 플라스틱 화분은 지나치게 수분을 보유한다.

식재: 봄에 식재하는 것이 여름철 장식을 위해 좋고, 이른 가을에 꽃을 볼 수 있다.

식재토양: 모래가 풍부하게 함유된 혼합 배양토에 식재한다.

장소: 이 식물들은 뜨겁고 건조한 장소에서 잘 자란다.

수량
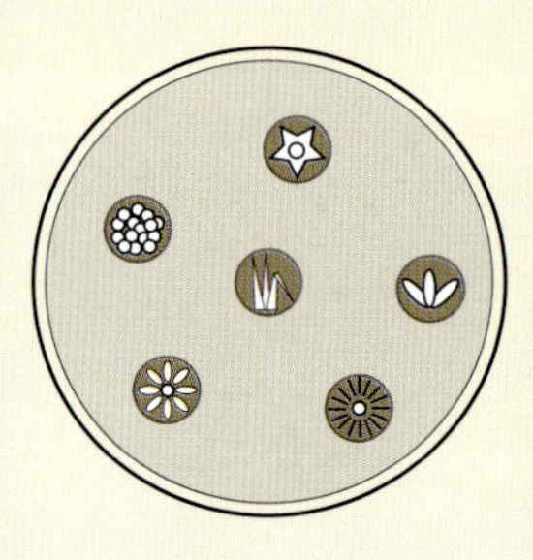
세둠 × 1
자주색 잎 세둠 × 1
자주색 잎 세둠 × 1
늘어지는 세둠 × 1
알로에 × 1
에오니움 × 1

놀라운 은총

설명: 꿩의 꼬리풀Stipa arundinacea, 갈색 잎을 가진 사초Carex 'Cappuccino'와 블루 페스큐Festuca glauca 'Elijah blue'를 컨테이너에 심었다. 우아한 이들 그래스의 가느다란 잎은 풍성한 수풀을 형성한다.

개화기: 여름철 색이 가을을 거쳐 겨울까지 유지된다. 사초는 가을에 아름다운 오렌지 갈색으로 물든다.

컨테이너 형태: 테라코타가 좋다.

식재: 그래스류는 키우기가 쉬우며, 가을 또는 봄에 식재한다.

식재토양: 완효성 비료가 함유된 혼합 배양토에 식재한다. 충분히 관수하고 배수에 신경쓴다.

장소: 양지 또는 반음지에 둔다.

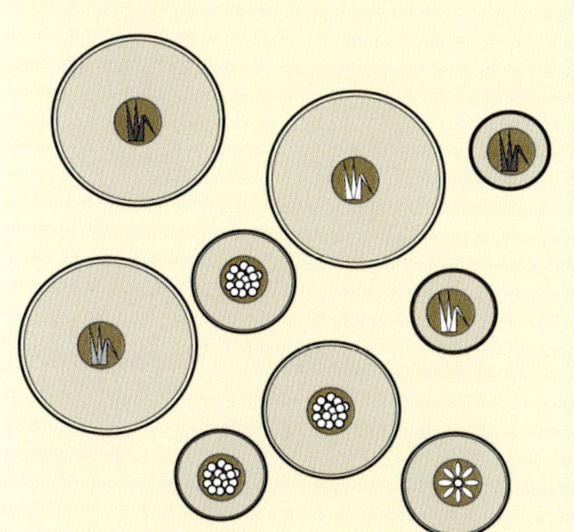

수량

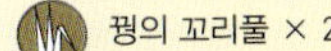 꿩의 꼬리풀 × 2

 사초 × 1

 블루 페스큐 × 2

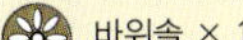 바위솔 × 1

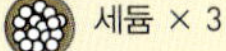 세듐 × 3

가을 식재

조언

- 백합은 가을에 시원하고 겨울 동안 서리의 피해가 없는 장소에 식재하는 것이 가장 좋다. 백합은 봄철에 심어도 되지만 가을에 심은 것에 비해 꽃이 좋지 않을 수 있다.
- 선명한 색의 말채나무 줄기를 보고 싶다면, 늦은 겨울에 몇 개의 눈만 남기고 줄기를 모두 잘라주는 것이 좋다.
- 달리아는 2,000여 개의 원예종이 있는데, 화분에 키우기에 앞서 품종에 대한 정보를 찾아보는 것이 좋다.

여러 가을 식물들

- 레드워트Ceratostigma willmottianum
- 콜치컴Colchicum
- 섬개야광나무Cotoneaster 'Cornubia'
- 시클라멘Cyclamen hederifolium
- 달리아
- 말채나무/도그우드
- 퍼플데이지Aster novi-belgii
- 네리네
- 피라칸사

겨울 식재 제안

겨울 컨테이너는 봄이나 여름에 심었던 식물들만큼 아름답지 않을 거라 생각하기 쉽지만,
무미건조하고 추운 시기에 즉각적으로 눈길을 끄는 효과를 낸다. 겨울에 꽃을 피우는
관목과 이른 봄에 꽃이 피는 구근, 상록수와 겨울에 꽃이 피는 일년초를 포함하여
다양한 종류를 선택할 수 있다.

겨울철 식물 조합

초록, 골드, 크림색:
스키미아Skimmia ×confusa 'Kew Green', 석창포Acorus gramineus 'Ogon', 바위남천 Leucothoe 'Rainbow'

브론즈, 빨강, 초록:
사초Carex comans, 스키미아Skimmia japonica, 덩굴성 아이비

블랙, 짙은 보라, 은빛 무늬:
흑소엽맥문동Ophiopogon planiscapus 'Nigrescens'
헤우케라Heuchera 'Plum Pudding'

초록, 핑크:
회양목, 덩굴성 아이비, 시클라멘

겨울 컨테이너는 정원이 비어서 황량한 시기에 색과 재미를 더해줄 수 있다. 게다가 그 효과가 즉각적이어서 컨테이너가 최종적으로 어떻게 보일지 불확실성을 없애준다. 겨울 컨테이너의 식물들은 봄과 여름에 자라는 식물들의 반만큼도 자라지 않기 때문에, 최종 효과를 낼 수 있도록 식물들을 식재한다.

가을은 겨울 컨테이너에 식물들을 식재하기에 최고의 시기이다. 성장기의 마지막은 겨울이 오기 전에 식물들이 활착하게 해준다. 겨울 컨테이너에 식물들을 심을 때, 겨울에는 거의 자라지 않기 때문에 봄이나 여름보다 식물들 사이의 간격을 좁게 해서 식재한다. 이때, 봄철 구근을 미리 심어 둔다.

구근류 식재 전략

관상기간을 늘리기 위해 심는 위치가 서로 다른 2-3종류의 구근을 선택해서 심으면 서로 다른 시기에 꽃을 볼 수 있다(p114 참고). 예를 들면, 튤립 구근을 15-20cm 깊이에 심고, 일찍 꽃이 피는 크로커스를 5-8cm 깊이에 심는다. 튤립 구근 아래쪽으로 좀 더 크기가 큰 백합속 구근을 심는다면 여름철에 감동적인 장관을 이룰 것이다. 일반적으로 구근을 식재할 때에는 구근 크기의 3배 깊이로 심으면 된다. 물론 컨테이너에 몇 년 동안 구근을 그대로 둘 수도 있지만 점점 수세가 나빠질 것이다. 따라서, 매년 새로 수확하는 것이 좋다. 개화 후에는 구근을 캐서 보관하거나 정원에 이식해준다.

▶ 경금속
금속 화분은 시클라멘Cyclamen coum을 건강해 보이게 한다.

겨울 식재

조언

- 겨울 내내 외부에 둘 경우 서리에 견딜 수 있는 컨테이너를 사용해야 한다.
- 다른 방도가 없다면, 추위를 막아줄 수 있는 보온재로 컨테이너를 감싸준다.
- 일주일에 한번은 관수가 필요한지 항상 체크한다.
- 추운 날씨에는 절대로 물을 주지 않는다.
- 비료를 주는 것은 봄이 될 때까지 기다린다.
- 오래 키울 예정이라면, 양토나 흙을 섞은 배합토를 사용한다. 만약 계절용으로 즐긴다면 일반 배양토를 사용한다.

겨울 불꽃

설명: 붉은 가지 말채나무Cornus sanguinea 'Midwinter Fire', 검은 잎의 흑소엽맥문동이 순백의 꽃을 가진 스노우드롭과 멋지게 어울린다.

개화기: 말채나무는 크림색의 작은 꽃을 이른 봄에 피우지만, 이 식물은 가을철 눈부시게 아름다운 불꽃색의 줄기가 나타날 때 가장 멋지다.

컨테이너 형태: 어떠한 형태의 컨테이너라도 괜찮지만, 깊이가 있으면서 서리를 막을 수 있는 것이 좋다.

식재: 가을에 식재한다. 봄철에 말채나무 줄기를 지면으로부터 5-7cm 정도가 되도록 잘라준다.

식재토양: 완효성 비료가 첨가된 혼합 배양토에 식재한다.

장소: 양지와 반음지에서 견디고, 이 배치는 영구 식재로 유지할 수도 있다.

수량

붉은 가지 말채나무 × 2

흑소엽맥문동 × 3

스노우드롭Galanthus 'Sam Arnott' × 15

그린 앤 골드

설명: 이 장식에는 크리스마스 로즈Helleborus argutifolius, 사철나무Euonymus japonicus 'Ovatus Aureus', 프리뮬라, 에리카Erica carnea 품종들, 흑소엽맥문동이 섞여 있다.

개화기: 크리스마스 로즈는 밝은 녹색 컵 모양의 독특한 형태의 꽃이 1월부터 3월까지 피는 식물이다. 개화가 끝난 프리뮬라는 정원에 식재하여 영구 식재로 유지할 수 있다.

컨테이너 형태: 석재가 가장 이상적이다. 깊으면서 서리를 막을 수 있는 것이 좋다.

식재: 가을 중반에 프리뮬라를 제외한 나머지들은 육묘상에서 시판하자마자 바로 식재한다. 크리스마스 로즈는 늦가을 또는 이른 봄에 개화할 것이다.

식재토양: 완효성 비료가 첨가된 혼합 배양토에 식재한다.

장소: 양지와 음지 양쪽 모두에 두어도 괜찮다.

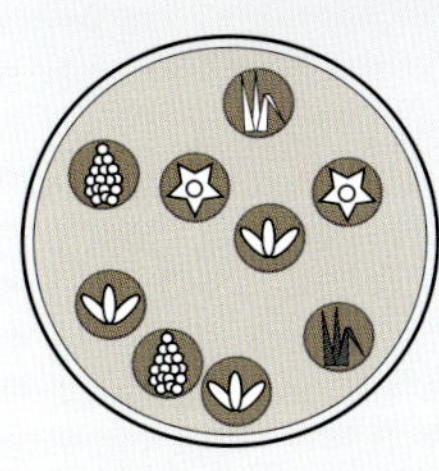

수량

크리스마스 로즈 × 2

사철나무 × 1

프리뮬라 × 3

에리카 × 2

흑소엽맥문동 × 1

제철 베리류

설명: 스키미아Skimmia를 사철나무Euonymus 'Emerald 'n' Gold', 티아렐라Tiarella, 세엽 무늬 아이비를 함께 장식했다. 스키미아는 아담하고 반구형의 상록성 관목으로, 수세가 좋은 수그루는 향기나는 흰색 꽃을 봄에 피우고, 겨울에는 암그루가 아름답고 광택있는 빨간 열매를 맺는다. 이들의 빨강과 초록의 색감은 겨울 컨테이너를 위한 계절 식물로 완벽하다.

개화기: 겨울 중반부터 이른 봄까지 유지된다.

컨테이너 형태: 깊으면서 서리를 막아줄 수 있다면 어떠한 형태라도 무방하다.

식재: 가을 중반에 이 조합을 함께 식재한다.

식재토양: 산성 토양을 좋아하는 식물들을 위한 배양토를 선택해서 가을 중반에 식재한다. 완효성 비료를 첨가한다.

함께 심을 만한 식물: 스키미아 암그루로부터 선홍색 열매를 감상하고 싶으면, 암그루와 함께 수그루를 식재해야 한다.

장소: 겨울부터 봄까지는 햇볕을 쬘 수 있게 하고, 여름에는 그늘진 곳으로 이동시킨다.

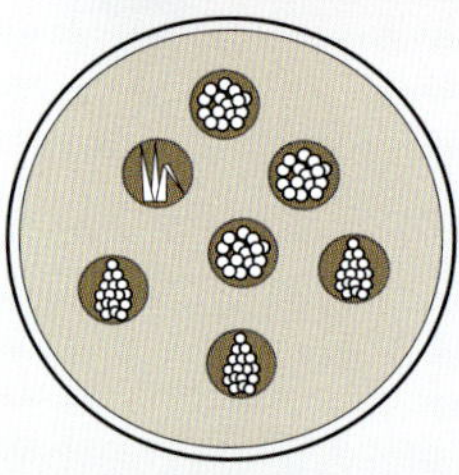

수량

 스키미아 × 3 – 암그루 2, 수그루 1

 사철나무 × 1

 티아렐라 × 3

겨울 바구니

설명: 걸이 화분에 아이비, 스키미아, 겨울 팬지를 배치하였다.

개화기: 겨울철마다 팬지는 잎만 무성할 뻔했던 컨테이너를 색색의 팔레트로 만들어준다. 팬지는 겨울 내내 꽃이 피는데, 서리와 폭설에만 개화를 멈춘다. 팬지의 꽃눈은 이러한 추운 기간 동안 잠시 휴면해 있다가 날씨가 따뜻해지면 다시 올라온다.

컨테이너 형태: 걸이 화분이 적당하다.

식재: 첫 서리가 내리기 전에 식물체가 자리를 잡을 수 있도록 가을에 식재한다.

식재토양: 완효성 비료가 첨가된 혼합 배양토(범용)에 식재한다.

장소: 반음지에 둔다.

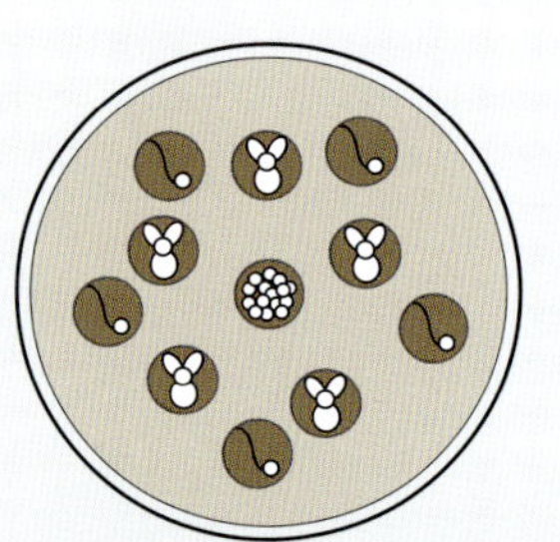

수량

 아이비 × 5

팬지 × 5

 스키미아 × 1

질감이 살아있는 장식

설명: 만약 겨울철 날씨가 비교적 따뜻하다면, 직립형의 월계수가 전형적인 센터피스로 사용될 수 있다. 겨울이 추운 편이라면 호랑가시 또는 비버눔 티누스Viburnum tinus와 같은 스탠다드 형태의 식물을 사용하면 된다. 이 식물들은 컨테이너에서 키우기 쉽다. 서리 피해를 방지하기 위해서는 시원한 방으로 이동시킨다.

개화기: 늦은 겨울부터 봄까지.

컨테이너 형태: 서리 피해에 강한 테라코타 분.

식재: 배양토를 항상 촉촉하게 유지한다. 봄에 비료를 주기 시작해서 여름철 성장기 동안에는 적어도 2주에 한번으로 시비를 늘린다. 모양을 잡기 위해서 늦은 봄이나 늦은 가을에 전지한다.

함께 심을 만한 식물: 봄에 새로운 식물을 하단부에 식재할 수 있다.

장소: 지붕이 있는 곳에 둔다.

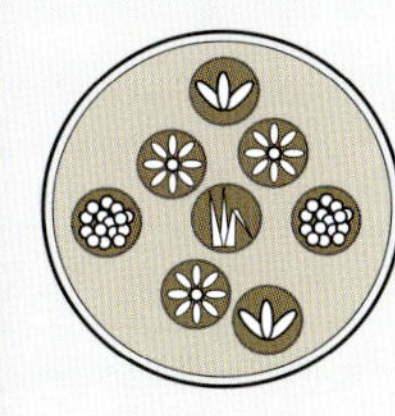

수량

월계수 × 1

스키미아 × 2

범의귀Saxifrage × 3

유포르비아Euphorbia X martini × 2

겨울 식재

조언

- 컨테이너에 색감을 주기 위해서 가을 개화 시클라멘C. hederifolium을 함께 배치한다. 겨울이 깊어갈수록 봄철 개화 시클라멘C. coum 으로 대체된다.

- 노출된 공간에 구근을 식재하고자 한다면 바람에도 견딜 수 있도록 왜화종을 선택하도록 한다.

- 스노우드롭 구근은 가을에 마른 상태로 심어도 되지만, 개화 후나 이른 봄 잎이 있는 상태로 심는 것이 더 좋다

- 영구적으로 식재할 예정이라면, 흙이 섞인 배양토를 사용하고 매년 새로운 토양을 덮어준다.

- 걸이 화분에는 비료를 지나치게 주지 않는다. 겨울이 매우 춥다면 보온이 되는 곳으로 옮겨주도록 한다.

여러 겨울 식물들

- 침엽수
- 시클라멘
- 미니 아이리스Iris reticulata
- 서향Daphne odorata
- 스노우드롭Galanthus spp.
- 에리카Erica carnea
- 크리스마스 로즈
- 꽃양배추
- 겨울 팬지Viola X wittrockiana
- 너도바람꽃Eranthis hyemalis

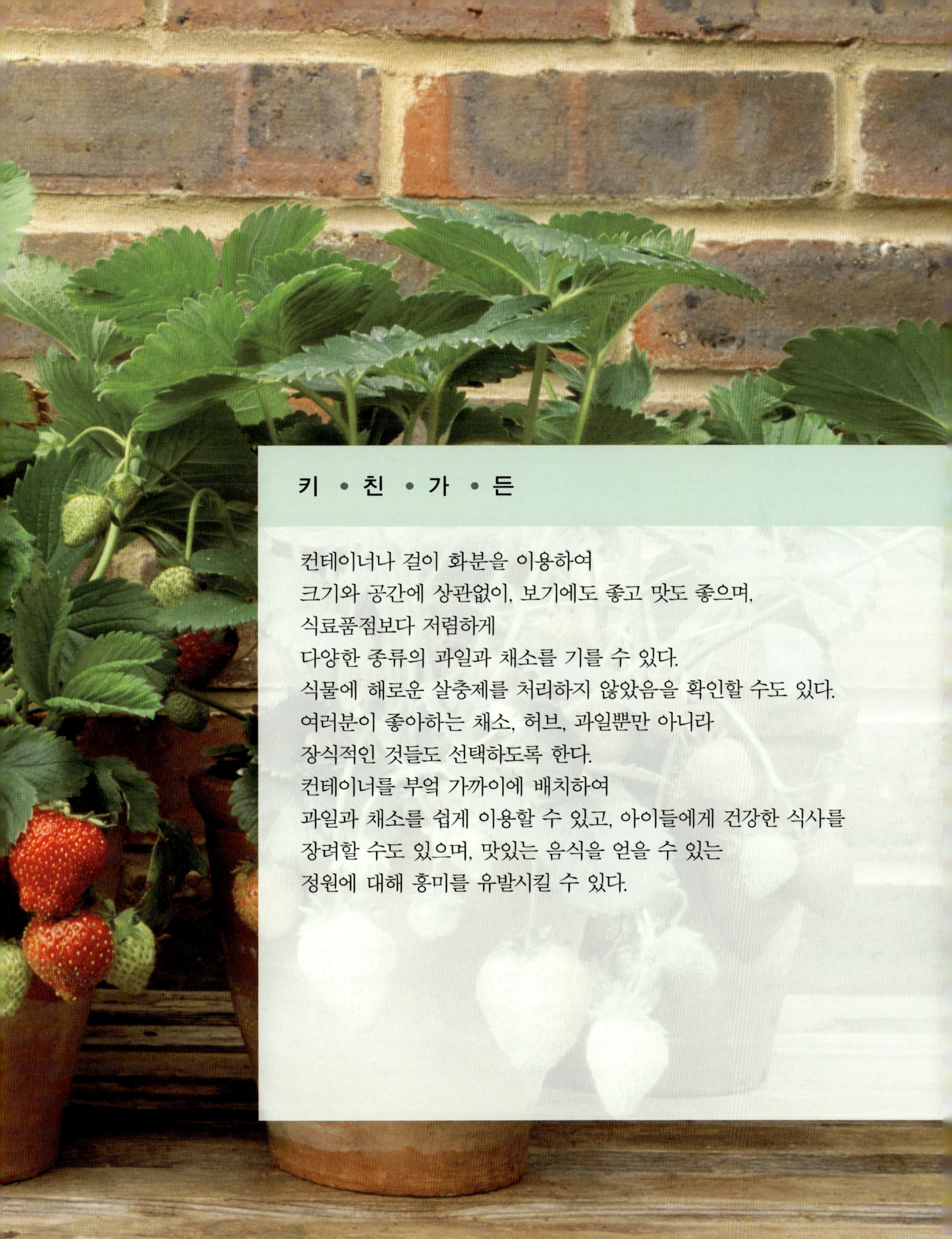

키 • 친 • 가 • 든

컨테이너나 걸이 화분을 이용하여
크기와 공간에 상관없이, 보기에도 좋고 맛도 좋으며,
식료품점보다 저렴하게
다양한 종류의 과일과 채소를 기를 수 있다.
식물에 해로운 살충제를 처리하지 않았음을 확인할 수도 있다.
여러분이 좋아하는 채소, 허브, 과일뿐만 아니라
장식적인 것들도 선택하도록 한다.
컨테이너를 부엌 가까이에 배치하여
과일과 채소를 쉽게 이용할 수 있고, 아이들에게 건강한 식사를
장려할 수도 있으며, 맛있는 음식을 얻을 수 있는
정원에 대해 흥미를 유발시킬 수 있다.

허브 컨테이너 정원

허브는 컨테이너에서 재배하며 가장 보람을 느낄 수 있는 종류이다. 당신이 살고 있는 곳과 정원의 크기에 상관없이, 부엌에서 풍부하고 신선한 허브를 제공받는 것보다 더 멋진 일이 있겠는가? 그들은 맛이 좋고 보기 좋을 뿐만 아니라, 쉽게 기를 수도 있다.

식물 리스트

프랑스풍:
바질, 라벤더, 로즈마리, 타라곤, 타임

인도풍:
바질, 월계수, 고추, 고수, 카레잎, 회향

이탈리아풍:
바질, 오레가노, 파슬리, 로즈마리, 세이지

멕시코풍:
바질, 월계수, 고수, 고추, 타라곤

역사적으로 허브는 약용 및 요리용, 그리고 향과 아름다움 때문에 높이 평가되었다. 허브 정원은 화분과 꿀이 풍부하여, 먹이를 찾아다니는 벌과 나비가 많다. 과거 중세시대의 키친정원에서는 화분이나 화단에서 허브를 길렀으며, 컨테이너 재배는 허브의 유기 재배 방법을 제시해주었다. 컨테이너를 높게 배치하여 우아한 자세로 잎을 문지르거나 수확할 수 있게 해주었고, 이때 방향 성분들이 방출되었다.

사색에 빠지게 하는 허브는 주석 물통, 여과장치, 오래된 물뿌리개 등과 같이 독특한 컨테이너에 심기에 이상적이다. 대부분의 허브들은 햇볕이 잘 드는 장소를 좋아하지만, 민트, 차이브, 파슬리 등은 반음지를 좋아한다. 고수와 바질 같은 일년초들은 매년 파종해야 한다. 타라곤, 회향, 민트 같은 허브 종류들은 숙근초이며, 로즈마리와 타임은 관목이다.

허브는 다른 관상용 식물들과도 배치할 수가 있지만, 허브 식물들을 모아서 배치하는 것이 가장 좋다. 허브들은 규칙적으로 잘라주면 아담하게 덤불형으로 잘 자란다.

친환경법

타임을 조밀하게 심으면 곤충들에게는 좋은 은신처가 되고, 꿀벌들에게는 꿀의 풍부한 공급처가 될 수가 있다.

▼ 손길 가까이 타임
타임 화분들은 단조로운 계단에 신선하고 향기로운 매력들을 제공해준다.

허브 12 종류

컨테이너에 적합한 종

1. 바질
2. 월계수
3. 고수
4. 딜
5. 타임
6. 로즈마리
7. 차이브
8. 파슬리
9. 민트
10. 세이지
11. 오레가노
12. 마조람

(세부사항은 p136 식물사전 참고)

허브 심기

허브를 심을 때, 주변이 마르지 않도록 자갈로 멀칭을 해준다. 민트는 생육이 좋으므로 컨테이너에 단일식재를 한다.

어떤 허브들은 잎보다 꽃이 더 알려져 있다. 화사한 주황색 꽃잎의 금잔화는 샐러드에 향기를 제공하고 색채가 풍부하여 음식의 맛을 강조할 수 있다. 한련화는 화려한 적색, 주황색, 노란색 꽃들이 피며, 후추맛이 난다.

배수가 잘되게 모래와 자갈을 첨가하고, 허브들을 영양분이 오래 지속되는 완효성 비료가 첨가된 흙으로 된 배양토에 심는다. 화분이 마르지 않도록 한다. 시든 꽃들은 제거하고 요리와 건조를 위해 잎 중에 가장 최적의 품질과 양이 확보되도록 한다. 숙근초들을 가을에 잘라내고, 내한성이 약한 허브들은 서늘한 방이나 온실로 옮긴다. 자갈로 멀칭해주고 물을 거의 주지 않는다.

조언

- 민트, 바질, 고수 등은 다른 허브들과는 다르게 습한 토양을 선호한다.
- 의사의 조언 없이 허브들을 의학용으로 이용하지 않는다.
- 겨울에 월동이 가능하지 않다면, 내한성이 약한 로즈마리, 라벤더, 세이지는 다음 해 번식을 위해 삽수들을 채취하도록 한다.
- 허브는 윈도우 박스나 걸이 화분에서도 키울 수 있는데, 식물의 크기가 컨테이너에 적합한지 확인하도록 한다.
- 인도풍, 이탈리아풍처럼, 함께 이용하는 허브들은 같은 화분에 키우는 것을 고려한다.
- 봄에 화분 밑으로 뿌리들이 자라나온다면, 허브들을 분갈이 해준다. 다른 방법으로 배양토의 윗부분을 2.5-5cm 정도 제거하고 새 배양토로 교환해준다. 완효성 비료를 토양에 첨가하고 관수를 잘 해준다.
- 파슬리, 마늘, 민트, 차이브는 그늘진 장소에서 잘 자란다.

채소 컨테이너 정원

채소를 직접 키우는 것은 여러 가지 만족스러움을 선사한다.
정서적인 위안을 줄 뿐 아니라, 친환경적이고, 살충제를 쓰지 않은 안전하고
영양 많은 식재료를 수확할 수 있는 고전적인 즐거움을 선사한다.
게다가 직접 길러 수확하므로 생활비도 절약할 수 있다.

내음성 채소(반나절 음지)

비트, 케일, 상추,
당근, 시금치

채소 배합

- 어린 상추잎, 당근, 부추
- 토마토, 호박, 가지
- 걸이 화분에 한련화와
  호박, 또는 방울
  토마토를 식재
- 토마토, 양파, 마늘,
  바질

벽에 기대서 키우는 채소

- 피망
- 강낭콩

채소 재배하면 땅을 파고, 잡초 뽑고,
관수하는 장면들을 떠올릴 것이고,
힘든 작업이라는 생각에 쉽게 단념할 수
있을 것이다. 또는 콘크리트로 된 뒤뜰이
채소밭을 만들기에 너무 작다고 판단할
수도 있다. 하지만 당신은 윈도우 박스에
채소를 기를 수가 있다. 컨테이너에서는
장소와 토양의 종류에 관계없이
채소 유기농 재배가 가능하다.
컨테이너 재배는 채마밭보다 편하면서
쉽고, 자연과 친밀하게 일한다는
만족감도 준다.

채소 점검표

- 어떤 것을 먹고 싶은가?
- 보이는 것처럼 맛있기를 원하는가?
- 채소를 저장하고 싶은가, 아니면
  정원에서 바로 따서 먹고 싶은가?
- 한동안 집을 비울 일이 있다면,
  얼마나 오래 그리고 언제 비우는가?
- 당신의 채소를 돌볼 친구가 있는가?

◀ 채소 울타리
파티오 가장자리에
위치한 모조 금속
컨테이너에서
자라는 토마토가
트렐리스를
따라 유인되어
있다. 식재료를
제공하면서
차폐 기능을
하는 매력적인
조합이다.
트렐리스는
토마토의 지지물이
되면서 유용한
차폐물도 되고
있는데, 고도의
관리가 필요하다는
것에 주의해야
한다.

채소 12 종류

컨테이너에 적합한 채소

1. 샐러드용 채소
2. 토마토
3. 가지.
4. 후추
5. 근대
6. 호박
7. 강낭콩
8. 오이
9. 마늘
10. 당근
11. 감자
12. 아루굴라(로켓)

(세부사항은 p136 식물 사전 참고)

▶ 상추 전시
걸이 화분에 채소를 키울 수 없다고 누가 말했던가?
엮은 나무 바구니의 샐러드용 채소들은 시선을 끌기에
충분하고 쉽게 접근할 수가 있다.

▼ 버릴 수 없다면 사용해라
플라스틱을 덧댄 오래된 물수조에 당근을 심었다.
당근은 깊은 컨테이너가 필요하므로, 즉흥적인
이 재활용 수조는 완벽한 컨테이너가 된다.

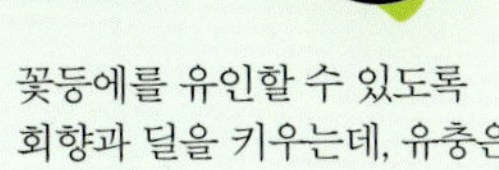

친환경법

- 꽃등에를 유인할 수 있도록
  회향과 딜을 키우는데, 유충은
  진딧물을 먹는다.

- 채소와 매리골드, 양파, 마늘을
  혼식하면 아름답게 보일 뿐만 아니라
  병해가 억제된다.

- 내병성 품종들을 이용하면
  농약 사용을 피할 수가 있다.

- 꼬투리가 있는 식용 완두콩을
  키우도록 한다. 완두콩은 맛이 있지만
  상점에서는 비싼 편이고, 게다가
  당신이 직접 재배한다는 것은
  운반하는 데 다른 비용이
  들지 않는다는 것을 의미한다.

파종하고 기르기

조언

- 대부분의 채소들은 종자로 키울 수 있으나, 봄에 많은 식물의 어린 묘를 구입할 수도 있다.
- 따뜻한 지역에서 초가을에 봄양배추, 시금치, 상추, 잠두 같은 조생 채소들을 파종하면, 초봄까지 잘 형성된다.
- 상추, 브로콜리, 토마토는 실내에서 파종하고 이후 묘 상태일 때 컨테이너에 옮겨 심으면 된다.
- 상추나 당근 같은 채소들은 기간별로 파종을 해서 연속해서 볼 수가 있다. 봄에 바로 컨테이너에 파종하면 된다.
- 빨리 성숙하고 신선도가 최고인 채소 품종들을 파종하거나 심는다.
- 크기보다는 맛을 위주로 품종을 선택한다. 맛이 문제라면 큰 것이 항상 좋은 것은 아니다.
- 색과 형태가 다양한 상추들을 선발해서 기른다.
- 웃자랄 염려가 있기 때문에 너무 밀식하지 않도록 한다.
- 꽃을 팥이나 강낭콩 같은 덩굴성 채소와 같이 기른다.
- 무, 어린 당근, 부추와 같이 어리고 부드러울 때 뜯을 수 있는 채소를 기르도록 한다.
- 제한된 공간에서 일해야 된다면, 몇 개의 식물만 키우도록 한다. 당신이 좋아하고 슈퍼마켓에서 쉽게 구입할 수 없는 것들 위주로 한다.
- 바질은 토마토 아래에 심도록 한다.
- 혼잡한 길가나 오염된 지역에서 잎채소는 키우지 않도록 하는데, 대기 중의 독성분들이 잎에 의해 흡수될 수 있기 때문이다.

▲ 화분의 보석
근대를 기능성이 있는 광택이 나는 화분에서 기르면 인상적인 전시품이 된다.

광량

대부분의 채소는 음지조건을 싫어하므로, 햇빛이 드는 장소에서 키운다. 식물들은 낮동안에 적어도 6시간 햇빛을 받아야 한다. 시금치처럼 빨리 자라는 채소들은 늦여름에 음지조건을 선호한다. 비가 오면 비를 잘 받을 수 있는 장소가 좋으며, 처마 밑이나 나무 아래에 배치하지 않는다.

채소를 위한 컨테이너

채소는 청소한 쓰레기통에서 트럭 타이어까지 어디에서나 기를 수 있다. 딸기나 감자 박스처럼 특정 용도로 제작된 컨테이너들도 이용할 수 있다. 하단에 구멍이 뚫린 깊고 검은 물통에 부추, 당근, 아스파라거스를 기른다. 여러 식물들을 작은 화분 여러 개에 재배하는 것보다 하나의 큰 컨테이너에 심어서 재배하면 더 좋은 결과를 얻을 것이다.

채소를 배양토를 담은 주머니에서 기를 수도 있으나, 물주기 어렵고 뿌리 발달이
활발하게 이루어지지 않는다. 관수, 시비, 지지를 위한 다양한 도구들을 사용하면
효과적이다. 재배 주머니를 콘크리트 위에 놓게 될 경우, 폴리스티렌(스티로폼) 또는
유사한 단열 재료를 써서 온도변화로부터 하부를 보호해주도록 한다. 작은 식물들을
재배하는 것이 효과적이다.

플라스틱 컨테이너는 테라코타보다 수분을 더 잘 유지한다. 자연스러운 테라코타를
선호한다면, 화분 안쪽에 플라스틱을 덧대어 수분을 유지할 수 있도록 해준다(배양토를
담기 전에 배수공을 미리 만들도록 한다).

컨테이너가 크고 깊을수록 채소를 재배하는 데 효과적이며, 컨테이너 깊이는
최소한 23cm는 되도록 한다. 컨테이너들은 입구, 온실, 냉상에 배치하여 나머지
정원식물들보다 먼저 자랄 수 있도록 한다. 컨테이너들을 모아서 배치하면 물주기가
수월하다.

▼ 잘 정돈된 채소들
도심의 옥상정원에 배치한 금속 컨테이너에 강낭콩, 비트, 케일, 월계수 등의 채소와 관상용
식물들을 심었다.

식재를 위한 정보

배수

컨테이너의 배수가 잘 되는지 확인한다.
채소들은 일정한 간격으로 충분한 관수를
필요로 하지만, 침수되지 않도록 한다.

배양토

정원의 흙에는 병충해가 있을 수
있으므로 그대로 이용하지 않는다.
완효성 유기비료가 첨가된 토양을
기본으로 혼합용토를 사용하도록 한다.
모든 채소들은 충분한 관수와 영양분
공급이 필요하며, 해초추출물을 추가로
시비하기도 한다.

뿌리채소용 컨테이너

감자나 파스닙(방풍나물) 같은
뿌리채소들은 다른 채소들에 비해 많은
흙을 필요로 한다. 감자와 고구마는
적어도 직경 30cm에 깊이 30cm 되는 큰
컨테이너에서 기른다. 플라스틱 상자나
큰 플라스틱 주머니도 사용할 수 있는데,
하단에 배수구멍 만드는 것을 잊지 않도록
한다. 컨테이너의 공간이 제한적이라면,
왜성 품종들을 심거나 어린 비트, 당근,
순무 같이 뿌리가 많이 자라지 않는
품종들을 이용하도록 한다. 호박류의
덤불형 품종들은 덩굴성 품종들에
비해 아담하게 자라므로 적합하며,
방울다다기양배추나 꽃양배추는
너무 오랫동안 컨테이너에서 기르지
않도록 한다.

사이짓기

식재 공간이 한정되어 있다면, 상추나
무처럼 작고 빨리 자라는 채소들과
당근이나 브로콜리 같이 천천히 자라는
종류를 함께 심는다. 빨리 자란 채소를
수확하고나면 천천히 자라는 채소가
공간을 채울 것이다.

조언

빨리 정원을 조성하고 수확물을 얻기 위해
씨를 바로 파종하는 것보다는 어린 묘를
구입하여 심는 것이 좋다

가장 중요한 정보

호박은 물과 양분을 많이 요구하는
식물이므로 물주기에 시간적 여유가
있다면 호박을 키우도록 한다.

과일 컨테이너 정원

관상용으로, 혹은 자급자족을 위해 과일은 오랜 기간 컨테이너에서 재배되었다.
포장된 안마당, 작은 정원, 혹은 발코니에서 컨테이너에 과일을 심어 기르면
나만의 과수원을 갖게 될 것이다.

과일 배합

- 복숭아 나무와 하부에 딸기 식재
- 레드커런트 또는 블랙커런트를 심고 하부에 한련화 식재
- 고대 로마인들처럼 레몬, 무화과, 석류 기르기
- 딸기 모양 항아리에 아이들을 위한 딸기 심기

컨테이너에 과일나무를 심었을 때 정원에서 재배하는 것보다 시선도 집중되고, 직접 키운 것을 수확하는 즐거움 또한 매우 크다. 과일나무의 크기는 일반적으로 대목과 접목하는 품종에 따라 다른데, 사용하는 컨테이너 크기에 따라 나무의 생장과 크기를 제한하게 된다. 대목이 활력이 있어야 활착도 잘되고 건강한 식물로 자라게 된다. 무화과 나무는 뿌리가 제한을 받으면, 식물의 에너지가 잎으로 가는 대신 열매로 이동하게 되는 이점을 얻기도 한다.

과일나무의 크기

나무의 크기는 대목이 왜성인지 반왜성인지에 따라 결정된다. 활력이 강한 품종들을 외대가꾸기, 부채형, 에스팔리아(과수울타리) 등에 적합하고 수세회복도 빠르다. 컨테이너에는 왜성 나무들이 적당하며, 컨테이너가 자연적으로 나무의 왕성한 생장을 제한하게 되므로 과일나무를 컨테이너에 심을 때는 대목이 필요없다고 생각하는 정원사들도 있다.

크기가 작고 컨테이너에 심은 과일나무는 원예용 덮개를 씌우거나 실내로 옮기기가 쉬워 추운 지역에서 유지관리 및 보호하기 쉽다.

위치

사과, 배, 천도 복숭아, 복숭아 등은 서쪽이나 남쪽을 면하고 햇빛이 잘 드는 곳에 배치하는 것이 좋다. 배는 일찍 꽃이 피므로, 서리 피해를 받기 쉽다. 나무가 서리 피해를 받으면, 그늘에 옮겨 회복시킨다. 서양자두와 체리는 충분한 광조건을 좋아하지만, 약한 음지에도 견딘다. 특히 모렐로 체리는 약한 음지에서 재배하며, 커런트와 구즈베리는 음지에서 비교적 잘 견딘다. 내한성 과일나무는 겨울 동안 실외에 남겨둘 수가 있지만, 내한성이 약한 식물들은 실내로 들여놓는다.

수분

사과나 배와 같은 과일나무들은 자가수정만으로는 부족하기 때문에 개화시기가 비슷한 품종들과 같이 재배하여 수정률을 높인다. 식물을 구입할 때 친화성이 있는지를 확인하도록 한다.

과일나무를 위한 컨테이너

과일나무들을 이동할 수 있게 재배하려면, 가벼운 플라스틱 컨테이너에 키우는 것이 좋다. 같은 장소에 그대로 남겨두려면, 테라코타 화분이 서리에 강하고, 미적으로도 아름우며 튼튼하다. 뿌리보다 7.5cm 이상 크지 않은 컨테이너에 심고, 나무가 자라면서 큰 컨테이너로 바꿔준다.

친환경법

진딧물이 한련화를 좋아하므로, 과일나무 컨테이너에 또는 가까이 심어서 진딧물을 잡아먹는 이로운 곤충들이 유인될 수 있도록 한다.

친환경법

- 유기농으로 재배하기 위해 더 많은 수고를 필요로 하지만, 살충제를 뿌리지 않은 과일을 수확하는 것이 훨씬 더 가치가 있다.
- 서양 자두는 질소질 비료가 많은 토양을 좋아하므로, 클로버를 식재하여 토양의 질소고정을 도와준다.

과일나무 10 종류

컨테이너에 적합한 과일

1. 사과: 타가수분을 한다.
   피라미드나 관목 형태로 전정한다.

2. 배: 타가수분을 한다.
   피라미드나 관목 형태로 전정한다.

3. 체리: 일부는 자가수정된다.
   피라미드 형태로 정지한다.

4. 서양자두: 대부분 자가수정된다.
   피라미드 형태로 정지한다.

5. 복숭아와 천도 복숭아: 자가수정된다.

6. 무화과: 줄기를 짧게 덤불형으로 전정한다.

7. 블루베리: 배수가 잘되는 산성의 배합토가 적합하다.

8. 적색과 흰색의 커런트, 구즈베리: 표준 형태로 가장 보기 좋다. 따기 편리하다.

9. 포도덩굴: 표준 형태로 유인한다.

10. 딸기: 늦여름에 심는다. 일년생이다. 걸이 화분이나 윈도우 박스에 심는다.

(자세한 내용은 p136 식물 사전 참고)

▲ 배나무

배나무Pyrus 'Vereinsdechant'를 흰색의 세라믹 컨테이너에 심고, 그 옆에는 배를 따서 바구니에 담아놓았다. 컨테이너 크기가 제한되는 경우 왜성 품종들이 필요하며, 일정한 관수와 시비를 요구한다.

▶ 대황

대황은 컨테이너가 생장을 수용할 만큼 충분히 크다면 사진의 잘 자란 식물처럼 성공적으로 재배할 수 있다. 이 매혹적인 컨테이너 식물은 데크, 파티오, 발코니에 이상적이다. 줄기는 매우 맛이 있지만, 잎에 독성이 있다는 것을 알아두도록 한다.

과일나무

조언

- 살구나 감귤류처럼 내한성이 약한 과일들은 춥고 서리가 내리는 날씨에는 온실로 옮기도록 한다.
- 마땅한 피난처가 없고 서리가 잦은 지역이라면, 늦게 개화하는 품종을 선택하거나, 원예용 직물로 식물을 감싸서 추운 겨울을 날 수 있도록 보호해준다.
- 공간이 제한적이라면, 과일나무들을 부채형, 에스팔리아 (과수울타리), 외대가꾸기 형태 등으로 벽이나 울타리에 기대어 전정한다. 발코니에도 수평으로 전정한 과일나무 컨테이너를 한 줄로 배치할 수 있다.
- 상당히 작은 과일나무들을 계획하고 있다면, 한번보다는 계속 과일을 생산하는 품종을 선택하도록 한다. 빨리 수확하는 사과 및 배 품종들이 늦게 수확하는 품종들에 비해 저장성이 떨어진다.
- 과일나무를 벽 옆에 배치하였다면, 2주마다 컨테이너를 돌려가며 햇빛을 골고루 받도록 한다.

친환경법

블루베리는 산화방지 효과가 높아 "슈퍼푸드"로 인기가 있다. 산성토양을 좋아하고, 가끔 화분에 커피찌꺼기를 뿌려주면 생육에 좋다.

화분 배양토

흙이 풍부한 배양토를 이용한다. 과일이 커지기 시작하면 질소가 풍부한 비료를 첨가한다. 여름 후반기에도 질소가 풍부한 비료를 첨가한다. 봄에 화분 표면 5cm 정도를 새로운 혼합배양토로 바꿔준다.

관리

1. 2년마다 겨울에 컨테이너에서 식물을 꺼낸다.
2. 뿌리로부터 오래된 토양을 제거하고, 실뿌리가 없는 굵은 뿌리는 잘라낸다.
3. 새로운 배양토를 넣은 더 큰 컨테이너로 분갈이를 해준다.
4. 규칙적으로 관수해준다. 여름에는 하루에 2-3번 줄 수도 있다.
5. 배수가 충분히 되는지 확인하고, 물이 잘 빠질 수 있도록 바닥을 확인한다.

◀ **나무 유인하기**
사과나무의 가지들이 부채 모양으로 자라도록 유인되었다. 금속틀은 컨테이너에 독립적으로 서있도록 한다.

부드러운 과일

조언

- 딸기는 단독 화분, 걸이 화분, 딸기 재배 플랜터 등 다양한 컨테이너에서 잘 자란다.
- 라즈베리, 블랙 커런트, 구즈베리, 장군풀 등은 삼림지대에서 잘 자라고 반음지조건에 견디지만 햇빛이 드는 장소에서 더 잘 자란다.
- 블루베리는 맛이 있고 건강에 좋기 때문에 컨테이너 식물로 인기가 높아지고 있다.
- 햇빛을 많이 받을수록, 열매는 달콤하고 성숙해질 것이다.
- 부드럽게 비틀어서 쉽게 떨어지면 잘 익었으므로 수확하도록 한다.

▲ **딸기잼**
고렐라 딸기가 오래된 테라코타 화분에서 자라고 있다. 딸기는 기르기가 쉬운 식물인데, 민달팽이는 주의하도록 한다.

▶ **구즈베리 풀**
구즈베리를 큰 테라코타 화분에 심어 데크가 깔린 파티오에 타임, 마조람과 함께 배치하였다.

향기 있는 컨테이너 정원

방향성 식물의 조리법이나 의학적 특성들은 고대 이집트부터 기록되었다.
식물의 톡 쏘면서 환기시키는 향은 마음을 움직이고 자연과 가깝게 느끼게 해준다.
잎을 손으로 문지르면 마음을 진정시키고 다양한 효능이 있는 에센셜 오일이 방출된다.

컨테이너 정원에 적합한 방향성 식물

바질Ocimum basilicum

금잔화Calendula officinalis

딜Anethum graveolens

민트Mentha spp.

로즈마리Rosmarinus officinalis

세이지Salvia officinalis

산토리나Santolina chamaecyparissus

차로 만들기 좋은 방향성 식물(충분한 햇빛에 잘자란다)

캐모마일(신경계 진정효과, 편안한 수면 증진)

레몬밤(기분전환, 수면 향상)

박하(소화 장애 완화)

타임(강장제 용도)

방향성 식물 심기

방향성 식물은 초본성만 있는 것이 아니라, 숙근초, 교목, 관목들이 포함된다. 화려하지는 않지만, 방향성 식물들은 아름다운 꽃과 잎을 갖는다. 꿀이 가득한 꽃으로 벌과 나비들을 유인하며, 제한된 공간에서 치료와 명상을 위해 사용되어 정원의 가치를 높여준다. 향기 있는 나무들로는 유칼리나무(전정하여 크기 조절), 향나무, 월계수 등이 있다. 라벤더는 방향성 식물 중에 가장 아름답고 만족감을 주는 식물로, 지중해 연안이 원산지이며 로마인들은 향수와 목욕물로 이용하였다. 센티드 제라늄은 높은 온도에 잘 견디는 컨테이너 식물이다. 박하, 샌달우드, 계피, 육두구를 포함한 다양한 향을 내는 방향성 잎들은 빅토리아 시대부터 즐겨 이용해왔다. 파티오에 레몬향이 나는 제라늄을 기르면 여름철 모기를 막아준다.

이상적인 위치

방향성 식물을 심은 화분들을 쉽게 다듬고 만질 수 있는 통로, 현관, 파티오 등에 배치하면 향을 즐길 수 있다.

친환경법

방향성 식물과 허브를 다른 컨테이너 사이에 심으면 해충으로부터 식물을 보호할 수 있다.

▶ 관리가 필요없는 컨테이너
시선을 사로잡는 커다란 컨테이너에 심은 라벤더는 높이가 높아 약간만 고개를 숙여도 향기를 맡을 수 있으며 긴장완화 효과가 있다.

티타임 정원

파티오에서 차를 마신다? 화려한 향기 배열의 세 화분은 당신을 편안하게 해주는 차를 제공하므로 따로 쇼핑을 할 필요가 없다. 세 개의 둥근 테라코타 화분이 필요하다. 지름 35-40cm의 가장 큰 것을 아래에 놓고, 중간 크기는 이보다 7.5-10cm 작게, 가장 작은 화분도 중간 크기보다 7.5-10cm 작은 것을 사용한다. 찻잎을 따는 가장 좋은 시기는 너무 덥지 않고 비나 이슬이 마른 후이다. 이때 잎의 향기가 가장 강하면서 맛이 좋다.

1 각 화분에 5-7.5cm 자갈을 넣는다.

2 가장 큰 화분의 중심 구멍에 90cm 크기의 막대를 세우고 가장자리보다 2.5cm 아래까지 배양토를 채워준다.

3 중간 크기의 화분을 막대기를 중간에 꽂으면서 큰 화분 위에 놓는다. 배양토로 채워준다.

4 제일 위에 놓인 화분에 포컬 포인트가 되는 식물을 심어준다. 라벤더가 가장 이상적이다.

5 꼭대기에 놓일 화분을 안전하게 고정할 정도로 막대기를 잘라주고, 중간 화분에 올려서 고정한다. 이때 뿌리들이 상하지 않게 주의 한다.

6 중간 화분에 식물을 심는다. 캐모마일, 레몬그래스, 타임 같이 너무 크지 않은 식물들을 선택한다.

7 로즈마리, 스피아민트, 페퍼민트, 레몬밤은 가장 큰 화분의 가장자리에 심는다.

8 빈틈없이 식물을 심고 충분히 물을 준다.

9 해초비료를 여름에 2주마다 시비해준다.

허브의 즐거움

조언

- 전정한 라벤더는 보관하였다가 겨울철 난로에 던져주면 집안 가득 방향제 역할을 한다.
- 월계수와 로즈마리는 옥외 바비큐 요리에 이용한다.

방향성 식물 식재 5가지 아이디어

1 이로운 곤충들을 유인하기
휀넬과 한련화

휀넬은 최소한 깊이가 30cm, 폭이 38cm인 컨테이너에 심는다. 배수구멍이 있고 가벼운 배양토가 담겨진 한 개의 화분에 3개의 휀넬과 한련화 종자를 심고, 한달에 한번 시비를 해주고, 여름 내내 관수해준다. 겨울이 되면 휀넬이 다음해에 다시 자라도록 잘라준다.

2 벌, 나비, 나방 유인하기
라벤더, 핑크 발레리안, 캐트닙, 아킬레아 문샤인'Moonshine'

이 4가지의 향기 숙근초들은 서로 보완해주는 아름다운 색을 갖는다. 제한된 공간에서 뿌리들이 잘 견디지만, 상당히 커질 수가 있기 때문에 큰 화분에 심도록 한다.

3 향기나는 은색 정원
커리 식물 Helichrysum italicum, **타라곤 실버 마운드**'Silver mound', **산토리나**

더운 여름밤에 희미해져가는 불빛에서 반짝이며 빛나는 예쁜 노란색 꽃과 연한 은색 잎의 향기가 강한 이 식물 그룹을 재배한다. 배수가 잘되게 하고 햇빛이 잘 드는 장소에 배치한다.

4 독특한 향기의 향신료 식물
고수Coriandrum sativum, **레몬그래스, 칠리고추, 타이 바질, 캐러웨이**

인도와 타이 커리의 향기로운 향들을 감상하려면, 칠리고추를 중심으로 이용하고 남동부 아시아의 향기 식물 종류들도 컨테이너에 심는다. 모두 쉽게 키울 수 있고 햇빛이 드는 장소에서 잘 자란다. 부엌 옆에 배치하여 바로 쓸 수 있게 한다.

5 포푸리를 만들기
센티드 제라늄

컨테이너 식물 중에 센티드 제라늄은 얻는게 많은 식물이다. 향이 나는 우아한 잎과 예쁜 꽃이 피며, 기르기 매우 쉽다. 다양한 색, 질감, 향을 가진 식물을 선택해 같은 컨테이너에서 기른다. 이때 함께 심어도 잘 자라는지 확인하도록 한다. 작은 식물들이 보다 생육이 왕성한 식물들에 의해 파묻힐 수가 있다. 배수가 잘되는 토양을 쓰고, 햇빛이 잘 들거나 반음지의 장소에 배치한다.

▲ **두 가지 즐거움**
레몬버베나Aloysia triphylla 잎은 맛있는 차로 이용할 수 있으며, 향이 좋아 포푸리로도 이용된다.

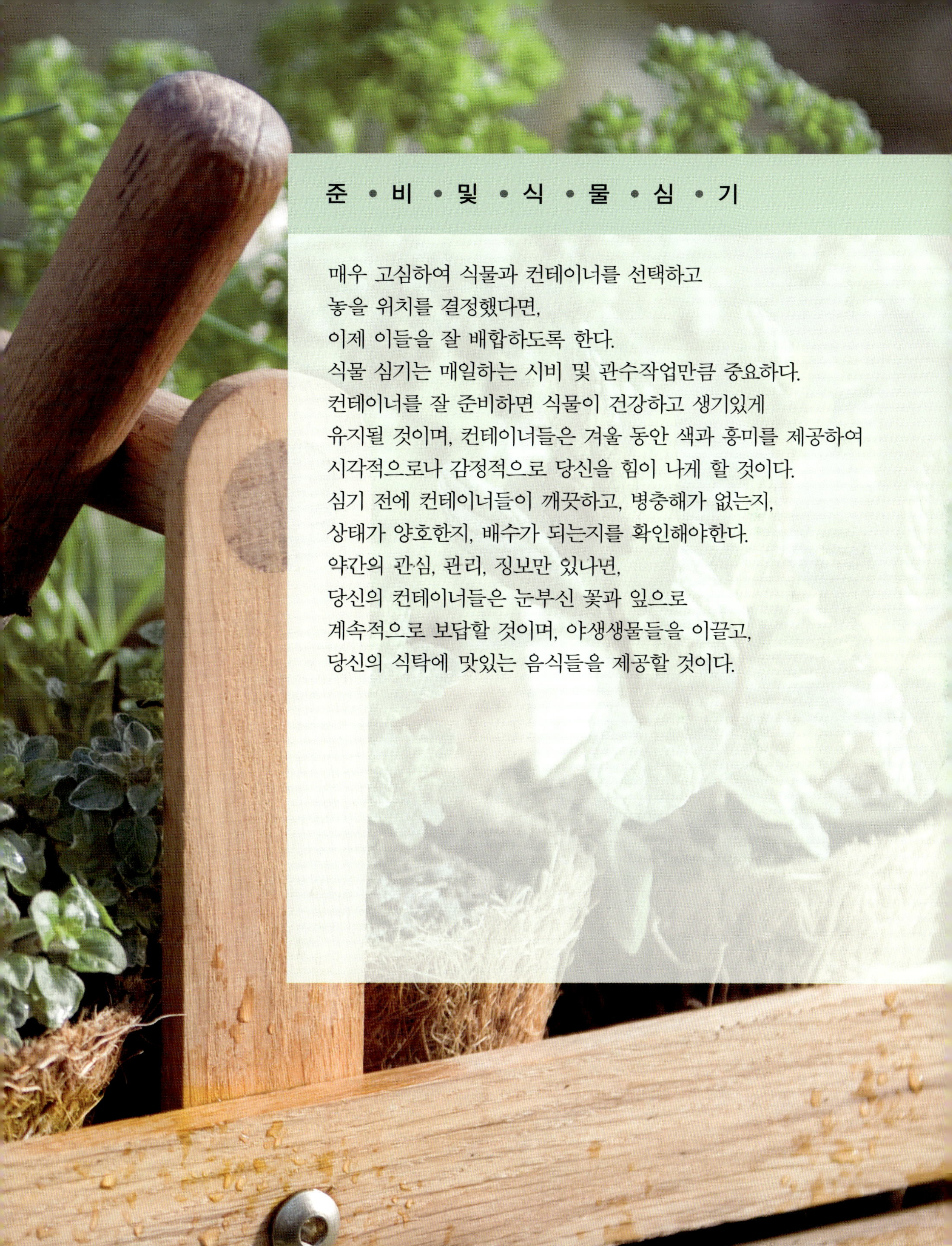

매우 고심하여 식물과 컨테이너를 선택하고
놓을 위치를 결정했다면,
이제 이들을 잘 배합하도록 한다.
식물 심기는 매일하는 시비 및 관수작업만큼 중요하다.
컨테이너를 잘 준비하면 식물이 건강하고 생기있게
유지될 것이며, 컨테이너들은 겨울 동안 색과 흥미를 제공하여
시각적으로나 감정적으로 당신을 힘이 나게 할 것이다.
심기 전에 컨테이너들이 깨끗하고, 병충해가 없는지,
상태가 양호한지, 배수가 되는지를 확인해야한다.
약간의 관심, 관리, 징보만 있나년,
당신의 컨테이너들은 눈부신 꽃과 잎으로
계속적으로 보답할 것이며, 야생생물들을 이끌고,
당신의 식탁에 맛있는 음식들을 제공할 것이다.

컨테이너의 형태

뿌리가 건강하게 자랄 수 있도록 토양을 충분히 제공하고,
과다한 수분이 배수구멍을 통해 잘 빠져나간다면 "어떤 것도 상관 없을" 것이다.
주석 통이든 통나무 손수레이든 그 어떤 형태라도 기하학적인 '디자이너'
플랜터로서 이용 가능하다.

컨테이너를 선택할 때 8가지 고려사항

◀ 다양한 종류의 화분들
원예용품점에서 구입할 수 있는 컨테이너는 디자인과 재료에 압도될만큼 그 종류가 매우 다양하며, 때에 따라서는 가격이 너무 비싸다는 느낌이 들기도 한다. 심는 방법과 위치만 정해지면, 선택이 쉬워질 것이다. 원예용품점의 전시장 일부를 보여주고 있는데, 유약 처리했거나 처리되지 않은 테라코타 화분들이 있다.

▶ 오크와 석재
규격화된 플랜터로 장식적인 석재와 견고한 오크 다리가 조화를 이룬다. 매우 무겁기 때문에, 한번 배치하면 다시 움직이기 어렵다 (사진에서는 코르딜리네 이용).

1 환경

컨테이너의 환경은 인공적으로 조성되므로, 식물이 잘 자라는
자연환경과 가장 근접하게 만들어주는 것이 중요하다.
식물들은 더위나 추위와 같은 극도의 온도변화에 매우 민감하다. 검은색,
금속, 또는 최악의 경우 검은 금속의 컨테이너들은 열을 흡수하고
전도하여 식물의 뿌리가 '구워질' 것이다.
식물을 더운 지역에 배치하면, 두꺼운 돌이나 목재 컨테이너들을
사용하고, 늘어지는 식물들은 측면을 그늘지게 하여 토양 온도가
일정하게 유지되도록 한다. 컨테이너를 흰색 또는 엷은 한색계열 색들로
칠하면 온도를 떨어뜨리는 데 도움이 된다.

계란컵 모양
이 큰 테라코타 화분은 큰 튤립들을 심는 데 알맞다.

납
모조 금속으로 가벼운 컨테이너를 필요로 하는 창턱이나 발코니에 적합하다.

2 크기
일반적으로, 아래 조건들을 만족시킬 수 있으므로 컨테이너가 클수록 좋다.

- 안정성
- 최소의 관리
- 넓은 범위의 미적 선택
- 왕성한 뿌리와 지상부 생육

3 스타일
컨테이너의 스타일은 그 장소에 어울려야한다. 배치하는 곳의 분위기가 정형인가, 비정형인가? 또는 현대적인가, 전원적인가?

아름다우면서 아담하다
테라코타 화분에 아담하게 자리잡고 있는 매혹적인 베고니아는 반음지에 적합하다. 흰색 꽃들은 늦여름부터 겨울 추위가 올 때까지 계속 개화한다. 규칙적으로 물을 주도록한다.

4 조화
집과 정원에 갖춰진 견고한 조경 재료들을 생각해본다. 돌, 목재, 벽돌, 금속 중 주된 재료는 무엇인가?

5 공간
마루바닥, 옥상 정원, 창턱 등 어떤 장소를 이용할 것인가? 꽃, 나무, 허브 중 어떤 종류를 선택할 것인가? 이러한 사항들을 고려하여 컨테이너의 크기와 모양을 결정하게 된다.

6 강도와 무게
큰 컨테이너를 바닥에 영구적으로 설치하고자 한다면, 강도와 무게를 고려해야 한다. 무게가 나갈수록 안정적일 것이고, 컨테이너는 추위와 마모에 강해야 할 것이다. 보기 좋고 오래 동안 유지되는 컨테이너를 위해 비용이 추가되는 것은 가치있다.
한편 심은 것을 이동시키거나 옥상 정원이나 발코니에 옮겨야한다면, 크면서 가벼운 컨테이너들을 이용하는 것이 좋다. 반대로, 작은 화분들은 안정감을 주기 위해 보다 무거운 재료로 만든다.

7 내구성
컨테이너의 내구성은 다음과 같이 여러 요인들에 의해 결정된다.

- 비
- 뿌리 생육
- 극단적인 온도변화에 따른 컨테이너와 토양의 수축과 팽창
- 마모

영구적으로 식물을 심을 경우에는, 특히 테라코타 화분의 경우 기온이나 습도 변화를 감당할 수 있는지 확인해야 하고, 겨울 동안 보호해줘야 한다. 곧으면서 끝이 뾰족해지는 화분을 선택하는 것이 좋다. 화분 배지는 얼면서 녹고, 팽창하기 때문에, 목이 좁은 화분들은 이런 압력 때문에 쉽게 갈라질 것이다.

8 안정성
채소를 재배하는 경우에는, 토양, 비료, 물 등과 반응하는 위험한 화학물질이 처리되지 않은 비활성인 컨테이너를 선택하도록 한다. 확신을 할 수 없다면, 처리되지 않았거나 자연적 목재 방부제로 처리된 목재 통들을 사용하도록 한다. 어떤 금속은 모서리가 날카롭고 쉽게 녹스는 경향이 있다. 좁은 정원, 아이와 노인이 이용하는 정원에서는 피하도록 한다.

목재

자연스럽고 조화로움

목재는 자연 소재로 대부분의 식물 및 배경들과 자연스러운 조화를 이룬다. 고전적인 컨테이너 형태인 우아한 베르사이유 박스와 전원적인 나무통 등은 목재로 만들어진 다용도의 컨테이너들이다. 이 자연적인 절연물은 추위에 잘 견디며, 심한 온도변화로부터 보호해준다. 테라코타와 달리 수분 보유력이 좋아서 빨리 마르지 않는다. 식용 식물들을 기르고자 한다면 압력 처리된 새로운 판재들은 피하도록 한다. 오랫동안 사용되지 않아 안정성이 검증되지 않았다.

▲ **고전적인 것에서 전원풍의 통나무까지**
베르사이유 박스에서 맥주 및 럼주용 통나무통에 이르기까지, 목재는 진정한 자연 소재로 매혹적이며, 수명을 길게 하기 위해 기름 또는 방부제를 처리한다.

굽이 높은 작은 플랜터
유약바른 오크 통
물결 윤곽이 있는 전원풍의 물통
작은 파티오 물통
큰 쿼터 통
베르사이유 박스
작은 파티오 플랜터
반통
2단으로 이루어진 통
과일과 채소 박스

목재를 좋은 상태로 유지하기

조언

- 컨테이너를 습기차는 땅에 직접 놓지 않는다.
- 지지물, 벽돌이나 기타 돌들을 컨테이너 아래에 고정하여 수명이 오래 가면서 배수가 잘 되게 해준다.
- 침엽수 목재는 처리하지 않으면 쉽게 썩기 때문에, 본래 잘 썩지 않은 삼목으로 만든 것을 구입하도록 한다.
- 자연적 방부제인 목재 색소를 처리하거나, 아마 기름을 발라 보호한다.

- 컨테이너의 수명을 연장하기 위해 플라스틱 또는 금속 깔판을 이용한다.
- 만들거나 구입한 단단한 컨테이너가 재생가능한지 확인한다.
- 목재 컨테이너에 색을 칠한다(계속적인 관리가 필요함).

석재

질감이 있으며 수명이 길다

돌로 만든 컨테이너들은 매우 많으며, 공급지역에 따라 색이 다양하다. 질감은 거칠게 깎여진 것부터 잘 다듬어진 것까지 다양하다. 돌은 시각적으로나 물리적으로 무거운 성질이 있기 때문에, 1층 심기에 적합하다. 심을 때 무게감을 제공하고 내구성이 있기 때문에, 영구식재에 적합하다. 석재는 실질적으로 관리가 필요없고, 마모가 오래될수록 질이 높아지는 재료이다. 전통적인 항아리 형태부터 현대적이면서 윤곽이 뚜렷한 모양까지 개조된 '석재' 화분들은 굉장히 다양하며, 이들은 가격이 저렴하면서 가볍기도 하다.

자연적인 내구성

조언

- 컨테이너를 조경용의 다른 돌들과 함께 이용할 경우, 서로 보완해줄 수 있는지를 잘 살펴야 한다. 예로, 다듬어진 대리석은 거친 돌 위에 어울리지 않는다.
- 요구르트나 액비를 화분에 바르면 이끼류 및 조류의 생육이 촉진되어 닳은 모습을 더 빨리 볼 수가 있다. 돌은 내구성 있고 강건하며, 작은 구멍들이 없기 때문에, 식물들이 건조함에 잘 견딜 수 있다.

크면서 뾰족한 화강암 플랜터
주춧대 위의 돌항아리
현대적인 홈이 있는 플랜터
활 모양의 통
낮으면서 뾰족한 슬레이트 플랜터

테라코타

널리 보급되어 있으며 다용도로 이용 가능

과거부터 현대에 이르기까지 "구운 흙", 즉 테라코타는 컨테이너 재료로 가장 널리 보급되어 이용되고 있다. 다용도로 이용이 가능하고, 크기, 모양, 가격 등도 매우 다양하다. 여러 장소와 상황에 잘 어울리며, 대부분의 식재 계획에서 주요 요소로 이용된다. 유약이 발라진 종류들도 인기가 있다.

손으로 만든 컨테이너들은 색이 매우 다양하다. 어느 지역의 화분이냐에 따라 엷은 황토색에서, 짙으면서 화사한 붉은 빛의 흑색에 이른다. 테라코타의 가장 큰 장점은 오래 쓸수록 조류가 생기고 구멍이 있는 면으로부터 염류들이 용출되면서 색이 사랑스러워진다는 것이다.

테라코타 화분들은 대량생산하기 때문에 저렴하지만, 고가의 핸드메이드 종류들에 비해 장식적 요소 및 색의 묘미는 떨어진다.

테라코타 화분을 겨울 동안 실외에 두고 싶다면, 추위에 잘 견디는지 확인해야 한다.

▶ **유약바른 것**
"미스티 블루" 유약을 바른 큼직한 이 테라코타 화분은 뒤뜰을 빛나게 해줄 매혹적인 색을 제공한다.

◀ **돌, 자연스러움**
영구적이면서, 지극히 무겁다. 닳은 모습을 쉽게 볼 수가 있다.

▲ **외관상 다목적으로 이용이 가능한 테라코타**
다양한 테라코타 컨테이너들을 용도에 따라 선택할 수가 있다. 점토의 종류나 구운 온도가 다르면 색이 달라진다.

점토의 관리

조언

- 심기 전에 화분을 물에 흠뻑 적신다. 테라코타 화분들은 다른 컨테이너들보다 통기성이 뛰어나기 때문에 빨리 마른다. 침수될 염려가 없고 식물 뿌리에 공기를 제공해준다.

- 유약 바른 테라코타 화분들은 물이 통하지 않기 때문에 관리는 쉽지만, 추위에 쉽게 손상 될 수 있다. 화분을 보호하기 위해 겨울에는 추가적으로 수분을 흡수하지 않도록 두꺼운 플라스틱 깔판을 안에 대도록 한다(배수 구멍은 남기도록 한다).

- 테라코타 화분들은 부서질 수 있으며 쉽게 깨진다. 추위에 견디는 종류를 구입하거나 실내에 들여놓는다.

- 테라코타에 심어 영구적으로 보존하고 싶으면, 아가판서스와 같이 뿌리가 강인하면서 다육질이고, 뚫고 나올 수 있는 것은 피하도록 한다.

- 빈 테라코타 화분들은 겨울 동안 뒤집거나 눕혀서 건조하게 보관하도록 한다.

금속과 모조 재료

강건하면서도 현대적이다

어떤 이들은 케케묵은 금속 컨테이너가 시대에 뒤떨어진다고 생각한다. 금속은 아연도금, 광택 처리, 착색 처리 등과 같이 여러 기술들에 의해 무광이거나 광택이 나거나 채색되는 등 다양한 현대적인 완성품들로 창조될 수가 있다.

강건하면서 추위에 견디는 금속 컨테이너들은 관리가 쉽고, 심을 때 닦아주기만 하면 된다. 그러나 환경에 노출되면서 산화되어, 본래의 외관을 잃기도 한다. 험하게 다룰 경우 긁히거나 자국이 남을 수 있다.

전통적인 금속 컨테이너를 갖고 있는 것도 좋겠지만, 인조납과 같은 모조 금속 컨테이너들이 인기가 많다. 무독성이면서 가볍고, 녹이 슬지 않으며, 실제 금속보다 가격이 저렴하다. 폴리머, 플라스틱, 수지, 유리섬유 등으로 만들어지지만 진짜처럼 보인다.

현대적이면서 도시적인 외관을 갖고 싶다면 아연도금이 적합한데, 처음에는 윤이 나지만 시간이 지나면 결국 흐릿해진다.

아연은 흐릿해지지 않고 물의 흔적도 안 남는다. 게다가 가볍다. 험한 날씨에 오랫동안 노출되는 경우에만 녹이 슨다.

부식되지 않는 강철도 이용할 수가 있다. 녹슬지는 않지만 화학 물질이나 화분배지의 비료염에 의해 부식될 수가 있다. 부식되지 않게 플라스틱 깔판으로 보호한다.

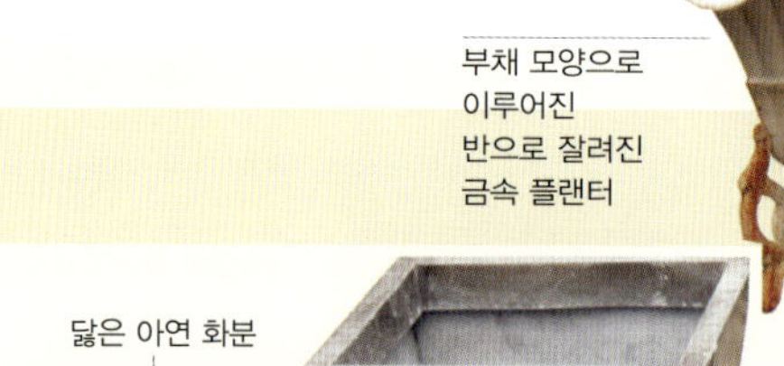

▲ **무거운 금속과 금속같은 "광물"**
아연도금된 것, 색분말 바른 것, 잘 다듬어진 것, 모조 금속으로 이루어진 것 중에 선택을 할 수가 있다. 진짜 금속제품들은 강철, 아연, 구리, 알루미늄 등으로 만들어졌다.

강철, 아연, 그리고 알루미늄

조언

- 컨테이너가 서 있는 자리가 착색이 되면서 부식된다면, 흘러나오는 물을 받을 수 있는 접시가 있는지 배수된 물이 화분으로부터 잘 흘러가는지를 확인한다.
- 햇빛이 비치는 더운 장소는 피하도록 한다. 금속 컨테이너들은 뿌리에 열을 전도하여 마르게 할 수가 있다.

합성물질

강건하면서 매우 가벼움

합성 컨테이너들을 "진품"보다 못한 모방으로 생각할 수가 있다. 플라스틱, 수지, 유리섬유, 기타 합성 재료들의 발달로 비싸지만, 아름다우면서 혁신적인 컨테이너들을 만들 기회가 주어졌다.

합성 컨테이너들은 가볍다는 이점을 갖고 있고 (발코니와 테라스에 적합하다), 강건하면서 안정성이 있고, 수분을 유지하고, 녹슬지 않고, 가격이 저렴하다. 납과 돌의 많은 모조품들은 더 큰 확신을 줄 수도 있다.

채소재배를 위한 간편한 컨테이너로 접기용 폴리에틸렌 재배주머니가 있다. 재사용이 가능하며 사용하지 않을때 접어서 보관할 수가 있다.

▲ **자루에 키우기**
실용적이면서 재활용이 가능한 재치 있는 컨테이너로 튼튼한 자루 모양의 형태이다.

대체 재료

조언

- 저렴한 합성물질의 화분을 비싼 컨테이너에 넣어 보호한다.
- 콘크리트나 석회 컨테이너들은 석회를 토양에 용출시켜 염기환경을 조성할 수 있어 주의한다.

모조 흑연
모로코식
원통

즉흥적으로 만들기

창조적이며 재미있다

식물들은 수분이 보존되는 모든 컨테이너에서 재배될 수 있다. 내구성이 있으며, 날씨에 견디고, 오염 물질이 없어야 한다. 배수구멍이 있어야 하고 식물의 뿌리에 맞게 충분히 깊어야 한다. 중고품 판매점, 벼룩시장, 염가 판매, 철물점 등이 매우 유용할 수가 있으며, 즉흥적으로 만들며 재미를 느껴보자. 컨테이너와 식물을 조화시키는 것이 어떤가? 올리브 나무를 오래된 올리브유 깡통에 재배하는 건 어떨까? 허브와 채소들을 오래된 주방용기에 심는 것은 어떨까? 생강을 동양적인 큰 차통에 심는 것은 어떨까?

스스로 컨테이너 만들기

조언

- 다음과 같이 시도해 본다. 예쁜 라벨이 있는 납작한 접시들을 구워본다. 오래된 수레바퀴, 오래된 아연 튜브, 금속 양동이, 굴뚝 꼭대기의 통풍관, 아연도금된 테라코타 배수파이프, 파서 만든 나무통, 고무보트, 큰 조개, 심지어 노젓는 보트 등을 이용한다. 오래된 속담처럼, 버릴 수가 없다면 사용하도록 한다.
- 채소를 재배할 때 고무 타이어를 사용하지 않는다. 독성의 화학물질들을 배출하여 식물과 토양을 오염시키기 때문이다.
- 재활용된 올리브유 통이나 기타 깡통을 원한다면, 근처의 식품점이나 레스토랑에 문의해본다.

▲ 세탁기 드럼 재활용
두 층으로 이루어진 옥잠화 플랜터는 달팽이와 민달팽이를 방지해준다. 녹슬지 않는 강철의 세탁기 드럼이 대나무 지주에 고정되어 있다.

한눈에 볼 수 있는 컨테이너의 특성

재료	내구성	내한성	수분 보유력	안정성	관리 용이성
목재	■■■	■■■■■	■■■■■	■■■	■■■
석재	■■■■■	■■■	■■	■■■■■	■■■■■
점토	■■■	■■■	■■■	■■■	■■■■
금속	■■■■	■■■■■	■	■■■■	■■■■
합성물질	■■■■■	■■■■	■	■■	■■■■

도구, 정보, 요령

원예용품점에는 많은 장비들이 판매되고 있지만,
심을 때 실질적으로 필요한 것들은 몇 개 안된다.
식물의 크기 및 개수, 심는 컨테이너 등이 가장 중요하며,
배치공간이 얼마나 되는지도 중요하다.
창가에 한 쌍의 화분을 놓고 싶다면, 물조루, 전정가위, 장갑,
모종삽 정도만 필요할 것이다.

도구와 도구 관리

조언

- 필요한 도구들을 한 장소에 둔다. 큼직한 캔버스백은 매우 유용하다.
  썬크림이나 모자도 그 안에 보관할 수가 있다.
- 도구를 살 때 품질을 고려한다. 좋은 품질의 도구들이
  보다 오래가고 잘 들 것이다.
- 사용 후에 도구들을 청소해준다. 모든 도구들을 기름 걸레로 닦아주는
  것이 가장 좋고, 움직여야 하는 부위들은 기름을 발라준다.
- 일을 하면서 도구들을 쉽게 잃어버릴 수가 있는데, 손잡이 부위를
  선명한 줄무늬로 색칠하거나, 색깔이 있는 머리끈으로
  감아 쉽게 찾을 수 있게 처리한다.
- 경계를 표시하기 위해 아래의 품목들이 있는지 확인하라.

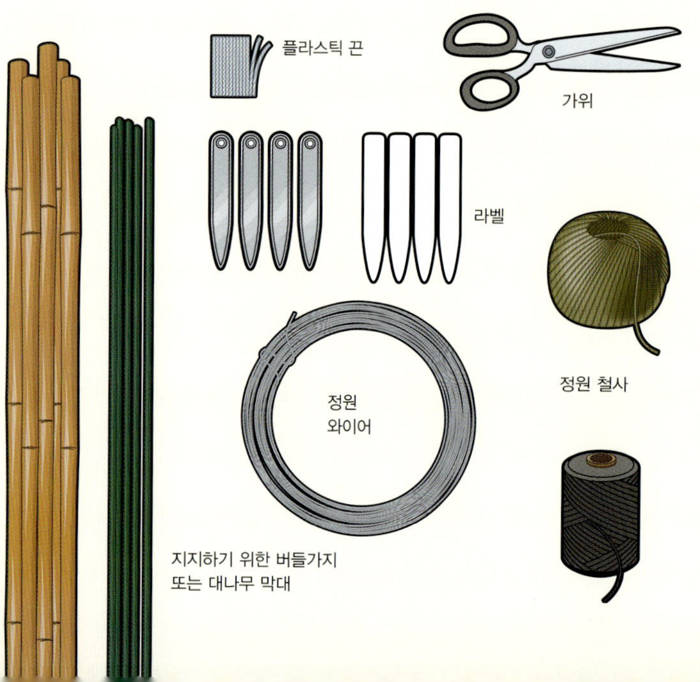

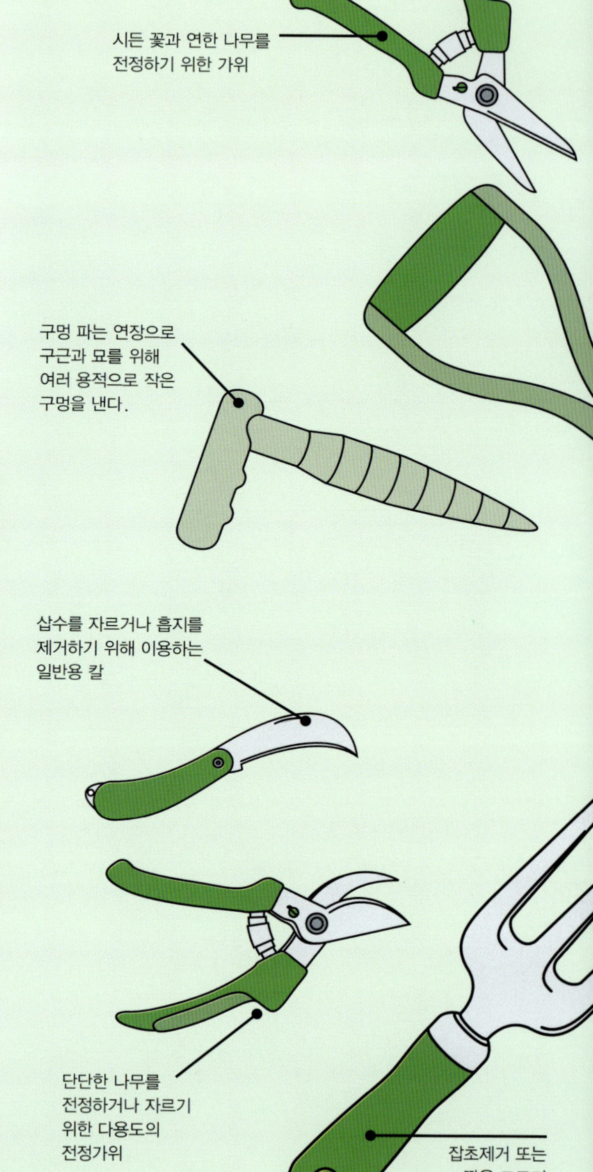

필수 도구
컨테이너 정원의 장점은 도구들을 위한 창고가 필요없다는 것이다.
원예용품점을 방문하여 도구의 크기, 가벼운 정도, 손잡이를 잡는
느낌, 잠재적 내구성 등을 서로 비교한다. 플라스틱 도구들은
가볍지만 단단하지가 않다. 끝이 금속으로 된 나무손잡이들은
전통적인 도구로 규칙적인 청소, 기름 칠하기, 깎기(문지르기) 등의
관리가 필요하다. 도구들을 다른 곳에 두지 않도록 하고, 최소한의
것들만 이용한다. 안전장치를 하고 날카로운 도구들은 어린이 손에
닿지 않게 한다.

물뿌리개는 청소하거나
엽면시비할 때 사용한다.

두 종류의 정원용 장갑이
필요하다. 하나는 거친
작업을 위한 질긴 것,
또 다른 것은 작은 식물들을
다루는 것과 같이 세밀한
작업의 용도로 쓰인다.

가지치기 가위로
가지기, 모양내기,
다듬기 용도에 쓰인다.

1.5갤런(6.8리터)의 물조루는
작은 식물과 묘종을 위해 조밀한 구멍의
살수구, 활착된 식물들을 위해 굵은
구멍의 살수구 등이 있다.

작은 삽은 배지를
컨테이너에 채우는
용도로 쓰인다.

모종삽은 시비하기,
배지 담기, 구멍내기
등에 쓰인다.

작은 식물과 모종을
위한 이식삽. 구멍내기에도
이용된다.

그밖에 플라스틱 시트와
캔버스 시트 등은 큰 물건들을
운반하고, 물, 화분배지, 자른
잔여물들을 담는 데 유용하다.

화분 혼합배지

심기 전에 식물 및 전시목적에 맞는 재배토양, 화분 혼합배지가
있는지 확인한다. 이런 배지에 심겨질 경우, 식물들은 생육이 가장 좋으며
최상의 상태로 유지될 것이다.

양토 혼합배지

양토 혼합배지(흑토 혼합배지로도 부른다)
는 고품질의 양토를 주성분으로 하고
여러 장점이 있다.

발아용 혼합배지는 종자를
파종하거나 묘를 재배하는 데
적합하다. 고산식물 용도로는 다른
혼합배지를 이용하는데, 종묘원이나

화분 혼합배지 정보

대부분의 화분 혼합배지들은
유기 완효성 비료를 첨가하면 좋다.

버미큘라이트 또는 펄라이트는
배수성을 향상시키기 위해 첨가한다.

삼림지대 식물들은 부엽토를 피트
대체물로 이용하면 이롭다.

인터넷에서 구입이 가능하다.

일반 화분배지는 발아용 혼합배지에
비해 많은 비료 성분을 포함한다. 이러한
점 때문에 많은 식물에 이용이 가능하고
다목적으로 이용이 가능하다.

장점

- 배수가 잘 된다.
- 구성이 좋다.
- 통기가 잘 된다.
- 건조가 느리다.
- 침수가 잘 안 된다.
- 무겁다. 크고 성숙한 식물의 경우
  안정성이 있다.

주의

- 관수 후 무거워지기 때문에, 걸이 화분,
  윈도우 박스, 베란다, 테라스 등에 큰
  컨테이너를 배치할 때 부적합하다.

비양토(무흑토) 혼합배지

양토를 포함하지 않고 다양한 목적으로
쓰이는 혼합배지이다. 피트 또는 피트
대체물로 이루어진다. 피트를 채굴하면서
환경이 파괴되기 때문에 피트 혼합배지는
피하도록 한다. 야자껍질 섬유와 같이
장점이 많은 피트 대체물들을 사용하도록
한다.

장점

- 쓰기 쉽고 깨끗하다.
- 경제적이다.
- 가볍다.
- 발코니, 옥상정원, 걸이 화분 등에
  적합하다 .

주의

- 한번 마르면 물을 재흡수하지 않기
  때문에, 퇴비나 물을 흡수하는 젤들을

양토
소독된 정원용 배지이다.
영양분이 많으며, 수분 유지력,
통기성, 배수 등이 좋다.

자갈
퇴비에 첨가하여 배수 및 통기성을
향상시킨다. 다양한 등급으로
이용이 가능하다.

모래
거칠거나 고운 종류들이 있고,
성글거나 고운 조직의 혼합배지가
가능하다.

화분 혼합배지
여러 성분(양토, 자연적인 비료,
펄라이트, 버미큘라이트)들을 조합하여
심기에 적합하게 만든다.

친환경법

진짜 유기물

원예용품점에는 많은 유기 혼합배지들이 판매되고 있다. 이런 제품들은 "OMRI 인증" 표시가 있다(Organic Materials Review Institute, 미국유기농자재평가원). 배지가 컨테이너 심기에 적합한 유기재료라는 것을 인증해준다. 그러나 이런 것들을 대신해서 당신이 직접 만들 수도 있다.

직접 만든 혼합배지

혼합배지를 직접 만들면 재미가 있고, 판매되고 있는 다른 혼합배지들에 비해 정확히 필요한 것들만을 식물에게 공급해줄 수가 있다. 병해충이 있을 수가 있기 때문에 흙은 반드시 소독하도록 한다. 가정에서 만든 혼합배지도 마찬가지이다. 특히 채소재배하는 경우에는 오염된 흙을 사용하지 않도록 한다.

가성에서 만드 양토 혼합배지

특정 식물에게 적합하도록 변형이 가능하다. 예로, 배수가 잘 되기 위해서는 모래나 왕모래의 양을 증가시킨다. 알칼리성으로 만들기 위해서는 소량의 나무재를 혼합한다. 고운 바크, 커피 침전물(찌꺼기), 분해된 솔잎 등은 산성조건을 만들 때 이용한다.

- 소독된 비옥한 양토, 소독된 화분 혼합배지 또는 피트 대체물, 왕모래 또는 성긴 모래 등(1:1:1)
- 석회 한 숟가락(대략 1갤런, 4.5L의 혼합배지에)
- 골분 한 숟가락

굽기

토양을 소독할 때 축축한 상태로 굽기용 트레이 위에 7.5cm 두께로 편다. 82-93℃ 되는 오븐에 넣고, 토양온도가 82℃(더 높으면 안된다)에서 30분 정도 유지되게 한다. 다른 방법으로 토양을 로스용 주머니에 담아 전자렌지에 넣고, 가장 강한 세기로(파운드당 1 분씩) 구워준다.

혼합하여 수분이 일정하게 유지 되도록 한다.
- 침수될 수 있다.
- 비양토 혼합배지에 재배된 식물들은 이식이 어렵다.
- 영양분이 적다. 완효성 유기비료를 혼합한다.

다목적의 화분배지

배지를 아직 선택하지 못했다면, 두 배지의 장점들을 결합시킨 다목적의 상품들 중에 하나를 고르도록 한다. 원예용품점에서 오래 묵지 않은, 좋은 품질의 혼합배지를 고르도록 한다.

산성 화분배지

스키미아, 헤더, 목련과 같은 식물들은 산성토양을 선호한다. 산성토양을 좋아하는 식물들을 재배할 때 필요한 배지이다.

야자껍질 섬유
환경친화적인 피트 대체물로 수분 유지가 좋지만 영양분이 적다. 영양분을 자주 공급해준다.

화분 준비하기

시간, 노력, 비용 등을 투자하여 오래 둘 목적으로 아름다운 화분을 심었는데,
이후에 무너지고 부서진다면 어떻게 하겠는가? 준비를 철저히 하여
컨테이너와 식물의 수명을 연장시키도록 하자.

일반적인 컨테이너 관리

목재 컨테이너를 받침대 위에 배치하여 통기가 되게 해주면, 썩지 않는다. 안전한 원예용 방부제 또는 실외용 유성 페인트를 목재에 처리하도록 한다.

대부분의 금속 컨테이너들은 녹이 슬기 때문에(알루미늄은 예외다), 수명을 연장시키기 위해 플라스틱 깔판을 덧대는 것이 좋다.

컨테이너들을 추운 겨울 동안 실내에 들여놓는데, 특히 테라코타 컨테이너는 추위에 약하기 때문에 금이 갈 수가 있다.

컨테이너에 생긴 금 또는 흠집을 접착성이 있는 밀폐제로 채울 수가 있다. 그러면 물이 퍼지거나 스미지 않아 겨울 동안 피해를 방지할 수가 있다.

배수

모든 컨테이너들은 하부에 배수구멍이 있어야 한다. 그렇지 않으면, 배지가 침수되어 식물이 고사할 수가 있다. 대부분의 컨테이너들은 배수구멍이 있지만, 구멍이 없는 양철통과 통나무통은 작은 드릴을 이용해서 조심스럽게 구멍을 뚫어준다(컨테이너에 금이 가지 않도록). 드릴을 사용하기 전에, 뚫을 부분을 마스킹 테이프로 붙여 깨지지 않도록 한다. 금속의 경우 뚫는 부위를 지탱해주기 위해 나무받침대로 아래에 받쳐준다. 항상 보호안경을 착용하고 작업한다.

점적 트레이

점적 트레이는 컨테이너로부터 빠져나오는 수분에 의해 얼룩, 조류, 습기 등이 생기는 경우에 유용하다. 트레이들을 자갈 또는 작은 돌로 채워 화분 밑에 수분에 고이지 않게 한다. 컨테이너 아래 홈이나 받침이 있다면, 화분 밑에 얕은 트레이를 밀어넣을 수가 있다. 녹슬기 시작하는 금속 컨테이너에 점적 트레이를 이용하여, 바닥이나 포장된 돌에 얼룩이 생기지 않도록 한다.

이동 컨테이너

컨테이너를 다른 곳으로 옮겨야 한다면 약간 건조시켜 무게를 가볍게 한다. 작은 컨테이너, 배지 포대, 식물 등은 수레로 옮기도록 한다. 큰 컨테이너의 경우 하부가 둥글면 조심스럽게 굴리도록 한다.

또는 바퀴가 달린 수레나 원형의 파이프 및 기둥 위에 판자를 깔아 이용하도록 한다. 어떤 컨테이너들은 이동할 수 있도록 바퀴가 달려 있어서 옥상정원이나 테라스에 유용하다.

허리를 다치지 않도록 손수레나 짐수레를 꼭 장만하도록 한다. 최신 컨테이너는 알루미늄이라 가볍고, 접을 수가 있어서 많은 공간을 차지하지 않는다. 흙으로 채워진 큰 화분들을 옮길 때도 주의한다. 안전하게 이동시키는 기술을 익히도록 한다. 등은 항상 똑바로 세우고 다리는 구부리도록 한다.

청소

조언

화분을 재사용할 때 병충해를 막기 위해 청소해준다. 테라코타 소재로 된 화분이 오래되어 은은한 녹청 빛이 감돈다면, 외부는 놔두고 내부만 청소해주도록 한다.

1 화분이 매우 더럽다면, 하루 정도 물에 담그도록 한다. 다공성의 화분에 해로운 염이 축적된 경우에 해당된다.

2 다음날 뻣뻣한 솔과 순한 세정제로 화분을 닦아주도록 하고, 닳을 염려가 있다면 부드러운 스폰지나 천을 사용한다.

3 깨끗한 물로 씻어주도록 한다.

4 청소하는 것이 너무 번거롭다면, 배지를 넣기 전에 플라스틱 깔판을 안에 넣어주도록 한다. 깔판에도 배수구멍이 있어야 한다.

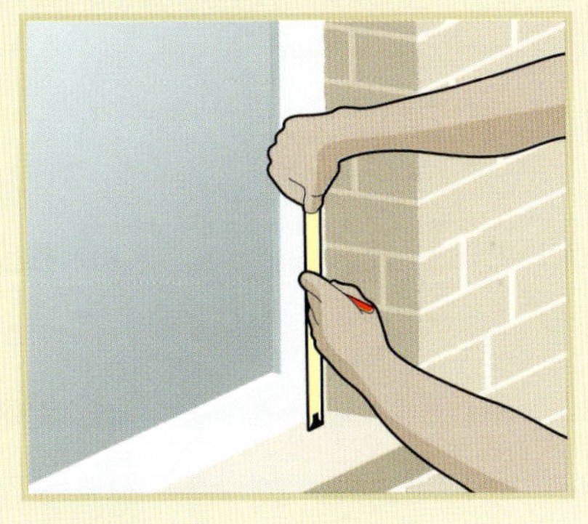  

안전하게 컨테이너 설치하기
지상
- 컨테이너가 넘어지면 화분, 식물, 지나가는 사람에게도 피해를 줄 수 있으므로 반드시 안전을 고려해야 한다.
- 큰 컨테이너들은 수평이 되게 하고 자갈이 깔린 바닥에 위치하도록 한다.
- 병충해에 쉽게 노출되지 않도록 컨테이너들은 땅에 직접 닿지 않도록 한다.
- 작은 화분들은 그룹별로 배치하여 쓰러지지 않게 한다.

옥상정원과 발코니
- 옥상정원과 발코니의 모든 컨테이너들은 최대한 가벼워야 한다. 안전하게 해주는 것이 무엇보다도 중요한데, 컨테이너에 심은 큰 식물의 경우 바람의 영향을 많이 받는다.
- 넓으면서 정사각형인 컨테이너들을 이용하도록 한다. 벽 가까이 배치하여 바람의 영향을 줄여준다.

윈도우 박스
- 창틀에 윈도우 박스를 배치할 때에는 항상 강철 브래킷으로 안전하게 처리하도록 한다. 안전을 위해 창턱이나 창문틀에 나사로 고정한다.
- 사슬을 윈도우 박스 밑에 연결해서 벽의 위쪽 모퉁이에 고정한다.
- 창가가 아래로 경사졌다면, 두 개의 쐐기로 윈도우 박스를 수평이 되게 하여 안전하게 한다.
- 윈도우 박스가 통풍이 잘 되도록 한다.

▲ 윈도우 박스
윈도우 박스가 무겁더라도 바람의 영향은 많이 받는다. 보호하기 위해 튼튼한 금속 브래킷, 쐐기, 고정판, 훅 등을 사용하도록 한다. 심기 전에 무겁고 큰 윈도우 박스들이 안전하게 배치될 수 있도록 한다.

걸이 화분
걸이 화분의 브래킷은 물을 머금은 걸이 화분을 지탱할 정도로 안전하고 튼튼해야 한다.

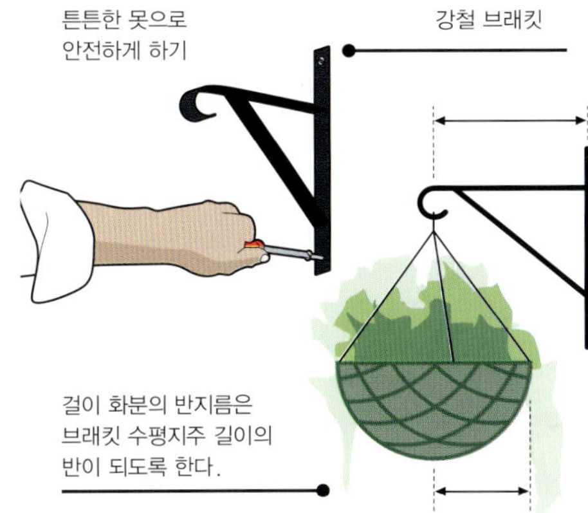

▲ 걸이 화분
강철 또는 단철의 브래킷이 일반적인 지지물이다. 브래킷의 길이가 걸이 화분의 반지름보다 길도록 하고, 식물들이 벽에 너무 붙지 않도록 한다.

◀ 솔로 청소하기
뻣뻣한 솔과 순한 세정제를 이용해 컨테이너의 내부를 청소해주도록 한다.

컨테이너에 어떻게 심는가

컨테이너, 식물의 종류, 화분배지 등을 신중하게
선택하고, 재료들을 준비한다.

심기를 위한 조언

화분이 분형근을
심기에 충분히 큰지
그리고 식물을 기존의
화분과 같은 깊이로
심었는지를 확인한다.
물론 예외인 경우도 있다.
클레마티스와 인동덩굴은
5cm 더 깊게 심어 아래쪽
두 개의 눈이 묻히도록
한다.

작업하면서 뿌리의 상당
부분들이 손상되었다면,
지상부도 같은 양을
잘라주어 식물이 회복될
수 있도록 돕는다.

대부분의 구근들은
배수가 잘되는 흙을
선호하며, 소량의 자갈과
성긴 모래를 배지에
혼합하면 유익하다.

봄에 개화하는 구근은
가을초나 중순에 심는다.
특히 튤립은 늦가을에
심는 것이 유리하다.

심기 전

화분을 살피고 바닥의
배수구멍을 확인한다.
테라코타 화분을 이용하는
경우, 배지로부터 수분이
흡수되지 않게 우선 흠뻑
적시도록 한다. 식물들이
잘 관수되었는지 확인한다.

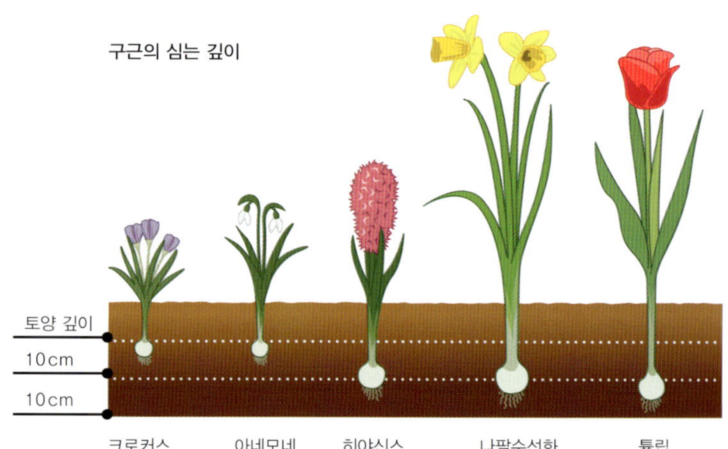

컨테이너에 심기

1 컨테이너의 아래쪽에
자갈이나 깨진 항아리
조각을 깔아서, 배수구멍이
막히지 않고 밖으로
토양이 흘러나오지 않게
한다.

2 컨테이너의 3/4은
배지로 채운다.

4 디자인대로
화분들을 바닥에
늘어놓는다.

3 식물들을 원래 화분
채로 위쪽에 얹어
디자인이 만족스러울
때까지 배치하도록 한다.

구근 심기

구근을 고를 때 성공적으로 개화시키기 위해 큰 것을 고르도록 한다. 일반적으로 구근 깊이의 2-3배 정도로 심고 2.5cm 정도 간격을 둔다. 리갈백합 구근과 같이 줄기가 발근하는 백합들은 적어도 15-20cm 깊이로 심어준다. 매년 꽃이 피도록 구근들을 화분에 남길 수도 있으나, 꽃의 품질이 나빠지기 때문에, 매년 새로운 구근을 심는 것이 좋다.

봄에 연이어 개화하도록, 식물들을 층별로 심는 것이 가능하다. 우선 튤립을 30cm 깊이로 심고, 화분배지를 한층 깔고 수선화나 나팔수선화를 그 다음 층에 심는다. 크로커스 및 기타 소구근, 그리스 아네모네Anemone blanda와 같은 구경 등은 가장자리로부터 5~7.5cm 깊이로 또 다른 층에 심을 수가 있다.

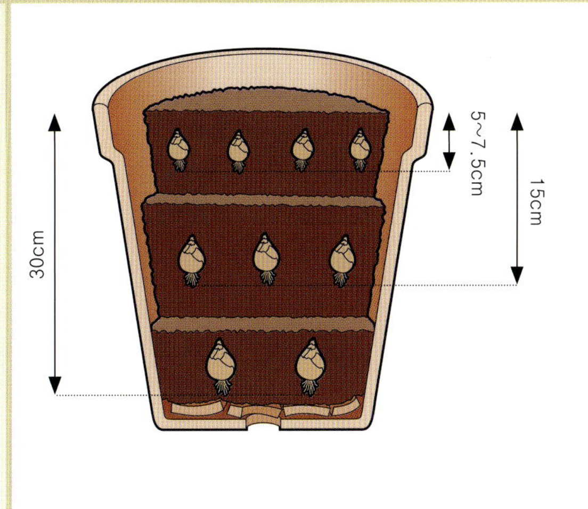

5 중심이 되는 식물 (일반적으로 가장 큰 식물)을 화분에서 꺼내고, 컨테이너의 중심에 심는다.

6 다음 큰 식물부터 가장 작은 식물 순으로 구입한 화분에서 꺼내어 심는다.

7 가장자리로부터 2.5cm 깊이까지 흙을 채워주도록 한다.

8 두 손으로 식물들을 고정한다. 무리하게 누르지 않도록 한다.

9 디자인이 만족스러운지 한발 물러서서 체크하도록 한다. 마음에 들지 않는다면 조심스럽게 위치를 변경한다. 가능하면, 꽃과 잎이 바깥을 보도록 돌려준다.

10 컨테이너에 호스로 충분히 관수해준다.

컨테이너에 나무 심기

나무들은 순간적인 보는 즐거움뿐만 아니라 일 년 내내 정원의 영속성과 완성감을 더하는 흥미와 자극을 준다.

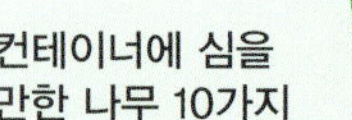

컨테이너에 심을 만한 나무 10가지

단풍나무Acer palmatum

노간주나무Juniperus communis 'Compressa'

나무 고사리Dicksonia antarctica

호랑가시나무Ilex

주목Taxus baccata

레몬Citrus limon

올리브Olea europaea

호랑버들Salix caprea 'Kilmarnock'

월계수Laurus nobilis

늘어진 배나무Pyrus salicifolia

심는 시기

나무들을 3종류로 나눌 수가 있다. 컨테이너에 재배되었던 것, 나근인 것, 분형근인 것(뿌리와 주변 흙이 삼베 등과 같은 재료로 둘러싸여 있음) 등이다. 3가지 모두 휴면하는 늦가을이나 초봄에 구입하여 심도록 한다. 하지만 컨테이너에 재배되었던 나무들은 거의 일 년 내내 심을 수가 있다.

컨테이너를 선택할 때, 우선 아래쪽이 충분히 넓어야 하고, 내한성이 있는 테라코타처럼, 안정적이면서 튼튼한 재료로 만들어졌는지 확인하도록 한다. 자랄 수 있는 공간이 충분히 확보되어, 폭과 깊이가 뿌리 길이의 2배 정도로 되게 한다. 뿌리 공간이 제한되었기 때문에 정기적으로 관수하고 시비해야 한다. 덥고 건조한 날은 특히 컨테이너의 배지 전체를 적시도록 한다. 왜성 과일나무를 제외하고 지지물 없이 스스로 설 수가 없는 나무들은 구입하지 않도록 한다. 크고 빨리 자라는 나무들은 안전하지 않기 때문에 피하도록 한다. 그러나 버드나무나 유칼립투스는 덤불이 지지 않는다. 무게감과 안정성을 위해서 양토의 혼합배지를 사용하고 완효성 비료도 첨가한다. 산성토양을 선호하는 나무는 양토가 없는 토양을 사용한다.

유지 관리

봄중순부터 여름까지 2주마다 시비해준다. 초봄에 오래된 배지의 상부를 2.5cm 정도 제거하고 새로운 것으로 교체한다. 3-5년마다 5cm 정도 넓은 새로운 컨테이너로 분갈이해준다.

▲ 아름다운 월계수
월계수는 컨테이너에서 잘 자라고 파티오에 잘 어울린다. 가을에 손질해주고, 여름에는 액비를 공급해준다.

친환경법

자연으로 돌아가기

산사나무, 버드나무, 자작나무 등은 이로운 곤충들을 유인한다.

사과나무 열매는 가을과 겨울 동안 새들의 먹이가 된다.

새의 먹이를 위해 장과류 나무들을 키운다.

상록수는 겨울에 새들의 은신처가 된다.

야생생물과 새를 유인할 수 있는 나무

꽃사과Malus spp.

호랑가시나무Ilex opaca

자작나무Betula nigra

주목Taxus baccata

마가목류Sorbus americana

나무 심기 단계

1 기존의 화분에 있는 나무를 관수해준다. 새로운 화분을 문지르면서 물로 씻어준다. 배수구멍 위에 깨진 화분 조각들을 깔아준다. 너무 무거워질 수 있기 때문에, 최종적인 위치에 놓도록 한다.

2 화분의 1/3을 양토 혼합배지로 채우도록 한다(완효성 비료를 첨가하도록 한다).

3 나무를 옆으로 눕혀 화분으로부터 부드럽게 꺼내고 분형근은 그대로 두도록 한다. 뿌리들이 분형근을 조밀하게 돌러싸고 있다면, 심기 전에 몇 개를 잘라주도록 한다.

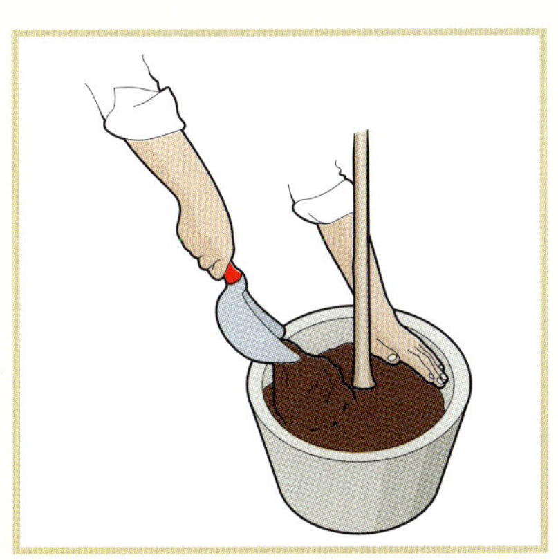

4 나무를 새로운 컨테이너에 넣고 배지를 계속 첨가하면서 원래 심었던 깊이만큼 되게 한다. 뿌리들이 고정되게 하고 배지를 줄기의 흙선까지 채운다.

5 나무를 곧게 세우고, 필요하다면 흙을 더 채워 뿌리 주위에 눌러준다. 토양이 가장자리로부터 적어도 2.5cm 깊이가 되게 하면 관수하기에도 좋다.

6 충분히 관수해주고 수분이 유지되도록 바크칩이나 유사재료로 토양 위를 덮어주도록 한다. 배수가 충분히 이루어진 후에 화분을 옮기도록 한다(허리에 무리 안 가게).

걸이 화분

걸이 화분은 더 이상 덩굴성 여름 일년초들의 진부한 혼합이 아니다.
모든 형태와 크기가 가능하며, 상추, 토마토, 허브, 클레마티스, 양치류 등의
다양한 식물재료가 쓰인다. 벽에 안전하게 걸 수 있고 크기가 큰 바구니를 고른다면,
관리가 쉽고 건조해지지 않는다.

걸이 화분을 위한 정보

수분 유지를 위해, 자연소재의 깔판 안에 재활용 플라스틱 시트를 대도록 한다.

여름 동안 계속 꽃을 보기 위해 시든 꽃들은 잘라준다.

다른 화분에서 자란 식물들을 선택하면, 분형근들을 더 쉽게 다룰 수가 있다.

토마토와 꽃에 고농도 칼륨의 유기 액비를 매주 한 번씩 처리해준다.

허브는 2주마다 일반 유기액비로 처리해준다.

큰 걸이 화분은 구멍이 뚫린 작은 플라스틱병을 안에 넣는다. 병에 물을 넣어 관수를 쉽게 하면서 수분이 퍼지도록 한다.

걸이 화분용 배지

걸이 화분에 가장 적합한 배지는 양토 혼합배지이며, 식물에게 필수적인 조건으로 보수력과 보비력이 있어야 한다.

양토 혼합배지는 다용도의 혼합배지에 비해 두 가지 단점이 있다. 무겁고 작업하기에 청결하지 않다. 그래서 가벼운 토양이 사용되기도 하지만, 이때 규칙적으로 시비해주고 배지가 건조해지지 않도록 주의해야 한다. 더운 날씨에는 하루에 적어도 두 번, 비 올때는 하루에 한 번 관수해준다.

▲ 실버 문
클레마티스 '실버 문'은 아담한 품종으로, 걸이 화분에 심어 색다르면서 근사한 경관을 연출한다. 반음지의 장소에 놓도록 한다.

▲ 두 개의 반쪽 합치기
실험적이다. 두 개의 걸이 화분에 바위솔 Sempervivium을 심은 후 합쳐서 하나의 완성된 공형태를 만들도록 한다.

걸이 화분 만들기

1 걸이 화분을 빈 통에 넣고, 야자껍질 섬유와 같은 환경친화적인 소재를 깔판으로 안에 대도록 한다.

2 완효성 비료를 첨가한 혼합배지를 반 정도 채우고, 누르지 않도록 한다. 식물들을 늘어뜨리고 싶으면 깔판 안에 칼이나 가위로 작은 구멍들을 뚫도록 한다.

3 늘어뜨릴 식물 뿌리를 깔판의 구멍이나 칼로 자른 자리에 조심스럽게 밀어넣는다.

4 식물을 심으면, 뿌리들을 혼합배지로 덮어주고 부드럽게 눌러주도록 한다.

5 혼합배지를 3/4 되게 채우도록 한다.

6 가장 큰 식물을 위쪽 중심에 배치하고 부드럽게 눌러준다.

7 남은 식물들을 추가하고, 아름답고 균형있게 배치하도록 주의한다. 식물의 분형근들이 서로 짓눌리지 않을 때까지 겹쳐서 심을 수 있다.

8 심기가 끝나면, 부드럽게 눌러주고 마지막 혼합배지를 가장자리 밑까지 넣는다.

9 관수를 충분히 해주며, 구멍이 조밀한 물뿌리개를 사용한다.

10 걸이 화분을 걸기 전에 잔여 수분이 빠지게 한다 (10분 정도).

친환경법

조언

- 이끼나 안에 깔아준 다른 소재들이 재생가능한 소재인지 확인한다.
- 나무로부터 껍질을 벗기면 자연 환경을 크게 해칠 수 있다.
- 모조이끼는 야자껍질 섬유나 양털로 만드는데, 수분보유력이 물이끼보다 못하다.
- 깔아주는 소재는 잎새란, 양치류 잎, 또는 오래된 울 스웨터 등으로 대체할 수 있다.

윈도우 박스

정원에 공간이 없는 경우 꽃, 허브, 채소 등을
선반 위의 윈도우 박스에 재배한다. 벽이나 발코니의 가장자리에
배치된 식물들을 위로 뻗게 하면 보기 좋고
색과 흥미를 창조하게 된다.

윈도우 박스를 위한 조언

너무 많은 색이 들어갈 경우 윈도우 박스가 오히려 산만한 느낌이 될 수 있기 때문에, 센티드 제라늄이나 헬리크리섬Helichrysum petiolare 같은 잎이 아름다운 식물들을 심도록 한다.

플라스틱 제품이 저렴하나, 화분배지의 무게 때문에 휘거나 불룩해질 염려가 있다. 유리섬유나 목재 제품들은 강하면서 오래가지만, 목재 제품들은 지속적인 관리가 필요하다.

목재를 이용하게 되면, 플라스틱 시트로 된 깔판을 내부에 깔아 썩지 않도록 한다.

윈도우 박스에 맞는 맞춤식 다리를 만들어, 각 코너에 잘 맞고, 화분을 들어올리는 효과가 있어 통풍이 잘되고, 침수나 창턱이 파손되지 않게 방지해준다.

윈도우 박스는 일반 창가에 적합하도록 직사각형이고, 플라스틱, 목재, 금속, 테라코타 등 다양한 재료로 되어 있다. 집의 스타일을 보완하면서 창턱의 길이에 맞는 것으로 선택한다. 클수록(가능한 길게) 관리하기가 쉽다.

윈도우 박스 만들기

1 윈도우 박스를 따뜻한 물과 순한 세정제로 닦아주도록 한다.

2 배수구멍 위에 깨진 항아리 조각이나 자갈층을 깔도록 한다.

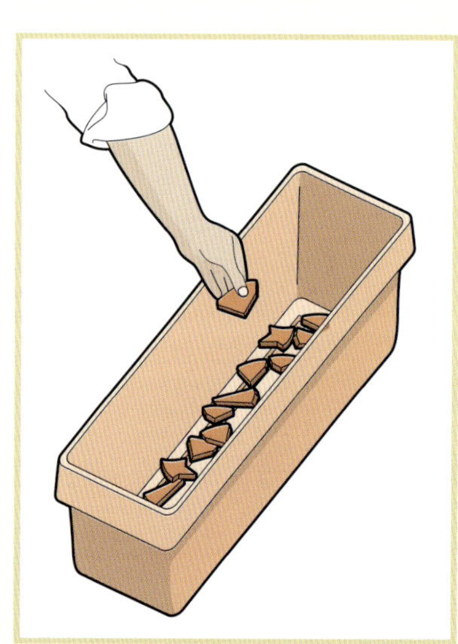

3 적합한 혼합배지를 윈도우 박스에 반 정도 채워준다. 영구적으로 심는 경우 양토 혼합배지를, 계절 심기를 하는 경우 다용도의 무양토 혼합배지를 이용한다.

▶ **해안가 심기**
유목 스타일의 윈도우 박스에
바람에 강한 아르메리아,
바위솔, 바위취, 베로니카
Veronica teucrium 등과 같은 해안
식물들을 선택하여 심는다.

◀ **단정한 대칭**
풍부하게 심은 하얀 목마가렛
Argyranthemum frutescens
은 테라코타 윈도우 박스를
돋보이게 한다.

4 식물들을 화분 상태로 배치해본다. 큰 식물들은 뒤에, 작거나 덩굴성인 것들은 앞이나 옆에 배치한다. 윈도우 박스는 대칭을 이룰 때 가장 보기 좋다.

5 동일한 배치로 바닥에 놓는다.

6 가장 큰 식물들을 화분에서 꺼내어 뿌리들을 손질하고, 원하는 위치에 배치시킨다. 혼합배지를 이용해서 식물을 적당한 깊이와 위치에 심는다.

7 가장 큰 식물부터 시작하여 옆으로 계속 심어주고, 부드럽게 눌러준다.

8 심고 눌러준 후 혼합배지를 추가한다. 윈도우 박스 가장자리로부터 2.5cm가 되도록 채워준다.

9 조심스럽게 그리고 충분히 관수해주고, 배치하기 전에 충분히 배수를 시킨다.

10 관수와 시비를 꼭 해주고, 시든 꽃들을 정기적으로 제거하여 윈도우 박스가 최상의 상태로 진열될 수 있도록 한다. 고칼륨 유기비료를 적어도 1주일에 한 번 주도록 한다.

관수하기(물주기)

관수할 때 가장 고려해야 할 사항은 "어떻게" 보다 "언제"이다.
식물들이 시들었다고 해서 관수해줘야 되는 것은 아니다.
배수구멍이 막혀서 배수가 잘 안되거나 과다한 뿌리생장에
의해 침수될 수가 있다.

▲ 화분에 만든 연못
유약을 바른 파란색 세라믹 화분에 물미나리아재비
Ranunculus aquatilis, 돌미나리Oenanthe fistulosa,
물냉이Nasturtium officinale, 유럽큰고추풀Gratiola
officinalis, 프레슬리아Preslia cervina,
그리세리아Glyceria aquatica variegata 등을 심었다.

관수시기

더운 여름에는 하루에 한 번 내지 두 번
정도 관수한다. 가을과 겨울에는 관수를
최소화하되, 혼합배지가 완전히 마르지
않도록 주의한다. 손가락으로 흙을
만지면서 물주는 시기를 판단한다.

- 젖어있고 습하면 침수될 우려가 있다.
- 표면으로부터 적어도 2.5cm
  정도까지 말라있다면 관수해준다.

날씨를 참고하도록 한다. 춥고 습기
많은 날씨보다, 덥고, 건조하고, 바람이
부는 날 관수해준다. 그러나, 비가
온다고 해서 토양이 항상 충분히 젖은
것은 아니다.

관수방법

화분을 충분히 적셔서 배지가
포화상태가 되도록 하는 것이
무엇보다도 중요하며, 아래쪽으로
수분이 빠져나가게 된다. 화분의
표면에만 약간 살포해주면, 뿌리들이
표면에만 머물고 깊이 자라지 못한다.

점적 관수

점적 시스템은 측정된 비율만큼 수분을
공급해준다. 단일 화분용 또는 수도 꼭지
(아래 그림)나 빗물통에 관이 연결되어
여러 화분에 연결하도록 세트로 구입할
수가 있다. 물을 느리고 안정되게
공급할 경우 배지에 의해 원활한 흡수가
이루어지고, 잔여 수분이 배수되지
않아 낭비가 없다. 점적 관수 시스템은
대부분의 원예용품점에서 구입이
가능하며, 쉽게 조립이 가능하다.
관수시기와 양을 조절하기 위해 타이머를
설치한다. 점적 관수의 단점은 관수
설비를 숨길 수가 없다는 것과, 화분을
관에 따라 배치해야 한다는 것이다.

▼ 트리플 점적
관을 외부의 수도꼭지에 연결하여 간단하면서도
효과적으로 관수하는 방법이다.

물로 채워진 컨테이너

환경친화적인 뒤뜰을 갖추기 위해 물로
채워진 컨테이너를 이용할 수가 있다.
오래된 세면대 또는 물탱크, 양동이, 통
등과 같이 물을 담을 수 있고 화학물질을
배출시키지 않는다면 무엇이든 사용
가능하다. 테라코타 컨테이너들은 내부의
깔판을 요트용 유약으로 여러 번 칠하고,
목재통은 유약에 완전히 적시고, 배수
구멍들은 코르크나 밀폐제로 막아준다.

우선 가까운 연못의 미생물들과 양분이
있는 진흙을 넣어주도록 한다. 수중이끼나
수중별꽃 같이 산소를 발생시키는
수중식물들도 필요하다. 야생생물들을
보호하기 위해 당신의 연못 안에 여러
컨테이너들을 배치하도록 한다. "화분
연못"은 다음 페이지를 참고한다.

멀칭

멀칭은 혼합배지의 표면을 덮는
보호층으로, 바크칩과 같은 유기물질일
수도 있고, 조약돌과 같이 무기물질일
수도 있다. 멀칭은 증발을 줄여 수분을
유지해주고, 잡초발생이나 토양 침식을
억제해준다. 광택이 나는 돌, 유리칩,
조개껍질 등과 같이 장식적인 형태들도
이용 가능하다.

화분 연못 만들기

1 컨테이너가 방수가
되는지 확인한다. 물을
채워주기 전에 원하는
위치에 배치한다. 양지바른
곳에 둔다.

2 하부에 자갈층을
깔아주고 2/3 정도
물을 채운다.

3 망사바구니에
정원 흙이나
수생용 혼합배지를 채워
수생식물들을 따로
심어준다. 위쪽에 자갈층을
깔아준다.

4 화분들을 알맞은
깊이로 조심스럽게
배치한다. 주변식물(얕은
수생식물)은 토양선이
물표면 바로 아래에
위치하도록 한다. 깊은
수생식물들은 30cm
깊이로도 배치가 가능하다.

5 깊이 조절은 벽돌로
한다. 아졸라와 같은
부유식물 또는 쇠털골/
헤어그래스 같은 침수성
산소발생 식물들을
추가한다. 연못을 유지하기
위해, 추위로부터 보호하고
물고기는 넣지 않는다.

관수할 때의 주의점

조언

- 목이 좁은 알리바바 형태의 화분들은
  테가 넓은 것들에 비해 느리게
  건조된다.

- 수돗물을 아끼는 것보다 빗물을
  모으는 것이 환경적으로 큰 의미가
  있다. 낙수홈통이나 세로홈통으로부터
  빗물을 받을 수 있는 통을 장만한다.

- "석회질을 싫어하는"(또는 "산성을
  좋아하는") 난이나 아잘레아와 같은
  식물들이 빗물을 좋아하는데,
  경수지역의 경우에는 더욱 그렇다.

- 수돗물의 염소가 걱정된다면, 양지 바른
  곳에 며칠 동안 두었다 이용한다.

- 화분이 방치되어 식물이 시들었다면,
  화분을 그늘에서 반시간 동안 물에 담근
  후 꺼내어 배수가 되게 한다. 식물이
  회복되지 않는다면 다른 방법이 없다.

- 혼합배지가 마르면 컨테이너
  측면의 흙이 오그라들 것이다.
  물에 담그기보다는 측면으로 물을
  흘러내리게 한다. 지팡이로 토양에
  구멍을 내고 물을 그 안으로 붓는다.
  효과가 없다면, 주방용 세제 한 방울을
  물에 떨어뜨리고 식물에게 주도록 한다
  (세제는 건조한 토양과 물의 점착효율을
  높인다).

- 판매업자들은 몇몇 수지들이
  유기물질이고, 생물분해 가능하고,
  채소를 재배할 때 안전하다고 주장한다.
  이들은 수분을 좋아하는 식물이나 걸이
  화분에 유용하다. 권장량보다 많이
  사용하면 혼합배지를 화분으로부터
  밀어내고 배지가 해파리처럼
  흐물거리게 된다.

시비하기

자연 상태에서 식물들은 잎의 광합성과 뿌리의 수분 및 양분흡수에 의해
유지된다. 컨테이너에 심으면 뿌리 생장이 억제되고 혼합배지의 양이 제한된다.
그러므로 시비해주는 것이 무엇보다도 중요하다.

화분배지 정보

- 구근은 개화 후에 항상 시비해주도록 한다. 다음 해에 성공적으로 개화하기 위해서 영양분을 저장해야 되기 때문이다.
- 장미는 다른 나무와 관목에 비해 시비를 자주 해줘야하는데, 정기적으로 엽면시비를 해주면 생육이 좋아진다.
- 다년생식물은 봄에 고농도의 질소 시비를 주면 잎생장이 촉진된다. 개화를 촉진하기 위해서 초여름에 고농도의 칼륨 시비를 해준다.
- 고산식물은 비옥도가 낮은 환경을 선호하기 때문에, 시비를 거의 하지 않는다.
- 토마토용 비료를 따뜻한 물에 희석하여 주면 뿌리생장을 활발하게 해준다. 할로윈 호박에도 효과적이다.
- 상추와 같은 엽채류는 고농도의 질소비료를 주도록 한다.
- 제조업자에 의해 권장되는 양만큼 주는데, 그렇게 하지 않을 경우 식물이나 토양에 큰 피해를 줄 수가 있다.

자연은 생성과 분해에 의해 수분과 양분을 공급해주지만, 컨테이너에 심은 식물들은 자연과 격리되었기 때문에, 재배자가 공급해주는 양분에 의존할 수 밖에 없다.

비료

제한적인 공간에서는 화분배지의 양분들이 빠르게 소모된다. 이때 비료는 식물에 안정된 영양공급을 해준다. 비료에는 두 가지가 있다.

유기비료

동물이나 식물성 물질들로부터 얻어진다. 좋은 유기비료에는 피, 생선, 뼈 등이 있으며, 이들은 세 가지의 주요 무기물들을 포함한다.

- 잎 생육에 필요한 질소
- 뿌리 발달에 필요한 인
- 꽃과 과실의 발달에 필요한 칼륨

유기비료들이 매우 효과적이지만, 사람들은 동물 부산물을 손수 다루거나 취급하는 것을 꺼린다.

합성비료

합성비료는 질소, 인, 칼륨의 세 가지 주요 화합물들을 포함한다. 식물이 영양분을 빠르게 흡수할 수 있지만, 재배기간 동안에는 토양으로부터 녹아내려서 자연적인 방법에 비해 영양적으로 덜 비옥하고 빠르게 용탈된다.

고체 아니면 액체

식물에 비료를 주는 방법은 두 가지이다. 한 가지는 완효성이며 고체의 과립형태 제품이며, 다른 한 가지는 영양공급이 빠른 액비이다. 유기비료는 식물보다 토양에 양분을 주는 것이다. 안정적인 생장을 위해 양분이 충분하면서 구조가 좋은 토양이 선호되지만, 때로는 즉각적인 영양공급이 요구될 때가 있다.

◀ **토마토 추비**
토마토용 비료들은 고농도의 칼륨을 포함하므로, 토마토뿐만 아니라 과채류나 꽃에도 이용된다.

가용성 비료나 액체 비료를 주는 방법
1 물을 채우기 전에 물뿌리개에 넣는다.
2 깨끗한 막대기로 젓는다.
3 제조업자의 지시사항들을 항상
  따르도록 한다.
4 재배기간 동안 비료를 2주마다 준다.

엽면시비
엽면시비는 식물의 잎에 살포하는
형태이며 흐린 날에 처리하는 것이 좋다.
아잘레아의 철결핍 증상을 해결하는 데
도움이 된다. 그러나 일반적으로 효과가

▲ 플라워 파워
완효성 비료를 걸이 화분의 배지에 첨가한다.

오래 가지는 않는다.
- 위의 방법대로 혼합하고 잎에 균일하게
  살포한다.
- 햇빛이 강한 낮에는 잎이 탈 수가 있기
  때문에 살포하지 않는다.

유기액비
유기액비는 구매하거나 가정에서 만들
수가 있다. 대량생산 제품은 거름, 생선
유상액, 인 암석, 식물 추출물 등을

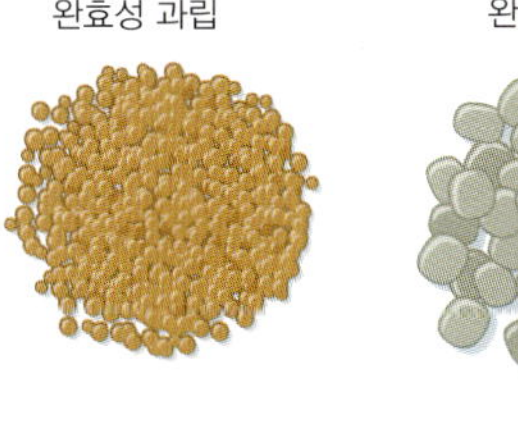

완효성 과립

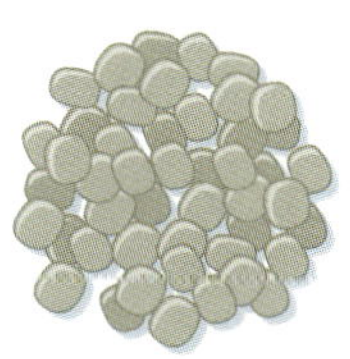

완효성 알약

유기비료

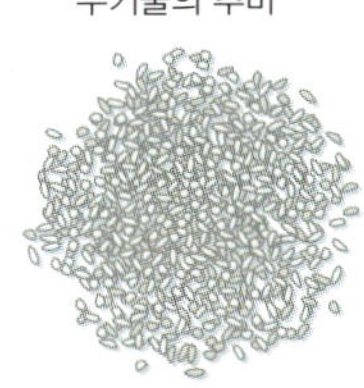

무기물의 추비

포함한다. 아래의 처방은 특히 개화하거나
열매맺는 식물들에게 유익하다. 그러나
과용하게 되면, 잎들이 과도하게
생장하여, 저온이나 해충에 약해질 우려가
있다.

고체비료
다양한 형태의 유기 및 무기 고체
비료들이 있다. 그들은 화분배지에 혼합될
수도 있고, 식물들에게 활력을 주기 위해
재배 동안 표면에 처리될 수도 있다.
1 완효성 과립으로 토양에 녹기까지 2-3
  주 걸리지만, 식물에게 안정적으로
  영양공급을 해준다.
2 완효성 알약의 형태로 식물을 심고 나서
  화분배지의 표면에 묻는다.
3 유기비료로 화분배지에 혼합하거나
  표면에 묻도록 한다.

한눈에 보는 시비 차트

식물의 종류	시비 요구도	시비 처리
다년생식물	빠르게 생장한다.	봄에 생장을 위해 고농도 질소 시비를 해준다. 개화기간 동안 고농도의 칼륨 시비를 해준다. 2-3주마다 해준다.
고산식물	느리게 생장하고 요구도가 낮다.	매년 가볍게 추비해준다.
일년생 식물과 화단용 식물	생장이 빠르고 요구도가 높다.	심을 때 충분히 시비해준다. 액비는 매주 준다.
채소와 과일	요구도가 매우 높다.	처음에 질소시비를 해준다. 착과 기간엔 칼륨비료를 준다.

친환경법

해초 추출물
해초는 유기 식물생장 자극제와 액비로
탁월하다. 수액을 빨아먹는 해충들을
억제하기 위해 초기 또는 후기에 잎에
살포한다. 잎을 더 푸르게 하고, 뿌리
생장을 증가시킨다. 액체의 갈조류 추출물,
고체의 갈조류 가루, 혼합물 등의 형태로
해초를 구입할 수가 있다. 티백 형태로도
판매되어 농축액으로 만들거나, 희석하여
엽면살포용으로 이용한다.

전정하기, 정지하기, 지지해주기

나무나 관목은 컨테이너 안에서 생장이 제약을 받기 때문에 전정이 필요하다.
이런 작업들은 식물을 깔끔하고 건강하게, 매혹적인 형태로 유지해준다.

기본적인 전정 원리

1 날카로운 전정가위를 사용하도록 한다.

2 줄기를 건강한 조직이나 목재 부분까지 베어주도록 한다.

3 바깥쪽을 향하는 눈 위를 대각선으로 자르고(기술적으로 0.3cm) 서로 마주보는 눈의 위를 일직선으로 자르도록 한다.

눈들이 서로 마주보면 일직선으로 자르도록 한다.

눈들이 호생으로 나있으면 대각선으로 자르도록 한다.

4 주된 눈을 잘라주면, 그보다 아래에 있는 두 번째 눈들의 발달이 촉진될 것이다. 줄기가 개화하면 하나의 큰 꽃 대신에 두 개의 작은 꽃들을 얻을 것이다.

5 고사하거나, 병에 걸린 것, 혼잡하거나 무질서한 어린 가지들은 잘라주도록 한다.

왜 전정하는가?

- 원하지 않는 생장 제거하기
- 크기 조절하기
- 식물의 생장을 유도하거나 억제하기
- 개화 및 착과를 증진시키기
- 매혹적인 형태를 만들기
- 통풍과 광조건을 개선하기
- 고사하거나 병든 부위를 제거하기

언제 전정하는가?

다음과 같은 지침들을 따르도록 한다.

- 낙엽수는 여름, 겨울에 전정한다(봄이나 가을에 절대로 하지 않는다).
- 침엽수들은 봄이나 여름에 전정한다.
- 봄에 개화하는 관목들은 개화 후에 빨리 전정해준다.
- 여름에 개화하거나 착과하는 관목들은 개화나 착과 후에, 또는 늦겨울이나 초봄에 전정해준다.

덩굴성 식물

컨테이너에서 자라는 덩굴성 식물들은 정원에서 자라는 것보다 전정이 필요하다. 뿌리 생장이 제한되기 때문에 지상부의 막대한 생장량에 영양을 공급하거나 이를 유지해줄 수 없기 때문이다.

몇몇 덩굴식물들은 스스로 지지하면서, 벽이나 건물에 기대어 잘 자란다. 다른 것들은 습성이나 상황에 따라 적합한 지지 구조물이 필요하다. 덩굴식물을 벽에 퍼지게 하고 싶다면, 식물이 뻗어 자랄 수 있는 격자울타리나 수평철사 등의 충분한 지지 구조물들이 있는지 확인하도록 한다. 적어도 5cm이상의 간격이 되게 해서 식물 주위가 통풍이 잘 되게 한다.

대나무로 이루어진 티피(인디언의 원뿔형 천막)와 같은 지지 구조물은 컨테이너 내에 고정할 수 있기 때문에 벽이 없어도 식물이 자랄 수가 있다. 이때 컨테이너가

식물 지지해주는 방법

덩굴성 일년초들은 컨테이너 배지에 막대를 단단하게 꽂고 윗부분을 끈이나 철사로 고정시켜 둥근 원두막 형태를 만든다.

미니 격자울타리는 감기는 덩굴성 식물에 적합하다.

델피니움 같이 크고 부드러운 줄기를 가진 식물들은 철사구조물의 지지가 필요하다. 잔 가지들은 고리로 연결된 철사막대보다 자연스러운 모양의 지지 구조물이 될 수가 있다.

◀ 형태 유인하기
두 개의 걸이용 바구니들을 구조물이
되게 철사로 고정하고 덩굴식물을 그 위로
유인하여 자라게 한다.

▶ 깎기용 가위
공 모양의 화양목을 장식적으로 전정해줄 때
깎기용 가위를 이용한다.

무겁고 깊어야 식물과 구조물이 안전하게
지탱될 수가 있다. 새로 자라는 것들은
부드럽게 묶어서 지지 구조물에 유인한다.
머지않아, 줄기들은 감기거나 덩굴에 의해
매달릴 것이다.

끈은 든든하되 너무 꽉 매지 않도록
한다. 식물이 자라는 동안에 계속
점검해준다.

덩굴식물들을 관목과 같은 방법으로
전정해주는데, 새로 자라나는 것들은
지지 구조물에 묶어주도록 한다. 낙엽성
덩굴식물들은 늦가을부터 초봄에 전정을
할 수가 있고, 상록성 식물들은 봄에
전정해주는 것이 가장 좋다.

전정할 때, 손상되었거나 병든 줄기들의
아래쪽을 잘라주도록 한다. 줄기의 1/3
과, 약한 잔가지들도 베어주도록 한다.
올해 생장하고 개화하는 덩굴식물들은
겨울이나 초봄에 전정해주도록 한다.
작년에 개화한 것들은 개화 후에
전정해주는 것이 가장 좋다.

지지대 세우기

큰 식물들은 좋은 모양을 유지하기
위해, 그리고 강풍 피해나 통행자로부터
보호받기 위해 자라는 동안에 도움이
필요하다. 식물의 중심부에 막대를
꽂아 식물의 수그러진 부위들을 묶어서
지지해주도록 한다. 그런 후 컨테이너의
가장자리에 세 개의 막대를 배치하고
사이에 끈을 묶어서 새로운 지지 구조물을
만들도록 한다.

- 대나무 막대가 가장 널리 쓰이며
  지지 구조물로 경제적이다. 낱개로
  사용하거나 티피 형태로 짤 수가 있다.
- 지지 구조물의 높이는 성숙한 식물
  크기의 2/3가 되게 한다.
- L자 형태의 금속 지지 구조물들은
  서로 연결해서 이용이 가능하고 매년
  재사용할 수 있다.
- 자연스러운 지지 구조물로 다분지의
  가지를 화분에 꽂을 수가 있다. 2-3개를
  사용하고 가지들을 서로 얽어맨다.
- 트렐리스는 감기면서 자라는 모든
  덩굴식물에게 완벽한 지지 구조물이다.

한눈에 보는 컨테이너 관목 전정

관목형태	전정 수단	무엇을 하는가	언제	왜
상록성의 광엽 (멕시칸 오렌지 블러섬, 동백나무)	전정 가위	오래된 목재를 제거하고, 형태를 만들어 다듬기.	늦겨울, 초봄	다음 해에 개화하기 위해 새로운 생장을 촉진하고 모양잡기.
상록성의 소엽 (회양목, 주목)	전정 가위/원예용 큰 가위	볼품없이 보이지 않도록 다듬기. 개화 후 잘라주기.	늦봄, 늦여름, 또는 개화 후	토피어리와 같이, 형태가 있고 깔끔하게 다듬기 위해 이상적.
봄에 일찍 개화하는 식물이나 관목(개나리, 라일락)	전정 가위	오래된 개화지나 개화하지 않는 어린가지들도 잘라주기. 병들거나 허약하게 자라는 것들 잘라주기.	개화가 종료되자마자	다음 해에 개화시키기 위해 새로운 생장을 촉진하고 모양 잡기.
여름에 개화하는 관목 (댕강나무 Ableia, 매화오리나무 Clethra, 장미)	전정 가위	주된 골격의 오래된 줄기들을 개화후에 전정해주기.	한봄에, 추위가 지나고, 해가 바뀌기 전	개화지를 생산하기 위해. 고사하거나 병든 생장부분들을 잘라내기.

장기간의 관리

컨테이너들은 정원의 중앙 무대를 차지하면서
주의를 끌게 되므로, 항상 최상의 상태를 유지하도록 한다.
규칙적인 관수와 시비도 이루어져야 되겠지만,
일반적인 관리 및 유지도 필요하다.

분갈이를 위한 정보

식물을 알리바바 형태의
항아리에서 꺼내는 것이
불가능하다면, 우선
충분히 적셔주도록 한다.
그 다음에, 고압력의
관수총으로 화분에 직접
물을 뿌려 뿌리로부터
흙을 씻어내도록 하면
식물이 쉽게 빠질 것이다.

아가판서스와 같은
식물들은 뿌리의 생장이
억제되었을 때 더 잘
개화한다. 그렇기 때문에
화분이 손상되었거나
정말로 필요한 경우
아니라면 분갈이가 해주지
않는다.

장미의 시든 꽃들을
모두 제거하지 말고
열매로 발달하게 해서
월동하는 야생생물들의
먹이가 되게 한다. 잔디나
다년생 식물의 종자들도
남겨둬서 겨울에 새들을
유인할 수 있도록 한다.

손질하기

일반적으로 월동한 식물들은 봄이 되면
볼품이 없다. 감염되기 쉬워 나중에
문제를 일으킬 수 있는, 손상되거나 병든
잎들은 제거한다.

우거진 가지나 무성한 잎들을 잘라내면
치밀한 생장을 다시 유도할 수가 있다.
건강하면서, 균형이 잡힌 매혹적인
전시물을 유지하기 위해, 일 년 내내
정성들여 손질해준다.

식물이 고사했다면, 다른 식물의
뿌리들이 손상되지 않게 조심하면서
제거해준다. 새로운 대체식물을 심는다면
기존의 화분 배양토는 새 것으로
바꿔준다.

시든 꽃을 제거하기

시든 꽃들을 제거하면 시각적으로
아름답게 보일 뿐만 아니라, 종자나
열매보다 꽃이 더 많이 피게 될 것이다.

시든 꽃을 잘라내는 작업은 꽃의
종류에 따라 손이나 가위로 해줄 수가
있다. 로벨리아나 목마가렛의 꽃송이는
시든 꽃들을 즉시 잘라주는 것이 이롭다.
이후에 2차 개화로 보답받을 것이다.

구근들을 다음 해까지 같은 자리에서
보고 싶다면, 시든 꽃머리와 꽃대를
제거해주도록 한다. 식물은 종자생산
대신에 에너지를 저장할 수가 있다.

월동 계획

내한성이 약한 다년생 식물을 월동시키기
위해서는 관심과 노력이 필요하며,

▲ 시든 꽃을 자르기
전정가위나 일반가위로 목마가렛Argyranthemum
frutescens의 시든 꽃들을 잘라내면 화분은 보기 좋게
유지될 것이며 새로운 생장이 촉진될 것이다.

난방비와 같은 부가 비용이 들 수도 있다.
후크시아나 제라늄과 같은 숙근초 또는
관목들은 봄이나 초여름의 생장 기간에
삽목을 할 수가 있다. 라벤더나 회양목과
같은 목본성 식물의 가지는 가을에
반숙지삽을 한다. 구즈베리나 말채나무와
같은 나무나 관목은 늦은 겨울 휴면할
때 숙지삽을 한다. 봄에 새로운 식물을
구입하는 것이 더 좋은 선택이 될 수도
있다.

대형화분 보존하기

교목이나 관목을 영구적으로 심은
대형화분들은 겨울 날씨에 약하지만,
보존할만한 가치가 충분히 있다. 낙엽성
교목이나 관목을 헛간, 정자, 온실 등과
같이 난방을 안해도 춥지 않은 장소로
옮긴다. 겨울 동안에 이러한 식물들을
건조하게 관리한다면 생존할 가능성이
높아진다.

컨테이너가 실내에 들여놓기에
너무 크다면, 삼베와 같은 단열 재료로
싸주도록 한다. 가지나 밀짚으로 채워진
자루도 단열 재료로 유용할 수가 있다.
이는 컨테이너와 뿌리를 추위로부터
보호해줄 것이다. 식물들은 추가 보호가
필요하므로 짚으로 덮어주거나 원예용
직물로 싸준다. 가지들이 꺾여 떨어질 수
있기 때문에 식물 잎에 눈이 쌓이지 않게
한다.

화분 모으기

발코니나 옥상정원 같이 장소가 협소하고
제약이 많다면 화분들을 실내에 들여놓는
것이 불가능할 수도 있다. 대신 가장
안전한 장소에 화분들을 모으고, 크고
강한 화분들은 외곽에 배치시켜 중앙에
있는 작은 화분들을 보호해주도록 한다.

또 가장 크고 튼튼한 식물을 중앙에
놓고 윗부분을 원예용 직물로 싸서 텐트
모양이 되게 한다. 바닥 부분을 바람과
눈으로부터 보호해준다.

봄 전략

봄에 날씨가 따뜻해지면, 식물들을 실외로
옮기고 보호막을 벗겨 강해지도록 한다.
그러나 경계를 늦추지 않도록 한다.
낮이 덥고 화창할지라도 밤은 춥고
쌀쌀함으로, 원예용 직물로 재빨리 약한
식물들을 덮어줄 수 있도록 대비한다.

날씨가 추워지지 않는지 일기예보에
귀를 기울여 식물뿐만 아니라 당신의
건강도 보호한다.

▲ **상자에 넣기**
나무 상자 안에 버블랩을 깔아 작은 컨테이너
그룹을 겨울 동안 보호해주는 것은 어떤가?
고사한 잎을 서둘러 제거할 필요가 없다. 곤충과
무척추동물들의 겨울 피난처가 될 것이다.

▶ **감싸기**
양털, 삼베, 밀짚을 채운 포대로 화분을 감싸서
추위로부터 보호한다.

분갈이

생장 속도에 따라 분갈이가 결정되고, 다 자란 나무와 관목을 컨테이너에 재배하면 3, 4년마다 분갈이를 해줘야 한다. 새로운 컨테이너는 기존보다 한 사이즈 크게 한다. 어느 정도 커지면 식물은 자신의 에너지를 개화에 쏟지 않고 뿌리와 잎의 발달에 소모한다.

분갈이는 봄에 하는 것이 가장 좋은데, 겨울철 휴면이 타파되어 다시 생장을 시작하기 때문이다.

▶ 추비하기
월계수처럼 영구적으로 심는 경우 추비하면서 새로운 화분배지를 제공한다.

분갈이하기

1 식물을 화분에서 꺼내기 전에 충분히 적셔주고 배수시킨다.

2 식물을 조심스럽게 컨테이너로부터 꺼내고 뿌리를 다듬는다.

3 분갈이해주기 전에, 실뿌리들을 반정도 잘라준다. 원한다면 식물을 같은 컨테이너에 심어도 되는데, 뿌리생장 제한적인 식물들에게 적용된다.

4 새로운 컨테이너에 새 혼합배지를 1/3 정도 채우고 식물을 심는다.

5 식물이 기존의 깊이 정도로 되어 있는지 확인하고, 컨테이너를 새 혼합배지로 채워준다.

6 눌러주고 구멍이 조밀한 물뿌리개로 물을 주도록 한다.

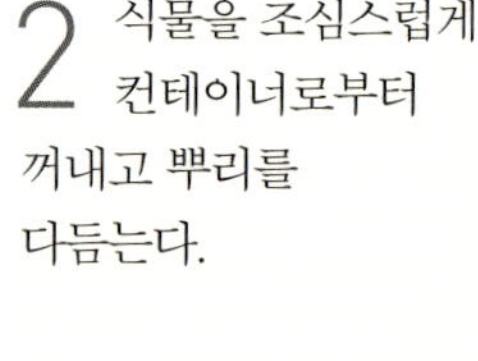

추비하기

식물들을 원래의 컨테이너에 남긴다면,
혼합배지의 위층을 가능한 많이 제거하고
완효성 유기 비료 과립이 첨가된 새로운
양토 혼합배지를 추비한다(가능하다면
산성토양으로). 충분히 관수해주고, 추비는
매년 봄에 하도록 한다.

휴가갈 때

날마다 들러서 사랑하는 식물들에게
물을 줄 이웃이 없다면, 여름휴가와
식물 사이에서 고민될 것이다. 주위에서
해결책을 찾아보도록 한다.

- 자동 점적 관수시스템이 좋은 방법이다.
  또 여름 동안 일거리가 없는 정원사를
  고용하여 식물을 돌보게 한다.
- 방법이 여의치 않다면, 식물들을 정원의
  그늘진 장소에 서로 가까이 배치하고
  관수를 충분히 해준다. 그런 다음에
  차광막으로 덮어 증발에 의한 수분
  손실 속도를 늦춘다.
- 다른 방법으로는 화분들을 땅에 묻어서
  표면이 흙과 같은 높이가 되게 한다.
  화분 배양토가 마른다면 흙으로부터
  수분을 흡수할 것이다.

▲ **그늘에서의 휴식**
휴가를 대비하기 위해
컨테이너들을 그늘에 모은다.

▶ **컨테이너를 보호하기**
컨테이너를 땅에 묻으면 물이
증발되지 않고 유지된다. 이
체리토마토는 테라코타 화분을
파묻어 보호받고 있다.

계절별 관리 연간 계획표

한겨울

점검하기
- 겨울 보호직물이 정상적으로 단열해주고 있는지를 점검한다.
- 다른 장소에 옮겨진 겨울 컨테이너들이 물이 필요 없는지 점검한다.
- 컨테이너들이 추위로부터 잘 차단되고 있는지를 계속 점검한다.

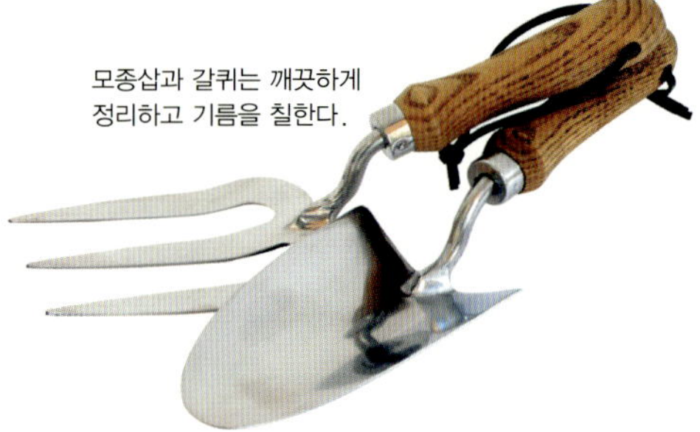

모종삽과 갈퀴는 깨끗하게 정리하고 기름을 칠한다.

기억하기
- 혼합배지를 건조하게 유지하면, 식물의 수액이 농축되어 얼지 않고 보호된다.
- 팬지와 같이 겨울에 개화하는 식물들은 시든 꽃들을 계속 잘라준다.
- 컨테이너에서 자라는 나무들의 모양을 잡아주고 정지한다.

하지않기
- 추위가 예보되면 관수하지 않는다.

늦겨울

점검하기
- 관수가 필요한지 계속해서 컨테이너를 점검한다.

준비하기
- 스노우드롭은 개화 후 분주하여 정원에 다시 심는다.
- 양파와 파슬리는 실내에서 파종하고 늦게 심어주면 된다.

전정
- 상록수와 겨울 동안 개화한 관목의 손상된 부위를 전정한다.
- 여름에 개화하는 덩굴 식물이나 관목들도 전정이 필요하다.
- 과일나무를 포함해서 낙엽수들을 전정한다.

기억하기
- 영구적으로 심은 관목이나 교목에 추비를 준다.
- 온실이 있다면, 어린 식물들을 구입하여 보호막 아래에서 키운다.

온실이 있다면 식물들을 늦겨울에 구입하여 여름에 종자를 얻는다.

초봄

점검하기
- 병충해를 점검한다.

준비하기
- 여름용 컨테이너를 준비하고 닦아준다.
- 영구심기 식물들을 추비해준다.

전정하기
- 새로운 생장을 위해 종자들을 잘라준다.
- 일찍 개화한 구근의 시든 꽃들을 잘라준다.
- 장미는 봄전정을 하되 추위는 피하도록 한다.

장미를 전정할 시기다.

심기
- 여름에 개화하는 구근들을 심도록 한다.
- 장미를 컨테이너에 심는다.
- 나무, 덩굴식물, 관목, 다년생 식물 등을 선택하여 컨테이너에 심는다.
- 조생감자를 심는다.
- 시금치나 완두콩 같은 샐러드 종류나 다른 조생 채소들의 종자를 뿌린다.

관수하기
- 컨테이너에 관수해주고 고농도의 칼륨 비료로 규칙적으로 시비해준다.

한봄

점검하기

- 원예용품점에서 여름 화단 식물들을 구입한다.
- 공급되는 시기를 알면 많은 식물들을 고를 기회를 얻을 수 있다.
- 식물이 자라면, 화분에 심어 실외에서 점차 순화시킨다.
- 내한성이 약한 다년생 식물로부터 삽수를 채취한다.

심기

- 고산식물들을 심을 때는 배수가 잘 되게 하고 토양의 비옥도를 낮추도록 한다.
- 허브는 화분에 뿌리거나 심는나.
- 샐러드와 채소종자를 계속 뿌린다.
- 잎이 고사하기 전의 구근들은 일시적으로 얕은 도랑에 심도록 한다. 잎들이 황화하고 고사하면, 구근들을 서늘하고 건조한 장소에 옮겨 말리고 저장한다.
- 구근에 라벨을 붙이지 않으면, 가을에 어떤 종류인지를 알 수가 없다.

전정하기

- 봄에 개화해서 시든 구근들을 잘라내고 추위에 손상된 잎이나 꽃대를 제거한다.
- 라벤더 전정하기

기억하기

- 어린 가지들을 덩굴성 식물에 묶는다.
- 봄에 심은 것들을 옮겨서 정원에 다시 심는다.

민달팽이와 달팽이를 조심하도록 한다.

늦봄

시비하기

- 컨테이너에 규칙적으로 시비하고 관수해준다.

깨끗하게 치우기

- 봄화단용 식물들을 모든 컨테이너로부터 깨끗하게 치운다.

전정하기

- 상록수들을 전정하고 정돈한다.
- 개화 후 관목의 시든 꽃망울을 전정한다.
- 라벤더나 후크시아와 같은 관목과 제라늄이나 마거리트Argyranthemum 같은 내한성 약한 다년생 시물이 새로 생장한 부위로부터 녹지삽을 채취한다.
- 봄에 개화한 구근들을 포함해서 시든 꽃들을 잘라낸다.

지지해주기

- 리갈백합Lilium regale과 같이 큰 줄기를 가진 식물을 지지해준다.
- 강풍을 피하고 지지해주기 위해 새로 자란 가지들을 덩굴식물에 잡아맨다.

심기

- 5월말에 여름에 진열할 식물들을 심되, 늦추위가 없는지 일기예보를 통해 점검한다.
- 온실이나 정자 같이 안전한 환경에 둘 수 있다면 컨테이너와 걸이 화분에 심도록 한다.
- 실외 컨테이너에 채소종자를 뿌린다.
- 샐러드 잎과 같은 조생 농작물들을 수확한다.

기억하기

- 추위가 지나가면, 내한성 약한 숙근초들이나 관목들을 실외로 옮긴다.
- 밤에 추위가 예고되지 않으면, 식물들을 낮 동안 실외로 옮겨 순화시킨다.
- 새 식물과 기존의 식물들을 주의깊게 살피고 혼합배지에 병충해가 없는지 점검한다.
- 가을을 대비하기 위해, 아가판서스나 달리아 같이 늦게 개화하는 식물들을 심는다.

초여름

점검하기

- 컨테이너와 걸이 화분들을 실외로 옮길 수가 있다.
- 공식적으로 여름일지라도, 뜻밖의 추위가 올 수도 있다. 일기예보에 항상 귀를 기울이고 필요하다면 삼베를 준비하도록 한다.
- 병충해를 계속 점검하도록 하고, 필요에 따라 처리해주도록 한다.
- 덩굴성 식물들을 계속해서 정지하고 묶어주도록 한다.
- 큰 숙근초들은 지지대를 세워준다.

관수하기

- 휴가를 계획한다면, 이웃이 화분들을 관수해줄 수 있는지 물어보거나 점적 관수시스템을 설치한다.
- 하루에 2번 규칙적으로 관수될 수 있도록 한다.

수확하기

- 컨테이너의 농작물들을 계속해서 수확한다.

심기

- 컨테이너, 통, 걸이 화분 등에 내한성 약한 숙근초나 일년초들을 심도록 한다.
- 후추, 브라시카속 식물Brassica, 오이와 같은 어린 채소들을 땅에 옮겨 심는다.
- 단옥수수, 호박, 서양호박, 오이 등을 뿌리거나 심는다.
- 토마토는 가장 양지 바른 곳에 심는다.
- 여름 동안 신선한 잎들을 계속적으로 제공받기 위해 2-3주 간격으로 샐러드종자를 계속 뿌린다.

걸이 화분을 심을 마지막 기회다.

전정하기

- 개화기간을 연장하기 위해 정기적으로 시든 꽃들을 잘라준다.

계절별 관리 연간 계획표

한여름

계속해서
관수해준다.

전정하기
- 시든 꽃들을 계속해서 잘라준다.
- 식물들을 정기적으로 다듬고, 볼품없이 생장한 부위들은 잘라낸다.

기억하기
- 7월은 병충해에 걸리기 쉬운 달이므로 주의하도록 한다.

공부하기
- 식물들이 만개했을 시기이다. 성공한 것은 즐기고, 실패로부터 공부하도록 한다. 올해에 특정한 꽃이나 꽃 조합이 싫었다면 다음 해에는 바꿔보도록 하자.

관수하기
- 하루에 최소 한번은 관수한다.
- 고농도의 칼륨 비료염을 시비해서 개화를 촉진한다.

삽목하기
- 수국과 같은 관목으로부터 삽수를 채취한다.

수확하기
- 채소를 수확한다. 어릴 때 맛이 더 좋기 때문에 너무 성숙된 다음에 수확하지 않도록 한다.
- 허브를 따서 건조할 수가 있다.
- 봄에 개화하는 구근들은 말려서 라벨을 붙이고 가을까지 저장한다.

심기
- 네리네나 가을 개화 크로커스 같이 가을에 개화하는 식물들이 다채로운 색상의 가을 컨테이너를 만들어준다.

늦여름

관수하기
- 계속해서 관수해준다. 방치된 식물들은 병충해나 곰팡이병에 걸리기 더 쉽다.

삽목하기
- 관목과 내한성 약한 숙근초로부터 삽수를 계속 채취한다.

전정하기
- 식물을 다듬고 시든 꽃들을 잘라준다.

기억하기
- 야생생물의 먹이가 되도록 몇몇 꽃들은 제거하지 않고 종자로 발달될 수 있도록 남겨둔다.

시비하기
- 고농도의 칼륨 비료염을 적어도 일주일에 한번 시비해준다.

수확하기
- 농작물을 계속해서 수확한다.

힘들게 일해서 얻은 수확물들을 즐겨라.

초가을

전정하기
- 시든 꽃들은 잘라내고 볼품없이 자란 부위들을 잘라내서 식물을 다듬도록 한다.

관수하기
- 여름 일년초들을 필요한 만큼 계속해서 관수해주고 시비한다.

기억하기
- 영구적으로 심은 나무나 관목들은 더 이상 시비하지 않는다.

깨끗하게 치우기
- 여름 일년초들을 깨끗하게 치우고 컨테이너들을 닦아준다. 세듐 같이 종자가 있는 식물은 남겨서 새들의 먹이가 되게 한다.

심기
- 봄 컨테이너들은 봄꽃과 구근을 심는다. 추위는 없지만 서늘한 환경에서 월동시킨다.
- 가을 컨테이너에 잔디, 브루네라Brunnera, 붉은가지 말채나무 등을 심는다.
- 내한성이 약한 숙근초들은 온실이나 정자로 옮긴다.
- 과실과 채소들은 계속해서 수확한다.

블랙베리는
대형 컨테이너에 키운다.

한가을

삽목하기
• 낙엽성 관목으로부터 숙지삽을 얻는다.

심기
• 튤립 구근을 늦게 심는다.
• 계속해서 봄에 개화하는 구근들을 심는다.
• 나리 구근을 심는다.
• 봄에 감상할 식물들을 컨테이너에 심는다.

봄 구근들을 심는다.

늦가을

점검하기
• 컨테이너의 관수 상태를 점검한다. 건조하게 유지한다.

심기
• 나근 상태의 관목과 나무를 심는다.
• 튤립구근과 알리움들을 계속해서 심는다.

보호하기
• 실외에 둘 컨테이너들은 삼베나 기타 다른 단열 재료로 감싸서 보호한다.

청소하기
• 빈 화분과 사용합 막대들을 청소하고 소독한다.

초겨울

관수하기
• 물을 조금씩 주도록 한다.

치우기
• 나무와 관목으로부터 눈을 치우도록 한다.

심기
• 나리 구근을 계속해서 심는다.
• 카탈로그나 책을 참고하여 다음 해 심을 식물들을 계획한다.
• 겨울 컨테이너와 걸이 화분들은 원하는 색상과 흥미 위주로 심는다.

전정하기
• 영구적으로 심은 컨테이너들을 계속해서 손질한다.

병충해

컨테이너에 심은 식물들은 다른 식물들에 비해 병충해로부터 피해받기 쉽다. 예방과 방제 전략을 이용하여 병충해 피해를 막을 수 있다. 다음의 내용을 컨테이너 정원에 적용하여 식물들을 일 년 내내 지켜줄 수 있다.

봄: 초기의 해충으로는 진딧물 같은 곤충들이 있다. 스윗알리섬과 같이 꽃이 작은 식물들을 진딧물 기생체나 포식동물의 먹이로 주기 위해 가까운 화분에 옮겨놓는다. 또한 해충들이 많이 붙은 식물들을 다른 곳으로 옮기고 필요하다면 살충제 비누를 살포해준다. 연초에, 멸구나 날개 달린 진딧물은 여름 터전을 찾기 위해 다른 지역으로 날아가곤 한다. 먹이를 찾으면 바이러스성 병해들을 옮긴다. 한여름까지 보이지는 않지만, 그들은 봄부터 존재한다. 몇 주 동안 곤충 보호막을

덮어주면 이러한 문제들을 억제할 수가 있다.

한여름: 알풍뎅이나 줄무늬 오이딱정벌레와 같이 날아다니는 해충들이 몇 주 동안 극심한 피해를 줄 수가 있다. 정원을 보호하기 위해 곤충 보호막을 덮어주는 것은 큰 작업이 될 수가 있고, 돈이 많이 들 수도 있다. 그러나, 컨테이너 정원은 민감한 식물들만 보호하면 되기 때문에 작업이 단순하고 저렴하다.

한여름에서 늦여름: 정원의 습도가 높아지면 한여름 또는 늦여름에 곰팡이병들이 쉽게 침입한다. 식물 주위의 공기를 순환시켜서 억제하도록 하고, 화분들 사이 간격을 넓혀준다.

대부분의 식물들은 컨테이너에서 잘 자란다. 정원식물들의 목록을 보면
참으로 놀랍다. 컨테이너의 크기에 맞는 품종 또는 뿌리 생장이 억제되어도
잘 자라는 식물들이 애용된다. 배지의 수분함량 및 시비수준만 적절하게
맞춰주면, 풍부한 볼거리로 보답받을 것이다.

기호 이해하기

각 식물 사전의 시작 부분에는 식물에 대한 필수적인 정보들을 제공해주는
기호들이 있다. 기호들은 식물의 적합한 위치를 결정하고 특정 조건들을
준비할 수 있게 도와준다.

내한성 구역

내한성 구역은 식물들이 월동이 가능한지 알려주는데, 이때 뿌리들이 얼지
않도록 화분을 포장해주도록 한다. 186페이지의 지도를 참고하면, 각
내한성 구역을 일 수가 있다.

ZONE
8–10

분갈이

대략적으로 연단위로 표시되었다. 화분에 비해 식물이 너무
커보인다면, 즉시 분갈이를 해주도록 한다.

1–2

관수하기

관수하는 정도는 온도에 의해 좌우된다. 여름에는 토양이
건조하지 않은지 항상 점검하도록 한다.

낮은 수분요구도

화분의 크기가
적당하다면 2–3일에
한번 관수해준다.

중간의 수분요구도

화분의 크기가
적당하다면 1–2일에
한번 관수해준다.

높은 수분요구도

화분의 크기가
적당할지라도 하루에
1–2번 정도 관수해준다.

식물 유형

식물이 월동이 가능한지 보여준다.

일년초들은 1년 동안만 자란다. 대부분의
일년초들은 서리 피해가 없는 지역에서
숙근성으로 자라며 내한성 구역 범위가
있다. 진정한 일년초들은 내한성 구역
범위가 없다.

이년초들은 2년 동안만 자란다. 대부분의
경우 첫해에 로제트를 형성하고,
이듬해에 꽃대가 올라오면서 고사한다.
이들도 내한성 구역 범위가 있다.

숙근초들은 3년 또는 그 이상 자란다.
모든 숙근초들은 내한성 구역 범위가
있다.

상록성 식물들은 잎들이 일 년 내내 달려
있다. 어떤 종류들은 서리 피해가 없는
지역에서만 상록성이다.

숙근초 Perennials

숙근초는 3년 또는 그 이상 사는 식물이다. 다른 컨테이너들은 매년 다시 심어야
하지만, 숙근초들은 그럴 필요가 없다. 숙근초들이 정원의 기본적인 틀을 형성할
것이고, 이들을 감안하여 디자인을 계획하는 자신을 발견할 것이다.

숙근초들은 봄에 휴면을 타파하고 생장을 개시하기 위해 저온기간을 필요로 한다.
이러한 조건을 맞추기 위해, 식물들을 평균온도가 4.5℃ 되는 환경에서 몇 주 동안
유지해야 한다. 이러한 저온 환경을 갖춘 집들은 드물며, 만약 추운 지역에 산다면,
식물들을 추위로부터 보호하기 위해 실내로 옮겨야 할 것이다. 온도가 4.5℃
이하로 내려갈 수도 있는데, 식물들은 뿌리가 얼면 고사하므로, 손상을 막기 위해
컨테이너들을 겨울 동안 포장해주도록 한다(p129페이지 참고).

아네모네 블란다 Anemone blanda

아네모네 블란다 Grecian windflower

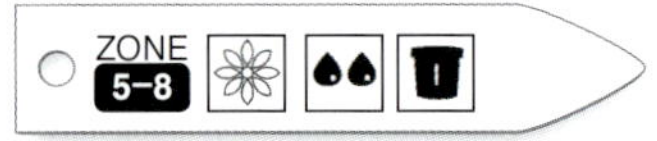

아네모네는 봄에 일찍 개화한다. 열편이 깊게
형성된 진녹색의 양치류 같은 잎 위에 데이지
모양의 꽃들이 바람에 흔들리듯 개화한다.

크기: 키가 10-23cm이며, 폭은 10-15cm이다.

개화: 음지 조건의 아네모네는 흰색, 분홍색,
보라색, 파란색, 자주색으로 한봄에
핀다. 대부분의 품종들은 꽃의 중심부가
노란색이고, 꽃잎들은 중심부쪽이 흰색
그리고 바깥쪽으로 생생한 담홍색, 파란색,
자주색이다.

광량: 충분한 광조건이나 반음지 조건에
적합하다.

혼합배지: 배수 잘 되며, 적당히 비옥하고, pH
는 6-7 조건에 적합하다.

동반 식물: 단독 화분의 아네모네는 튤립이나
나팔수선화처럼 늦은 봄구근과 배치할
수가 있다. 컨테이너가 크다면 튤립으로
채워주도록 한다. 그들은 좋은 하부식물이다.

추가사항: 한가을에 구경을 심기 전에 12
시간 물에 적신다. 겨울 전에 싹이 나온다면,
철저하게 멀칭(짚 등으로 깔아주기)한다. 5
구역의 북쪽지역에서는 여름에 개화하도록
초봄에 심고, 늦가을에 얼지않게 구경들을
옮겨주도록 한다. 구경들을 어둡고 서늘하게
건조상태로 저장하고 다음해 봄에 다시
심도록 한다. 식물의 모든 부위에 독이
있으므로 주의한다. 어린 아이들이 있다면
키우지 않도록 한다.

베고니아 속 Begonia spp.

베고니아 Begonias

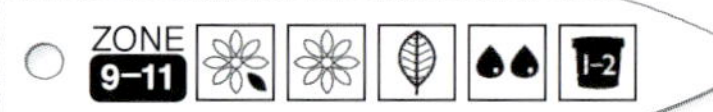

1,300개 이상의 베고니아 종들은 거의 모든
조건의 식물들을 포함한다. 왁스 베고니아는
청동색 및 적녹색의 잎과 여름 내내
개화하는 꽃, 구근 베고니아는 고급스러운
잎과 깜짝 놀랄만큼 아름다운 꽃, 그리고
렉스 베고니아는 눈에 띄는 다색의 잎을
갖는다.

크기: 20cm에서 90cm까지 크기가 다양하며,
폭은 22.5-46cm이다.

개화: 다양하다. 종류에 따라 겨울, 봄, 여름에
개화한다. 파란색과 자주색을 제외하고 모든
색을 갖는다.

광량: 충분한 광, 반음지 조건에 적합하다.

혼합배지: 배수 잘 되며, 적당히 비옥하고, pH
는 6-7조건에 적합하다.

동반 식물: 왁스 베고니아는 진한 색으로
개화하는 큰 식물의 하부식물로 좋다. 단독
화분에 심은 렉스 베고니아 그룹은 일 년
내내 멋진 전시물이 되며, 구근 베고니아는
화려해서 단독으로 보기가 좋다.

추가사항: 많은 종류의 베고니아 중에 당신의
환경에 가장 적합한 것을 선택한다. 등류
줄기의 베고니아 B. aconitifolia, B.albo-picta는
개화에 관계없이 일 년 내내 실내식물로서
훌륭하고, 렉스 베고니아 B. rex도 광조건이
적당하면 일 년 내내 지속되고 모든 장소에서
고급스럽게 보인다. 왁스 베고니아로도
알려진 꽃베고니아 B. schmidtiana, B. cucullata
var. hookeri는 개화기간이 길어서 여름에
주역할을 한다. 그들의 잎도 장식적인 효과가
있다. 구근 베고니아 B. × tuberhybrida는 겨울

동안 휴면하므로, 7-10℃의 어둡고 건조한 장소로 옮겨 저장한다. 이른 봄에 다시 심고, 날씨가 따뜻해지면 풍부한 전시물이 되도록 실외로 옮긴다. 겨울에 개화하는 종류들은 21℃ 이하의 가온된 실내에서 잘 자라는데, 습도가 낮은 환경에서 잘 자라기 때문이다. 꽃이 없어도 잎만으로 사랑스러운 전시물이며, 당신의 정원에 크게 기여할 것이다.

칸나Canna

칸나Canna lily

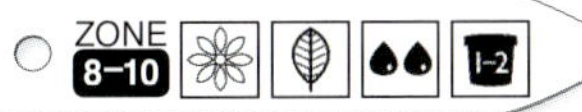

이 부드러운 숙근초는 컨테이너 정원에서 열대식물 같은 느낌을 준다. 잎이 바나나 같은데, 색이 더 다채롭다. 얼룩덜룩하거나 줄무늬가 있는 경우도 있지만, 많은 경우 온전히 녹색이다. 이들 식물은 곧게 서 있고, 개화하지 않더라도 시선을 끌기에 충분하다.

크기: 크기가 61-183cm이며, 폭은 46-61cm 이다.

개화: 따뜻한 색의 적색, 주황색, 노란색, 분홍색 꽃들은 잎들 사이에서 화려하게 빛난다.

광량: 충분한 광 조건에 적합하다.

혼합배지: 비옥하고, pH는 5.5-6.8, 여름에 2주에 한 번 시비하고, 한가을에

가지치기를 한다.

동반 식물: 이들 식물은 화분들의 중심이 될만큼 충분히 화려하다. 숙근초인 스타티스 Limonium spp.의 섬세한 형태는 칸나의 대담함과 대비를 이룬다.

추가사항: 인기있는 품종들은 다음과 같다. 루시퍼Lucifer는 60cm의 큰 식물로 노란색 테두리의 밝은 적색 꽃을 갖는다. 더 프레지던트The President는 적색 품종으로 키가 더 크다. 벵갈 타이거Bengal Tiger는 녹색과 노란색 무늬의 잎에 주황색의 꽃들을 갖지만, 슈투트가르트Stuttgart는 녹색이나 흰색 무늬의 잎에 주황색 꽃을 갖는다. 봄추위로부터 보호하거나 실내에서 새로 키우려고 할때, 식물의 근경은 10-13cm의 깊이로 심는다. 관수를 일정하게 해주고, 어린 식물들은 축축한 상태로 두지 않는다. 성숙한 식물들은 토양이 건조해지지 않도록 한다. 시든 꽃들은 즉시 잘라버리면, 꽃대들이 추가적으로 올라올 것이다. 꽃들이 일주일까지 유지되기 때문에 부케에도 이용한다. 잎을 활용하기 위해 식물을 키우기도 한다. 식물을 다음 해까지 관상하기 위해 최소 5개의 잎을 남겨야 한다.

시클라멘 속Cyclamen spp.

시클라멘Cyclamens

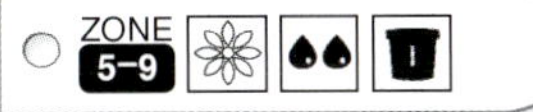

시클라멘 19종 중에 보통 두 가지가 컨테이너 정원에 적합하다. 플로리스트의 시클라멘인 시클라멘 페르지쿰C. persicum 강건한 시클라멘 코움C. coum 등이다. 두 종류 모두 굉장히 화려하고, 장식적인 잎과 차분한 색의 꽃들을 갖는다. 멀리서 보면 하늘을 떠다니는 나비를 연상하게 한다.

크기: 시클라멘 페르지쿰C. persicum은 크기가 20-25cm이며, 폭은 15-20cm이다. 시클라멘 코움C. coum은 크기가 7.5-15cm이며, 폭은 10-15cm이다.

개화: 종류와 장소에 따라 틀리지만, 겨울과

초봄에는 흰색, 분홍색, 자주색 꽃들이 형성된다. 시클라멘 페르지쿰C. persicum 은 일반적으로 실내식물로 이용되고, 12 월말에서 2월초까지 개화한다. 시클라멘 코움C. coum은 겨울을 실외에서 보낸 경우 초봄에 개화한다.

광량: 반음지 또는 차광 조건에 적합하다.

혼합배지: 배수 잘 되며, 적당히 비옥하고, pH 는 6-7이 적합하다.

동반 식물: 단독으로 심거나 열대 덩굴성 식물을 화분의 하부에 이용한다.

추가사항: 시클라멘 코움C. coum은 종자번식한다. 종자를 버미큘라이트에 파종하고 미스트해 준다. 빛을 차단할 수 있는 재료로 덮는다. 종자들은 1, 2달 후에 발아한다. 시클라멘 코움C. coum의 좋은 품종으로는 셸 핑크Shell Pink와 로즈 핑크Rose Pink 등이 있다. 로즈 핑크의 꽃은 셸 핑크에 비해 진하지만 서로 비슷해 보인다. 환경이 너무 더우면 잎이 떨어질 수가 있다. 낮 온도는 18-20℃, 그리고 야간 온도는 7-14℃ 정도로 유지한다. 장기간 20℃를 넘으면 식물이 휴면하게 된다. 식물의 모든 부위가 약간 독성이 있기 때문에, 먹지 않도록 한다. 피부가 민감하다면 괴경과 접촉한 후에 부작용이 나타날 수가 있다.

에리게론 카르빈스키아누스
Erigeron karvinskianus

멕시칸 데이지

Fleabane, Mexican daisy

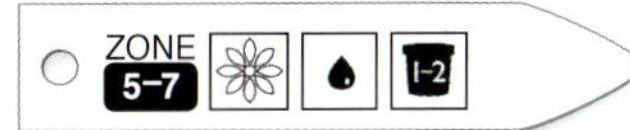

봄망초 데이지는 컨테이너 정원에서 두 가지 역할을 한다. 첫째, 다수의 작은 흰색 꽃들이 장식적이다. 둘째, 진딧물이나 다른 해충들을 먹이로 하는 유익한 벌 종류와 나비들을 유인한다.

크기: 크기가 20-30cm이며, 폭은 46-61cm이다.

개화: 숙근초 중에서도 개화기간이 긴 식물이다. 환경조건만 맞으면 일년까지 개화가 지속된다.

칸나는 크기 때문에 큰 화분에서 잘 자라고(큰 화분), 부겐빌리아도 유사한 색깔을 선보인다(작은 화분).

광량: 충분한 광 조건에 적합하다.

혼합배지: 배수 잘 되며, 적당히 비옥하고, 적응 pH 범위가 넓은 편이다.

동반 식물: 진딧물로부터 피해받고 있는 식물들 가까이에 옮겨서 유익한 장수말벌들의 먹이가 되게 한다.

추가사항: 이 식물은 지피식물로 이용된다. 컨테이너 정원의 앞쪽에 이용할 수가 있다. 빛나는 일년초로 컬렉션의 상쾌한 분위기를 연출하기 위해서도 이용이 가능하다. 멕시칸 데이지Erigeron karvinskianus 프로퓨젼 Profusion은 가장 대중적이며 우수한 품종이다. 이름에서도 알 수 있듯이, 풍부한 꽃을 생산한다.

다른 에리게론 종들도 컨테이너 정원에 추가하기에 적합하다. 에리게론 아우레우스 E. aureus 채러티Charity는 분홍색, 애저피 Azurfee는 라벤더블루, 커네리Canary는 노란색 꽃을 갖는다. 퀘이커레스Quakeress를 포함한 에리게론 풀첼루스E. pulchellus 품종들은 연한 붉은 분홍색 꽃들을 피우고, 세레니티Serenity 는 반겹의 자주색 꽃을, 로테스 메어Rotes Meer 는 반겹의 짙은 적색의 꽃들을 피운다. 시든 꽃들을 제거하면 개화기간을 연장할 수가 있지만, 식물 전체를 잘라내어도 식물은 빠르게 다시 자라나서 꽃을 피울 것이다.

헬레보루스Helleborus × hybridus
크리스마스 로즈Lenten rose

많은 사람들은 가장 아름다운 꽃으로 생각하며, 일찍 개화하는 것도 진정한 축복이라 여긴다. 그러나, 잎, 줄기, 뿌리 부위는 독성이 있으며, 민감한 피부를 가진 이들은 분주하거나 나근의 뿌리를 심을때 알러지 반응이 나타날 수가 있으므로 주의하도록 한다.

크기: 크기가 30-46cm이며, 폭은 30-46cm이다.

개화: 초봄에 사랑스러운 분홍색, 흰색, 녹색, 산호색, 자홍색의 반점 또는 줄무늬의 꽃이 핀다.

광량: 차광 조건이나 조절된 음지조건에 적합하다.

혼합배지: 배수 잘 되며, 적당히 비옥하고, 부식함량이 높고, pH는 6.8-7.5가 적합하다.

동반 식물: 화분들을 봄구근 화분 사이에 흩어지게 한다.

추가사항: 크리스마스 로즈는 백개 이상의 훌륭한 품종들이 있으며, 당신이 좋아하는 것을 반드시 발견할 수가 있을 것이다. 크리스마스 로즈의 아름다운 세계를 느끼고 싶다면, 헬레보루스 발라르디에H. × ballardiae 그리고 볼그스레한 자주빛 분홍색인 페기 발라드Peggy Ballard와 짙은 파란빛의 검정색인 필립 발라드Phillip Ballard 등이 속한 다른 발라드 품종들을 보도록 한다.

아이리스 속Iris spp.
아이리스Irises

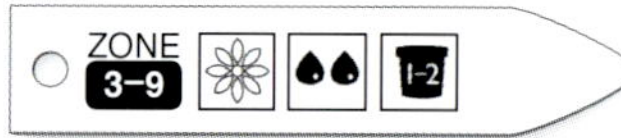

아이리스는 300개 이상의 종들이 확인되었다. 간단하게 몇 종류로 나눌 수가 있다. 근경으로 번식하는 종류에는 정원에서 가장 흔하게 볼 수 있는 까락이 있는 종류, 그리고 시베리아, 일본, 루이지애나 그룹을 포함하고 있는 까락이 없는 종류 등이 있다. 구근으로 번식하는 종류에는 레티큘라타 reticulata, 주노juno, 사이피움xiphium 아이리스가 있다. 까락이 있는 종류들은 깊은 용기에서 잘 자란다. 한여름에서 초가을에 심으면 번성한다. 토양의 배수가 잘 되게 하고, 근경의 1/3은 지상에 남기도록 한다.

크기: 크기가 15-91cm이며, 폭은 30-61cm이다

개화: 초봄에 레티큘라타reticulata가 꽃이 피고, 한여름에 일본 그룹과 까락이 있는 종류들이 꽃이 핀다.

광량: 충분한 광에서 반음지 조건에 적합하다.

혼합배지: 배수 잘 되며, 적당히 비옥하고, pH 는 6-6.8 조건에 적합하다.

동반 식물: 레티큘라타reticulata 아이리스는 아네모네와 크로커스하고 거의 같은 시기에 개화하고 크기도 비슷해서 서로 상보적인 관계를 이룬다. 키가 큰 아이리스들은 단독 화분에 심어줘야 한다.

추가사항: 상상할 수 있는 거의 모든 색깔 조합들이 가능하기 때문에, 집과 정원에 가장 적합한 식물을 찾을 수 있도록 충분히 연구한다. 시베리안 아이리스I. sibirica는 가장 쉽게 키울 수 있는 종류이다. 근경을 2.5-7.5cm 깊이로 심고, 컨테이너가 꽉 차기 전까지는 분주하지 않도록 한다. 관수만 잘 해주면 된다. 부식이 들어간 혼합배지에 심고 매일 오전에 관수해주면 아름답게 형성될 것이다. 길이가 7.5-10cm인 꽃은 초봄에 피고, 직립 형태의 잎은 가늘면서 우아하고 일 년 내내 유지된다. 시저스 브라더Caesar's Brother는 짙은 자주색 꽃을 갖는데, 아래를 향한 꽃잎들은 노란색과 흰색에 검정색의 줄무늬가 있다. 라벤더 바운티Lavender Bounty의 선 꽃잎들은 연한 분홍색이며, 아래로 향한 꽃잎들은 연한 자주빛의 분홍색이다. 버터 앤 슈거Butter and Sugar는 선 꽃잎들이 흰색이고 아래로 향한 꽃잎들은 차분한 노란색이다. 아이리스 레티큘라타Iris reticulata는 15-20cm 크기로 왜성 아이리스로 알려져 있다. 개화하면서 당을 생산하고 저장하는 동안에는 충분한 수분공급이 필요하지만, 한여름부터 겨울까지는 토양을 건조하게 유지한다. 가을에 보기 좋게 키우려면 7.5-10cm 깊이,

아이리스Iris histrioides와 같이 그룹 단위로 이루어진 식물들은 멋진 컨테이너 전시에 적합하고, 이런 경우 강렬한 향도 낸다.

그리고 7.5-10cm 간격으로 심도록 한다.
대부분의 레티큘라타reticulata 품종들은
연한 향이 있다. 향이 필요하다면 이들을
이용하도록 한다. 캔탭Cantab도 한 품종이며
사랑스러운 하늘색 꽃에 노란색 반점이 있고,
퍼플 젬Pueple Gem은 짙은 자주색 꽃에 흰색
반점이 있다.

이소토마 플루비아틸리스
Isotoma fluviatilis

애기별꽃Blue star creeper

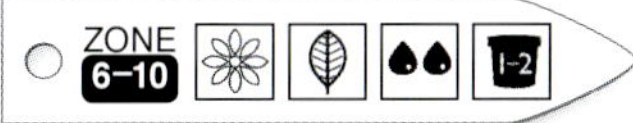

호주에 자생하고 라우렌티아 플루비아틸리스
Laurentia fluviatilis, 프라티아 페둔쿨라타
Pratia pedunculata, 로벨리아 페둔쿨라타Lobelia
pedunculata 등으로 분류된 적이 있어, 한
학명으로 찾을 수 없다면 다른 이름으로도
찾아보도록 한다. 밟혀도 잘 견딜 정도로
억세고 키가 작기 때문에, 정원의 디딤돌
사이에 사용된다. 컨테이너 정원에서는 걸이
화분에도 이용된다.
크기: 크기가 5-15cm이며,
폭은 25-30cm이다.
개화: 한봄에 연한 파란색의 별 모양 꽃들이
형성된다.
광량: 반음지에서 충분한 광까지 넓은 범위의
조건에 적합하다.
혼합배지: 배수 잘 되며, 적당히 비옥하고, pH
는 5.5-7 조건에 적합하다.
동반 식물: 구근 화분의 동반작물로 적합하다.
추가사항: 가을까지 개화하고, 반음지 지역에
이상적인 식물이다. 따뜻한 지역에서는
월동이 가능하고 상록성이다. 한계지역인
경우에는 지상부가 고사한다.

프리뮬라 속Primula spp.

프리뮬라Primula, primroses

프리뮬라Primula속은 425종과 다수의
품종들을 포함한다. 대략 5개의 그룹으로
나눌 수가 있다. 아우리큘라Auricula,

칸데라브라Candelabra, 아카울리스Acaulis,
폴리안투스Polyanthus, 줄리아나Juliana 등이다.
모든 품종들이 컨테이너 재배에 적합하지만,
폴리안투스Polyanthus 프리뮬라가 가장
많이 쓰인다.
크기: 크기가 20-25cm이며,
폭은 10-25cm이다.
개화: 초봄에 파란색, 주황색, 분홍색, 적색,
흰색, 노란색 색조의 꽃들이 줄기 위에
나타나며, 줄기들은 이들을 진녹색의 잎 위에
지탱해준다.
광량: 거의 모든 지역의 반음지나 차광 조건에
적합하다. 추운 지역의 경우에는 충분한 광
조건에 적합하다.
혼합배지: 비옥하고, 습한 토양, pH는 5-6.5
조건에 적합하다.
동반 식물: 초봄 구근의 동반작물로 적합하다.
서로 다른 컨테이너에 심고, 구근 화분의
꽃이 시들면 다른 곳으로 옮기도록 한다.
추가사항: 프리뮬라 폴리안투스Polyanthus는
거의 모든 환경조건에서 상록성이다. 잎들은
로제트를 형성하면서도, 로메인 상추잎과
같이 평평한 형태를 갖는다. 밝은 노란색의
심이 가장 일반적이다. 금색 가장자리가 있는
프리뮬라들이 가장 화려하다. 이들의 꽃잎은
짙은 적색으로 검정색에 가깝게 보이고,
금색의 중심부와 다른 색의 가장자리는 어느
장소에서도 극적인 분위기를 만든다. 퍼시픽
자이언트 믹스드Pacific Giants Mixed도 인기 있는
종류들이다. 이들 꽃은 이름에서도 알 수
있듯이 대형이며 화사한 색을 띤다.

장미 속Rosa spp.

장미Roses

장미는 환경조건만 맞으면 기르기가 쉽고
매력적이다. 습한 지역에서는 병해가 문제가
되며, 해충도 잘 붙는 편이다. 그럼에도
불구하고 재배할만한 가치가 충분히 있다.

파티오 장미에서 덩굴 장미에 이르기까지
다양하다. 로자Rosa 발레리나Ballerina는
다수의 꽃이 달리며 풍성한 전시물이 된다.

이들 꽃들은 투자한 시간의 100배로
보답해줄 것이다.
크기: 크기가 30-60cm이며, 덩굴성인 경우에
3m를 넘는다.
개화: 품종에 따라 한봄에서 한여름에 핀다.
광량: 충분한 광 조건에 적합하다.
혼합배지: 배수 잘 되며, 적당히 비옥하고,
pH는 6.5-6.8 조건에 적합하다. 재배동안
조절된 완숙 비료를 2-4주에 한번
시비해준다.
동반 식물: 장미는 단독화분에 심어야 하지만,
중생식물들과 같이 배치할 수가 있다.
추가사항: 다음 품종들은 컨테이너 식물로
적합하다. 폴리안타Polyantha 장미 더 페어리
rThe Fairy는 작은 관목으로 크기와 폭이 60-
90cm이다. 꽃들은 약한 향기가 있고 차분한
분홍색이다. 한봄에 꽃이 핀다. 전정관리
외에 관리가 거의 필요하지 않는다.
뉴 던New Dawn은 덩굴장미로 왕성하게 자라는
뿌리를 위한 화분 크기만 확보된다면 3m
가까이 자란다. 최근 덩굴식물이고, 1년생
가지에 꽃이 피므로 초여름에서 늦여름까지
개화한 이후에 전정해주도록 한다. 겹꽃들은
향기가 있으며, 엷은 진주빛깔의 분홍색이다.
이 장미는 약간의 음지 조건에도 견디는

편이지만, 다른 장미들과 마찬가지로 적어도 6시간 이상의 광 조건에서 더 잘 자란다. 즈피린느 드루앵Zephirine Drouhin은 전통적인 부르퐁 장미로, 덩굴식물이며 유인이 잘 된다. 짙은 분홍색이며 향기나는 겹꽃들의 풍부함은 참으로 인상적이다. 꽃들은 개화 동안에 잎을 완전히 덮는다. 흑점병과 곰팡이병에 쉽게 걸리기 때문에 공기순환이 잘 되는 곳에 배치한다.

당스 뒤 푀Danse du Feu도 덩굴성이며, 최근 장미로 병저항성이 우수하다. 별돌색의 꽃에 짙은 녹색 잎을 갖는다.

녹 아웃Knock Out 장미를 본적이 있을 것이다. 이 관목용 장미들은 아름다울 뿐만아니라, 흑점병에 저항성이 있으며, 건조함에 잘 견디고, 알풍뎅이, 매미충, 작은 날벌레 등과 같은 해충들이 잘 붙지 않는다. 4시간의 광 조건에서도 잘 자라고 시든 꽃들을 제거하지 않아도 오랫동안 개화한다. 적색 꽃들은 추운 날씨에서도 화사한 적색을 띠고, 따뜻한 날씨에는 파란빛의 적색으로 변한다. 잎들은 엷은 자주색이고, 가을에 적포도주 색으로 변한다.

셈페르비붐 속Sempervivium spp.

바위솔Hen and chicks, Houseleeks

매력적인 작은 식물체는 일 년 내내 관심의 대상이 될 수가 있다. 몇 종류들은 잎에 거미줄 모양의 덮개를 하고, 다른 종류들은 벽돌색이나 녹색 잎에 적색 테두리를 갖는다. 이름에서도 알 수 있듯이 군락을 이루는 돔 형태의 다육식물이다. 둥근 형태가 조성이 되도록 둥근 화분에 배치하는 것을 고려한다.

크기: 크기가 7.5-10cm이며, 폭은 10-15cm이다.

개화: 한여름에 로제트 형의 잎들 위에 노란색, 적색, 자주색 꽃들이 자란다.

광량: 충분한 광 조건에 적합하다.

혼합배지: 배수 잘 되며, 중간 또는 낮은 수준의 시비를 해주며, pH는 6-7 조건이 적합하다.

동반 식물: 분지들을 빠르게 형성하므로 다른 식물의 동반작물로는 적합하지 않다. 그러나 예외도 있다. 멋진 전시물을 창조하기 위해 다른 여러 셈페르비붐Sempervivium 종들과 한 컨테이너에 기르도록 한다.

추가사항: 셈페르비붐 텍토룸S. tectorum 퍼시픽 호크Pacific Hawk는 벽돌색의 품종으로 폭이 5cm 되는 로제트를 형성한다. 녹색이나 적색으로 착색된 품종들과 잘 어울리는 식물이다. 커맨더 헤이Commander Hay 품종도 적색이며 지름이 10cm 되는 로제트를 형성한다. 셈페르비붐 아라크노이데움S. arachnoideum은 거미줄 바위솔로도 알려져 있는데, 거미가 휘감은 것처럼 가는 털들이 자유스럽게 덮여져 있다. 셈페르비붐 시리오줌S. ciliosum도 털이 있지만, 거미줄이 아닌 강모처럼 보인다. 셈페르비붐 기우셉피S. giuseppii은 연녹색으로 촘촘하게 형성된 잎끝에 적색 반점이 있다. 바위솔은 꽃을 피우기 전에 몇 년 동안 자라고, 계속해서 분지를 형성한다. 개화를 하면 색다른 꽃들이 시선을 끌지만, 이후에 모주식물이 고사한다. 죽은 식물들을 제거하면, 모주식물들이 만든 분지들이 그 자리를 빠르게 대신할 것이다.

버베나 보나리엔시스

Verbena bonariensis

버베나Purpletop verbena

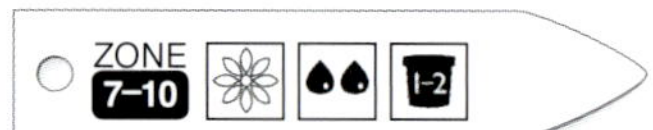

버베나는 절화수명이 길어 절화식물로서 훌륭하다. 진한 자주색은 노란색, 주황색, 적색 꽃들과 뛰어난 대비를 이룬다. 나비를

바위솔Sempervivium 퍼플 퀸Purple Queen을 둥글고 큰 화분에 심으면 화려한 작은 마운드가 형성된다.

유인하는 다른 식물들과 가까이 심으면 여름 동안 구경거리가 된다.

크기: 크기가 90-120cm이며, 폭은 30-90cm이다.

개화: 초여름에 긴 꽃대 위에 자주색 꽃들이 핀다. 늦여름에서 초가을까지 계속 핀다.

광량: 충분한 광 조건에 적합하다.

혼합배지: 배수 잘 되며, 중간 수준의 시비를 해준다.

동반 식물: 우아한 식물이므로 다른 식물 앞에 배치할 수가 있다. 짙은 자주색은 노란색 꽃과 좋은 대비를 이룬다.

추가사항: 버베나속은 250종을 포함하고, 대부분이 컨테이너 정원에 적합하다. 숙근초인 회백색 버베나 V. stricta는 녹색잎의 뒷면이 은회색의 털로 덮여져 있는 것이 특징이고, 짙은 자주색의 수상화서들은 30cm의 길이를 이룬다. 4-7구역에서 내한성이 있으며, 북쪽의 정원용으로 선택 가능하다. 물루 버베나 V. hostata는 3-9구역에서 내한성이 있으므로 마찬가지로 북쪽 지역에 적합하다. 꽃들은 초여름에서 초가을까지 형성되고, 보라빛의 푸른색에서 분홍빛의 자주색이다. 가끔은 흰색 품종들도 볼 수가 있다. 실버 앤 Silver Anne은 달콤한 향기를 가진 꽃으로 밝은 분홍색이고, 수명이 다하면서 은백색으로 시든다. 8-11구역에서 내한성이 있으며, 모든 지역에서 일년초로 재배된다. 일반적으로 버베는 3-6구역에서 일년초로 재배된다. 무상기간 8주 전부터 한여름까지 꽃이 핀다.

일년초 Annuals

일년초들은 월동을 걱정할 필요 없으므로, 컨테이너에서 기르기 가장 쉬운 식물들이다. 봄에 심어서 관수와 시비를 해주고, 시든 꽃들만 제거해주면 된다. 여기에 다뤄지는 식물들은 앞의 디자인에 제시된 식물들 위주로 기술된다. 그러나 선택을 이 식물들에만 국한시키지 않도록 한다. 식물과 컨테이너의 크기를 잘 조절하고, 관수 및 시비만 잘 해주면 어떤 식물이든 잘 자랄 것이다. 날씨가 추워지기 전에 화분들을 실내로 옮기고, 건조하게 유지하도록 한다.

비덴스 페루리폴리아
Bidens ferulifolia

비덴스 페루리폴리아 Apache beggarticks

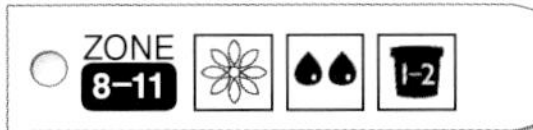

비덴스 페루리폴리아는 8-11구역에서 숙근초이지만, 숙근초 지역에서도 일년초로 많이 재배된다. 무엇보다도 마음을 즐겁게 해준다. 별 모양의 노란색 꽃과 꽃이 피는 습성은 가볍고 밝은 느낌을 준다. 또 개화기간이 길다. 숙근초이지만 일년초처럼 긴 개화기간을 갖는다.

크기: 크기가 25-30cm이며, 폭은 30-45cm이다.

개화: 한여름에서 늦여름까지 계속적으로 꽃이 핀다.

광량: 충분한 광 조건에 적합하다.

혼합배지: 배수 잘 되며, 중간 수준의 시비, pH는 5.8-7 조건에 적합하다. 2-4주마다 시비를 해준다.

동반 식물: 화분에 단독으로 심지만, 푸른색, 자주색, 흰색 꽃과 배합한다.

추가사항: 비덴스 페루리폴리아는 벌과 나비 같은 유용 곤충들을 유인한다.

브라키코메 이베리디폴리아
Brachycome iberidifolia

브라키코메 Swan river daisy

브라키코메는 꽃으로 덮여져 있기 때문에

홀륭한 컨테이너 식물이다. 꽃들이 매우 인상적인데, 밝은 노란색의 중심부는 화사한 푸른색, 자주색, 흰색의 꽃잎으로 둘러싸여 있다.

크기: 크기가 30-45cm이며, 폭은 25-35cm이다.

개화: 초여름에서 초가을까지 수백개의 데이지 모양을 한 꽃들이 눈부시게 핀다.

광량: 충분한 광 조건에 적합하다.

혼합배지: 배수 잘 되며, 적당히 비옥하고, pH는 6-7 정도가 좋다.

동반 식물: 덤불형을 이루기 위해 공간이 필요하므로 컨테이너에 단독으로 재배한다.

추가사항: 이 식물의 덤불성을 증가시키기 위해, 어릴 때 줄기 정단부를 적심한다. 시든 꽃들은 제거해주면 다시 개화한다. 처음에 핀 꽃들이 지고나서 식물의 정상부를 제거하면, 빠르게 생장하여 다시금 꽃이 핀다. 이 식물은 추운 지역을 더 선호하고, 더운 조건에서는 고사하는 습성이 있다. 디자인에 빈 공간이 생기지 않도록 계속 심는다. 대부분의 지역에서는, 마지막 꽃샘추위 6주 전과 6월 초에 두 번 파종하고, 7월 중순에 이식해주는 것이 적합하다. 8-10구역에 산다면, 세 번째 파종을 7월초에 하도록 한다.

캄파눌라 이조필라
Campanula isophylla

캄파눌라 Falling stars, Italian bellflower

비내한성 숙근초로, 실외에서 재배되는 경우

숙근초 지역에서도 일년초로 알려져 있다. 그러나, 실내식물로도 이용된다. 실내에서는 여러 해 동안 살고, 관리에 대한 보답으로 잦은 개화로 보답받을 것이다.

크기: 크기가 15-20cm이며, 폭은 25-30cm이다.

개화: 실외에서는 한여름부터 가을까지 흰색이나 푸른색의 별 모양 꽃들이 계속 피고, 실내에서는 꽃들이 한번에 2-3개월 동안 핀다.

광량: 반음지나 차광 조건에 적합하다.

혼합배지: 배수 잘 되며, 적당히 비옥하고, pH는 5.8-7 조건에 적합하다. 2-4주마다 시비를 해준다.

동반 식물: 단독으로 화분에 기른다.

추가사항: 캄파눌라의 인기 품종으로는 순백색의 꽃을 갖는 앨버Alba 등이 있다. 크리스탈 잡종Kristal Hybrid인 스텔라 블루Stella Blue는 보라색 빛의 푸른색 꽃이 피고, 스텔라 화이트Stella White는 흰색의 꽃이 핀다. 파종은 실내에서 일찍 하도록 한다. 마지막 추위 8주 전에 파종을 하면, 초여름에서 한여름에 꽃이 피기 시작하고 가을까지 지속된다. 이 종들은 본래부터 우아한 덩굴성 습성이 있기 때문에 걸이 화분에 적합하다.

후크시아 속Fuchsia spp.

후크시아Fuchsias

후크시아는 숙근초이나, 미국에서는 매년 바꿔심는 걸이 화분으로 많이 이용된다. 무상지역에서는 정원사들이 이들을 더 널리 이용할 수가 있다. 아열대와 같은 지역에서는 일부 품종들이 내한성이 있는 것으로 밝혀졌다. 야생에서는 벌새에 의해 수분이 되는데, 걸이 화분 주변에서 꿀을 빠는 모습을 보더라도 놀라지 않도록 한다.

크기: 다양하다. 걸이 화분 용도로는 길이 30-45cm이며, 폭은 30-45cm로 판매된다.

개화: 초여름에서 가을까지, 그리고 실내의 밝은 장소로 옮겨지면 겨울까지 계속해서 핀다.

광량: 반음지나 차광 조건에 적합하다.

혼합배지: 배수 잘 되며, 적당히 비옥하고, pH는 5.5-6.7 조건에 적합하다. 식물이 생생하고 개화할 때 2주마다 시비해주도록 한다.

동반 식물: 단독으로 걸이 화분에 이용한다. 양치류와 관엽식물들은 화려한 꽃의 좋은 배경이 될 수가 있다.

추가사항: 후크시아는 100종 이상의 종과 3,000-5,000개의 품종이 있지만 대부분의 경우 후크시아 잡종Fuchsia × hybrida 품종들이다. 이들 품종들은 친숙한 귀걸이 형태이고, 음지조건에서 적색, 분홍색, 흰색, 자주색의 꽃이 핀다. 애너벨Annabel은 왕립 원예협회로부터 정원 우수상을 받았다. 이 품종은 겹꽃이고 연한 분홍과 붉은 빛의 흰색 꽃잎으로 미묘한 모습을 갖는다. 태평양 북서부 지역에서는 실외에서도 월동이 가능하다. 톰섬Tom Thumb을 찾아보도록 한다. 이 식물은 영국에서 매우 인기 있으며, 30cm 정도의 크기 및 폭으로 자라고 붉은색이나 자주색의 꽃이 핀다.

후크시아를 열대 식물로 생각하지만, 더운 곳에서 잘 못 자란다. 낮에는 21℃ 정도의 온도에, 밤에는 10-15℃의 온도를 선호한다. 야간온도는 화아 형성에 매우 중요한데, 더우면 잘 형성되지 않기 때문이다. 개화는 낮온도가 26℃ 이상이 되면 지연되고 정지되므로 주의하도록 한다. 식물을 겨울 동안 실내로 옮길 계획이라면, 가을에 관수량을 점차적으로 줄여 겨울에 자발

휴면기에 들어갈 수 있도록 준비한다. 시비도 중지한다. 봄에 분갈이를 하고 점차적으로 관수량과 양분을 늘려주도록 한다. 후크시아는 가루이 자석으로도 불린다. 가루이 포식자가 충분히 없고 예방하기 위한 적합한 환경의 온실도 없다면, 가루이들이 조만간 당신의 후크시아를 발견할 것이다. 대부분의 사람들은 이러한 이유로 후크시아를 일년초로만 기른다. 겨울 동안 가루이가 만연한 식물을 실내로 들여오게 되면, 문제가 많아질 것이다. 실내로 옮기기 전에 또는 종묘원에서 구입하기 전에 식물을 면밀히 살피도록 한다.

임파첸스 왈레리아나
Impatiens walleriana

임파첸스 왈레리아나Impatiens, Busy Lizzie

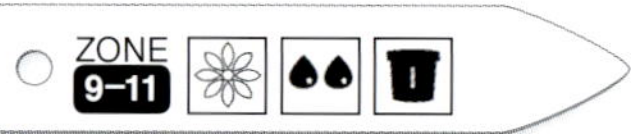

이 식물은 9-11구역에서 숙근초이지만 대부분의 경우 일년초로 재배된다. 관리가 거의 필요가 없고, 개화기간이 길며 색깔이 다양해서 당신 디자인에 적합한 품종을 찾을 수 있을 것이고, 실제로 가장 대중적인 화단 식물이다.

크기: 크기가 20-60cm이며, 폭은 20-60cm이다.

개화: 한봄부터 가을까지 적색, 옅은 자주색, 흰색, 연어살빛, 주황색 꽃들이 식물을 덮는다.

광량: 반음지에서 음지 조건에 적합하다.

혼합배지: 배수 잘 되며, 중간 수준의 시비, pH는 5.8-6.5 조건에 적합하다. 3-4주마다 시비를 해주도록 한다.

동반 식물: 다른 식물의 하부식물로 심거나 시선을 끌만한 색들이 필요한 그늘조건에 화분들을 배치하도록 한다.

추가사항: 품종을 선택하는 것이 가장 어려운 문제일 것이다. 일반적으로 품종들은 계열에 속한다. 악센트Accent 계열, 데코Deco 계열, 엘핀Elfin 계열, 템포Tempo 계열 등이다.

이 구리 컨테이너는 후크시아 미시즈 포플Mrs. Pople 의 화사한 색조를 더욱 돋보이게 한다.

색깔 위주로 선택하도록 한다. 임파첸스 왈레리아나는 직사광선에 노출되지 않고, 시비를 적절하게 해주며, 토양이 너무 습하지만 않으면 잘 유지가 된다. 임파첸스의 다양한 품종 중에 몇가지 색들이 서로 조화를 이루지 않는다. 봉오리 상태로 구입을 한다면, 식물을 선택할 때 주의하도록 한다. 예로, 분홍색과 연어살색의 혼합은 천박해 보이니 피하도록 한다. 한편 가장 큰 장점은 시든 꽃들을 제거하지 않아도 계속해서 꽃이 핀다는 것이다.   관리는 거의 필요가 없다. 늦여름 무렵에 너무 자랐다면 잘라내고 다시금 자랄 수 있게 한다. 토양에 양분만 공급이 되면 계속해서 꽃이 필 것이다.

로벨리아 에리누스 Lobelia erinus

로벨리아 Lobelia

로벨리아는 가장 멋진 컨테이너 식물의 하나로, 걸이 화분과 윈도우 박스로 키우기에 이상적이다.

크기: 크기가 10-23cm이며, 폭은 10-15cm이다.

개화: 한봄에서 여름까지 푸른색, 흰색, 자주색, 분홍색 빛깔을 갖은 작은 꽃들이 구름을 이루고 어떤 것들은 흰색 주둥이 모양을 형성한다.

광량: 충분한 광 또는 반음지 조건에 적합하다.

혼합배지: 배수 잘 되며, 적당히 비옥하고, 습하고, pH는 5.5-6.8 조건에 적합하다. 개화하는 동안에 2주마다 시비를 해준다.

동반 식물: 로벨리아는 우아하기 때문에 백합과 같이 크고 멋진 식물의 하부식물로도 적합하다.

추가사항: 많은 품종들 중에 캠브리지 블루 Cambridge Blue 는 화사한 푸른색 꽃을 갖고, 사파이어 Sapphire 는 흰색 중심에 짙은 푸른색 꽃을 갖는다. 캐스케이드 Cascade 계열은 분홍과 자주 빛깔이 우세하지만, 흰색도 포함하고 있어 식물 그룹이 생기있게 보인다. 로벨리아는 가장 쉽게 키울 수가 있는 식물

중 하나이다. 따뜻하거나 건조한 조건에서는 한여름에 개화를 멈출 것이다. 2-3번 정식을 해서 여름에 틈이 생기지 않도록 한다. 로벨리아는 그룹으로 화분에 한꺼번에 심는다. 일반적으로 5-6개의 식물을 10cm 의 화분에 그리고 7-10개의 식물을 15cm의 화분에 심는다.

미물루스 속 Mimulus spp.

물꽈리아재비 Monkey flowers

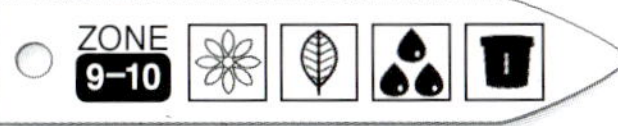

밝은 색의 드문드문 반점이 있는 물꽈리아재비의 꽃들은 사람의 마음을 기분좋게 해서 모든 이의 주의를 끈다. 다른 꽃들과 조화를 이룰 만큼, 충분히 밝고 화사하다. 무상기간 6-7주 전에 실내에서 키우기 시작한다.

크기: 크기가 12-30cm이며, 폭은 25-30cm이다.

개화: 초여름에 흰색, 노란색, 주황색, 분홍색 꽃들이 형성된다.

광량: 북부지역에는 충분한 광, 남부지역에는 차광 조건에 적합하다.

혼합배지: 배수 잘 되며, 습하고, 적당히 비옥하고, pH는 6-6.8 조건에 적합하다. 개화하는 동안에 2-3주마다 시비를 해주도록 한다.

동반 식물: 밝은 색의 백합과 좋은

로벨리아는 컨테이너의 모서리를 타고 작은 폭포 모양의 레이스처럼 늘어진다.

동반식물 이다.

추가사항: 대부분의 지역에서, 물꽈리아재비의 미물루스 Mimulus × hybridus 와 미물루스 굿타투스 Mimulus guttatus 의 품종들이 가장 일반적이다. 칼립소 Calypso 는 노란색, 주황색, 적색, 분홍색 꽃의 혼합이다. 매직 Magic 계열도 색들이 혼합되어 있고, 파스텔톤도 포함한된다. 마리부 Malibu 계열은 반점이 있고, 덩굴성이기 때문에 걸이 화분에 적합하다.

네메시아 Nemesia spp.

네메시아 Nemesias

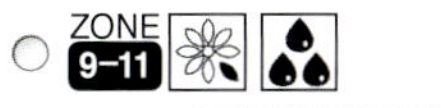

네메시아 스투모사 Nemesia stumosa 는 여러 대에 걸쳐 인기 있는 식물이다. 추운 지역을 좋아하는 일년초이고, 6-8구역에서 매우 우수한 봄꽃이고, 9-11구역에서는 겨울 정원에 이용된다. 최근에는 특허를 받은 네메시아 품종들이 도입되고 있다. 이들은 식물로 판매가 되고, 넓은 범위의 온도에 내성을 갖는다. 단기간의 약한 추위에 견디고 여름 고온에 잘 견딘다.

크기: 크기가 20-25cm이며, 폭은 15-25cm이다.

개화: 초봄에 다양한 색을 갖은 이색의 작은 꽃들이 핀다.

광량: 충분한 광 조건에 적합하다.

혼합배지: 배수 잘 되며, 습하고, 적당히 비옥하고, pH는 5.5-6.8 조건에 적합하다. 2-4주마다 시비를 해준다.

동반 식물: 실내에서 일찍 시작하는데, 네메시아는 늦은 봄구근과 이른 여름 꽃들을 보완해줄 수가 있다.

추가사항: 좋은 품종들은 다음과 같다. 케이엘엠 KLM 은 푸른색과 흰색 꽃에 노란색 중심이 있다. 내셔널 엔사인 National Ensign 은 담홍색과 흰색 꽃을 갖는다. 카니발 Carnival 계열은 노란색, 적색, 분홍색, 흰색 꽃들을

포함하고, 반점과 줄무늬 그리고 색이 대비되는 엽맥이 있다. 선드롭스Sundroops는 비교적 새로운 품종으로 다른 네메시아에 비해 덩굴성이고 20개의 다양한 색을 갖는다. 특허 받은 품종 중 블루 버드Blue Bird 와 컴팩트 인노센스Compacr Innocence, 그리고 향기나는 아로마티카Aromatica 계열은 현재 이용 가능하다. 웹이나 종묘원에 문의하도록 한다.

니코티아나 실베스트리스, 니코티아나 아라타
Nicotiana sylvestris, N. alata
꽃담배 Flowering tobacco

두 종 모두 달콤하게 퍼지는 향기로 축복을 받았다. 해질 무렵까지 향이 또렷하기 때문에, 침실 창가에 꽃이 피는 식물들을 배치하여 저녁 산들바람에 의해 향기가 안으로 퍼지게 한다. 꽃담배의 다른 종류들은 향기가 없으나, 풍부한 꽃들이 다채롭게 펼쳐져서 정원에 활기를 준다.

크기: 크기가 0.9-1.2m이며, 폭은 60cm이다.

개화: 한여름부터 가을까지 다수의 꽃들이 핀다.

광량: 북부 지역에서는 충분한 광 조건, 남부 지역에서는 차광 조건에 적합하다.

혼합배지: 배수 잘 되며, 비옥하고, 습하고, pH는 6-6.8 조건이 적합하다. 2-4주마다 시비를 해준다.

동반 식물: 그들만의 향기를 즐기기 위해, 향이 강한 다른 식물들과 배치하지 않는다. 덩굴성 페튜니아를 이들 하부에 심으면 보기가 좋은데, 페튜니아 꽃들은 니코티아나 아라타 N. alata와 꽃의 형태가 유사하기 때문이다.

추가사항: 니코티아나 실베스트리스Nicotiana sylvestris는 흰색 꽃들이 매달려 있고, 니코티아나 아라타N. alata는 녹색빛의 흰색 꽃들을 갖지만, 니키 레드Nicki Red와 라임 그린Lime Green 같은 품종들은 적색, 담홍색, 녹색, 분홍색과 같은 짙은 색의 꽃들이 핀다. 니코티아나 산데라에N. sanderae 새먼 핑크 Salmon Pink는 연한 분홍색 꽃으로 인상적이다. 센세이션 믹스Sensation Mix 품종을 포함한 이 종의 다른 계열들도 짙은 향기를 갖는다.

오스테오스페르멈Osteospermum
오스테오스페르멈African daisy

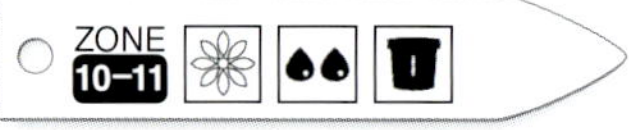

추운 지역을 좋아하는 식물이고, 5-6 구역에서는 봄정원, 그리고 9-11구역에서는 늦겨울 정원에 훌륭한 식물이다. 꽃들은 이국적인 분위기를 내는데, 중심부는 꽃잎 색깔과 대비되고, 어떤 품종들은 숟가락 형태의 꽃잎들을 갖고, 또 다른 품종들은 섬세한 줄무늬 무늬를 갖는다.

크기: 크기가 30-50cm이며, 폭은 25-30cm이다.

개화: 꽃들은 늦은 봄이나 초여름에 거의 모든 지역에서 개화한다. 색깔들은

동반작물들을 심으면 흥미있는 전시거리를 제공해줄 수가 있다. 여기서는 꽃담배Nicotiana 라임 그린Lime Green, 리지마키아 눔무라리아Lysimachia nummularia 아우레아Aurea, 헬리크리섬Helichrysum petiolare 라임라이트Limelignt 등이 같이 키워지고 있다.

분홍색에서 흰색, 노란색에 이른다.

광량: 충분한 광 조건에 적합하다.

혼합배지: 배수 잘 되며, 적당히 비옥하고, 습하고, pH는 5.5-6.3 조건에 적합하다. 2-3 주마다 시비를 해준다.

동반 식물: 로벨리아 같이 보다 섬세한 꽃들 사이에 진열할 때 보기 좋다.

추가사항: 인기있는 품종들은 다음과 같다. 핑크 월스Pink Whirls는 푸른색 화반 주위로 자주색에서 옅은 자주빛의 푸른색 꽃잎들을 갖는다. 윌리긱Whirligig은 짙은 중심부에 뒷면이 강철색이며 숟가락 형태인 흰색 꽃잎들이 달린다. 버터밀크Buttermilk는 갈색 중심부에 끝이 흰색이나 노란색을 띄는 꽃잎들을 갖는다.

최종적인 화분에 이식하고서 4, 5마디만 남기고 줄기의 끝부분을 적심해준다. 이것은 덤불형이 되게 하고, 꽃의 수를 증가시킨다. 식물은 추운 지역에서는 충분한 광 조건을 유지시켜준다. 주간 10-21℃ 그리고 야간 4-15℃에서 꽃이 가장 잘 핀다. 계속해서 관수해야 하며, 건조하면 휴면에 들어가기 때문에 다시 꽃 피우기가 어렵다. 토양이 너무 습하면 곰팡이가 생길 수 있기 때문에 적절하게 물을 주도록 한다.

꽃의 수명을 연장시키기 위해 시든 꽃들을 제거하지만, 결실이 잘 되지 않기 때문에 다른 일년초들과 같은 방법으로 해줄 필요는 없다. 식물이 너무 자랐다면, 줄기를 잘라주도록 한다. 양분공급이 충분하고 온도가 너무 높지 않고 습하다면 다시금 자라서 꽃이 필 것이다.

펠라르고니움 속Pelargonium spp.
제라늄 Geraniums

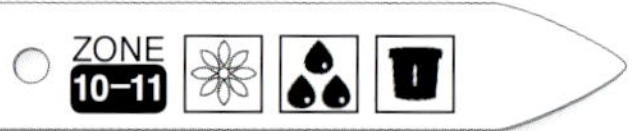

제라늄을 키울 때 가장 어려운 것은 어떤 것을 선택하느냐이다. 꽃의 색깔들이 굉장히 다양하지만, 잎의 형태나 식물의 습성도 굉장히 차이가 난다.

크기: 크기가 30-45cm이며, 폭은 20-45cm이다.

개화: 늦은 봄이나 초여름부터 꽃이 핀다.

광량: 충분한 광 조건에 적합하다.

혼합배시: 배수 질 되며, 습히고, 토양이 비옥하고, pH는 5.5-6 조건에 적합하다. 2-4주마다 시비해주도록 한다.

동반 식물: 제라늄은 그룹으로 심으면 더 보기가 좋다. 서로 보완되는 색과 형태를 선택하고, 화분을 좋은 위치에 배치한다. 같은 종류의 제라늄을 열로 심어서 정원의 경계를 나타내는 데 이용한다.

추가사항: 많은 종류중에 조널 제라늄zonal geranium, P. × hortorum은 윈도우 박스에 가장 널리 쓰이고 있다. 그들의 이름은 둥근 잎의 띠 모양으로부터 유래되었다. 가장 아름다운 것 중의 하나는 해피 소트Happy Thought이다. 잎은 나비 모양을 한 녹색빛의 노란색 무늬이고, 화사한 붉은 색의 홑꽃들이 총생하기 때문에 광장히 멋지다. 아이비 제라늄P. peltatum은 헤데라와 비슷한 잎을 갖는다. 꽃은 제라늄에 비해 조밀하지 않고 느슨하게 달린 편이며, 잎들은 부드럽고 윤이 난다. 그중에 애미디스트Amethyst는 가장 인기가 있다. 이것은 분홍빛 자주색의 꽃들을 갖는다. 센티드 제라늄P. graveolens은 다른 종류보다 작은 편이고, 모양이나 향이 틀리다. 한번 키우기 시작하면, 수집가가 된 자신을 발견할 것이다. 그들은 일 년 내내 실내 및 실외에서 키울 수가 있다.

◀몇 개의 배수구멍만 있다면, 오래된 양철 깡통은 사랑스럽고 향기로운 제라늄의 컨테이너가 될 수가 있다.

▶페튜니아의 시든 꽃들은 제거해주고, 한여름에 오랫동안 아름답게 피도록 전정해준다.

대부분의 사람들은 왕립 원예협회로부터 정원 우수상을 받은 전통적인 레이디 플리머스Lady Plymouth가 장미향 제라늄 중에 가장 뛰어나다고 생각한다. 꽃은 은은한 장미향을 내고, 화사한 녹색 잎에 크림색 무늬의 반입이 들어가고, 꽃들은 사랑스러운 엷은 연자주색을 띈다.

제라늄을 키울 때 위생이 가장 중요하다. 꽃이 시들면 가위로 잘라내서 제거하도록 한다. 꽃잎들이 잎 위에 떨어지면 곰팡이병이 생겨 식물 전체가 감염될 수가 있다.

페튜니아Petunia × hybrida

페튜니아Petunia

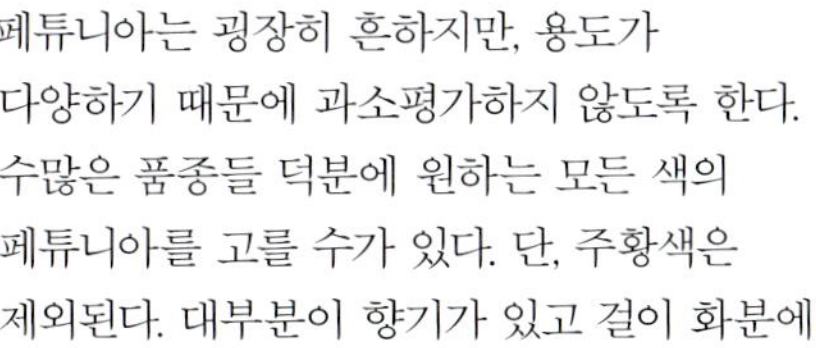

페튜니아는 굉장히 흔하지만, 용도가 다양하기 때문에 과소평가하지 않도록 한다. 수많은 품종들 덕분에 원하는 모든 색의 페튜니아를 고를 수가 있다. 단, 주황색은 제외된다. 대부분이 향기가 있고 걸이 화분에 잘 어울리는 종류들도 찾을 수 있을 것이다.

크기: 크기가 20-40cm이며, 폭은 25-40cm이다.

개화: 초여름부터 추위가 올때까지 꽃들이 계속해서 핀다.

광량: 충분한 광 조건에 적합하다.

혼합배지: 배수 잘 되며, 적당히 비옥하고, pH는 5.5-6 조건에 적합하다. 식물이 왕성하게 자라는 동안에 한달에 한번 시비를 해준다.

동반 식물: 화분에 단독으로 심고 서로 보완이 되는 색깔의 식물들과 배합한다.

추가사항: 웨이브Wave 계열 페튜니아들은 걸이 화분에 적합하다. 물티플로라Multiflora 페튜니아는 다수의 꽃들을 생산하고 관리가 거의 필요 없다. 시든 꽃들을 제거하지 않아도 꽃이 계속적으로 피고 모양을 좋게 유지하기 위해 늦여름에

전정해줄 필요도 없다.

그란디플로라Grandiflora 중에, 프리즘 선샤Prism Sunshine은 가장 우수하다. 대형의 노란색 꽃은 끝이 흰색이어서 부드러운 모양을 갖는다. 그란디플로라의 다른 종류인 블루 다뉴브Blue Danube는 연자주빛의 붉은 겹꽃이며, 대디Daddy 계열은 엽맥이 뚜렷하다. 페튜니아는 크게 두 그룹으로 나눌 수가 있다. 그란디플로라와 물티플로라이다. 그란디플로라는 10cm 폭의 큰 꽃을 갖고, 두 종류중에 보다 섬세하다. 물티플로라는 5cm 폭의 꽃을 갖고 더 많은 꽃들이 달린다. 그란디플로라는 좋은 모양을 유지하기 위해 바람과 비로부터 보호해줘야 한다. 물티플로라는 자연적인 환경 조건들을 잘 견뎌내기 때문에, 컨테이너 정원의 어느 장소에도 배치가 가능하다. 페튜니아의 시든 꽃들을 제거해서 꽃들이 왕성하게 올라올 수 있도록 한다. 가지가 너무 길어보이면 전정해주고, 관수 및 시비를 해준다. 그러면 빠르게 생장하여 다시 꽃이 필 것이다.

티모필라 테누이로바

Thymophylla tenuiloba

티모필라 테누이로바 Dahlberg daisy, Golden fleece

마음을 즐겁게 해주는 이 작은 일년초는
정원의 인기있는 식물은 아니지만,
인상적인 꽃들과 대비를 이루면서 아름답게
강조해준다. 양치류 같은 잎들은 밝은 노란색
꽃으로 덮여져 있기 때문에 걸이 화분에
적합하다.

크기: 크기가 15-30cm이며,
폭은 15-30cm이다.

개화: 늦봄부터 한여름까지 노란색의 데이지
모양을 한 꽃들이 핀다.

광량: 충분한 광 조건에 적합하다.

혼합배지: 배수 잘 되며, 가볍고, 적당히
비옥하고, pH는 6.8-7.2 조건에 적합하다.
2-4주마다 시비를 해준다.

동반 식물: 밝은 색을 가진 식물들의
배경으로 이용한다.

추가사항: 쉽게 키울 수 있는 식물이고,
한번 심으면 거의 관리할 필요가 없다.
한여름 또는 늦여름에 개화가 정지되지만,
연속적으로 심으면 여름 동안 디자인에
영향을 주지 않으면서 계속
채워줄 수가 있다.
으깨면 잎에서 레몬향이 난다. 그러나 샐러드
재료가 아니므로, 먹을 수 있는 채소와
혼돈하지 않도록 주의한다.

트로파에오룸 마주스
Tropaeolum majus

한련화Nasturtium

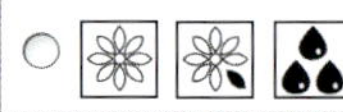

한련화는 당신이 상상하는 것보다 많은
용도로 이용이 가능하다. 이 일년초 중
어떤 종류들은 자라서 덩굴이 되기도 하고,
또 다른 종류들은 매력있는 하부식물을
형성하기도 한다. 모든 종류가 식용 가능하다.
꽃들은 특히 샐러드, 생선의 장식물, 후머스
같은 요리의 좋은 재료가 되고, 잘게 썬 잎은
달걀 샐러드에 알맞은 재료이다.

크기: 크기가 0.3-4.5m이며,
폭은 0.3-4.5m이다.

개화: 초여름부터 추위가 올때까지, 적색,
주황색, 노란색 꽃이 계속 핀다.

광량: 충분한 광이나 차광 조건에 적합하다.

혼합배지: 배수 잘 되며, 낮거나 중간 정도
수준의 시비, pH는 5.8-6.7 조건에 적합하다.
한달에 한번 질소 성분이 낮은 시비를
해준다. 질소가 너무 많으면 다수의 대형잎이
생산되고 꽃들은 적게 핀다. 먼 곳에 있는
진딧물들도 유인하기 때문에 방제하기가
힘들다.

동반 식물: 한련화의 색상은 파스텔톤이나
연한 푸른색 식물들의 색을 압도하지만,
회색이나 은색 관엽식물들을 배경으로 하는
밝고 유쾌한 꽃들과 배합하면 아름답게
보인다.

추가사항: 트로파에오룸 마주스T. majus의
덩굴성 품종들을 보도록 한다. 덩굴성 품종
중에 크림색과 녹색의 반입이 들어간 잎과
적색 또는 주황색의 꽃을 가진 바리에가투스
Variegatus를 본 적이 있을 것이다. 그러나
트로파에오룸 마주스T. majus의 모든 품종들이
덩굴성인 것은 아니다. 피치 멀바Peach Malba
는 왜성이고 덤불형이다. 차분한 노란색 꽃은
주황빛의 적색 주둥으로 흥미를 유발한다.
주얼Jewel 계열도 트로파에오룸 마주스
T. majus로부터 파생되었다. 이들도 왜성에
덤불형이며, 적색, 노란색, 분홍색의 화사한
다채로운 꽃들을 갖는다. 엠프리스 오브
인디아Empress of India는 짙은 적색의 꽃과
자주빛의 녹색 잎을 가진 멋진 식물이다.

버베나Verbena, Tapien Series

타피엔 버베나Tapien verbena

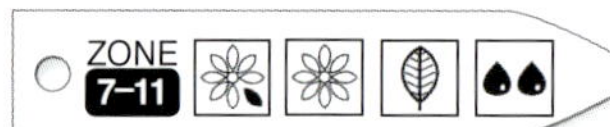

타피엔 버베나는 특허를 받은 식물로
비교적 최근에 도입되었다. 생육습성은
일반 버베나와 다른데, 낮은 매트처럼
형성된다. 많은 정원사들은 이를 지피식물로
이용하지만, 걸이 화분으로도 이용이
가능하다.

크기: 크기가 15-20cm이며,
폭은 30-45cm이다.

개화: 초여름부터 추위가 올때까지, 작은
꽃들이 온 식물을 덮는다.

광량: 충분한 광이나 차광 조건에 적합하다.

혼합배지: 배수 잘 되며, 적당히 비옥하고,
pH는 5.5-5.8 조건에 적합하다.
한달에 두 번 완숙비료를 주도록 한다.

동반 식물: 로벨리아와 네메시아와 잘
어울린다.

추가사항: 타피엔 버베나는 현재 6가지
색상이 있다. 푸른빛의 보라색, 차분한
분홍색, 담청색, 연한 자주색, 분홍색, 흰색
등이다. 지피식물로 키울 때는 잡초를 저지할
수 있도록 조밀한 매트로 기른다.
시든 꽃들은 제거할 필요가 없고,
병저항성이 있기 때문에 관리를 거의 하지
않아도 된다. 일상적인 관수와 시비외에
해줘야 할 것은 분지성 향상을 위한 줄기의
적심이다. 중심의 시든 잎들을 제거하는 것도
중요하다.

비올라 속Violas spp.

비올라, 팬지Violas, Pansies

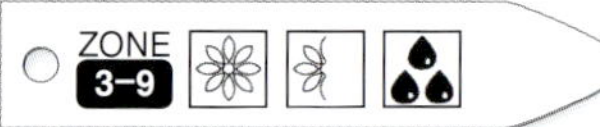

정원의 토양에 심은 경우, 숙근초인
비올라는 월동하고 종자가 맺힌다. 컨테이너
정원에서도 계속 기르거나, 매년 다시 심어서
일년초로 키울 수도 있다. 이때 식물의 색을
알기 때문에 종자에 의해 놀랄 때 보다는

비올라의 귀여운 화분들은 매년 봄을 맞이하고, 서늘한
조건에서는 늦여름까지 지속된다.

(종종 그런 경우가 있다) 디자인을 조절할 수가 있다.

크기: 크기가 7.5-20cm이며, 폭은 7.5-15cm이다.

개화: 초봄에 푸른색에서 노란색 그리고 핑크색, 주황색, 자주색의 귀여운 작은 꽃들이 피어나고, 많은 꽃들은 꽃잎에 짙은 무늬들이 있다.

광량: 충분한 광이나 차광된 조건에 적합하다.

혼합배지: 배수 잘 되며, 비옥하고, 습하고, pH는 5.5-5.8 조건에 적합하다. 상태에 따라서 2-3주마다 시비를 해준다.

동반 식물: 봄에 개화하는 구근의 한가운데에 화분들을 배치하고, 이후에는 로벨리아나 네메시아 같은 우아한 꽃들과 배치한다.

추가사항: 비올라의 여러 종류중, 쟈니 점프 업Johnny-Jump-Up으로 알려진 자주색, 연자주색, 노란색의 비올라 트리컬러 V. tricolor가 채소 정원사들한테 가장 인기가 있다. 식용의 작은 꽃들은 샐러드나 골파 장식물들을 더 강조해준다. 그러나 모든 비올라 트리컬러가 이렇게 이용되는 것은 아니다. 몰리 샌더슨Molly Sanderson은 정원 식물 중 거의 드문 검정에 가까운 짙은 적색의 꽃이다. 종자로부터 얻어지지 않기 때문에 이 품종의 식물들을 구입해야할 것이다. 비올라 위트로키아나V. × wittrockiana는 우리가 흔히 팬지로 알고 있는 식물이다. 기존의 긴 목록에 매년 새로운 품종들이 추가된다. 색깔과 얼굴에 있는 무늬로 선택한다. 팬지들은 어느 장소에서도 한결같이 귀엽기 때문에, 어떤 것을 선택하여도 크게 상관없을 것이다. 서늘한 조건에서는 비올라가 여름 내내 꽃이 핀다. 그러나, 평균온도가 26℃ 이상으로 더워지면 개화가 지연되거나 정지된다. 개화기간을 연장하기 위해서, 첫 번째 개화 후에 식물을 잘라주고 보다 서늘하고 그늘진 장소로 옮긴다. 이것은 두 번째 개화를 촉진시킬 것이다.

구근Bulbs

컨테이너는 봄구근을 위해 이상적인 안식처가 된다. 운반이 가능하므로 쉽게 환경을 조절할 수가 있어, 기존보다 빠르거나 늦게 피는 구근 정원을 창조할 수가 있다. 작은 구근도 촉성재배할 수가 있는데, 화분을 연속해서 따뜻한 환경으로 옮기면 겨울부터 늦봄까지 이들의 꽃들을 즐길 수가 있다. 이후에, 여름구근들은 극적인 효과와 화사한 색들을 제공해줄 것이다. 구근들은 기르기가 쉽고, 잎들을 자연적으로 갈변하고 시들 때까지 남겨둔다면 몇 년 동안 즐거움을 줄 것이다. 이것은 휴면기간과 다음 해 꽃필 때 필요한 양분들을 저장할 수 있게 해준다. 물망초 같은 속성 숙근초들을 튤립과 나팔수선화와 동반해서 심는 것이 가장 일반적이다. 푸른빛의 녹색인 물망초들은 구근식물의 갈색 잎을 덮는 데 효과적이다. 이것은 컨테이너 정원에서도 가능하지만, 이때 화분을 정원의 중심부에서 구석으로 옮겨 성숙한 갈색 잎들이 눈에 띄지 않게 한다. 잎들이 고사하면, 구근은 화분에 남겨 약간의 관수만 해주거나 가을에 심을 때까지 화분에서 꺼내어 서늘하면서 어둡고 건조한 장소에 저장하도록 한다. 7-9구역에 산다면, 아가판서스 같은 여름구근을 봄구근을 심는 가을에 심을 수가 있고, 겨울 동안 얼지 않도록 보호해준다. 보다 추운 지역에서는 봄에 심도록 한다. 대부분의 송류늘은 4.5℃이하에서 일정한 시간 동안 저장해야하므로, 겨울 동안 서늘한 상태로 유지하는 것이 중요하다. 날씨가 봄에 따뜻해지면서 자연스럽게 따뜻하게 해준다.

아가판서스Agapanthus spp.
아가판서스African blue lilies

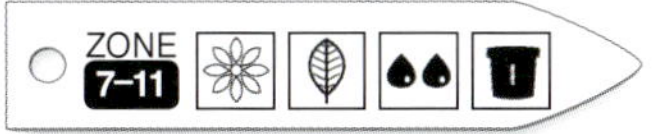

직립성의 둥근 산형화서에 파·마늘류보다

차분하면서 캐주얼한 것을 찾는다면 더 이상 둘러보지 않아도 된다. 공 형태의 꽃들은 엉성하게 형성되어 가벼운 느낌이 들고, 잎은 보다 짧고 덜 인상적이다. 푸른색의 종류들도 볼 수가 있는데, 어떤 것들은 자주색 기운이 있어 밝은 자색을 띤 청색이고, 어떤 것들은

화분에 심은 아가판서스 퍼플 클라우드Purple Cloud는 어느 장소에서 자라든 푸르게 우거진 열대지방의 분위기를 만든다.

엷은 푸른빛에 가깝다.
무상지역에 산다면 상록성 종들을 선택한다.
아니면 낙엽성 종류들을 고수하도록 한다.
크기: 크기가 30-90cm에,
폭은 30-60cm이다.
개화: 여름에 푸른색이나 흰 산형화서들이
잎보다 위에 꽃대에 형성된다. 어떤 종류에는
작은 꽃들이 둥글지 않고 펜던트 모양이다.
광량: 충분한 광이나 차광된 조건에 적합하다.
혼합배지: 배수 잘 되며, 적당히 비옥하고, pH
는 6.5-7.5 조건에 적합하다.
동반 식물: 다양한 아가판서스의 푸른색은
너무나 사랑스러운데, 흰색 꽃 또는
은색이나 회색의 관엽식물들과
배합하는 것이 가장 좋다.
추가사항: 아가판서스 프라에콕스^{A. praecox}
는 아종으로 미니무스^{minimus}, 오리엔타리스
^{orientalis}, 프라에콕스^{praecox} 등을 포함하고,
상록성종 중에 가장 흔하다. 겨울 동안에
실내에 들여놓는다. 흰색 꽃이 필요하면
스노이 아울^{Snowy Owl}을 보도록 한다. 왜성인
것을 원한다면, 40cm 정도만 자라는 피터 팬
^{Peter Pan} 또는 릴리풋^{Lilliput}을 보도록 한다.
아가판서스는 절화로 훌륭하고, 광이
조절되는 서늘한 조건이 유지되면
절화수명이 일주일까지 간다. 당신 구역에서
내한성이 약한 종이나 품종을 기르고 싶으면,
근경을 봄에 심도록 한다. 추위가 지나가고
날씨가 따뜻해질 때까지 화분을 실내에
들여놓는다.

알리움 아플라투넨세
Allium aflatunense

알리움^{Ornamental onion}

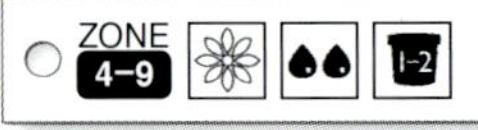

파·마늘류의 700개 이상 되는 종 중에서
알리움^{A. aflatunense}가 정원사들 사이에서
가장 인기가 있다. 컨테이너 정원의 중심에
배치하고 깊은 화분에 심는다. 개화하면 그

위치가 적당했음을 느끼게 해줄 것이다.
크기: 크기가 60-90cm이며,
폭은 20-25cm이다.
개화: 늦봄에 수백 개의 자주빛을 띤 푸른색
소화들로 구성된 둥근 공들이 아치를 이루고
가죽끈 같은 잎 위에서 자란다.
광량: 충분한 광 조건에 적합하다.
혼합배지: 배수 잘 되며, 비옥하고,
pH는 6-7 조건에 적합하다.
동반 식물: 노란색 꽃과 서양톱풀^{Achillea spp.}
같이 튼튼한 구조물을 동반하면, 이들의
꽃이 더 생생하게 보일 것이다.
추가사항: 인기 품종인 퍼플 센세이션^{Purple Sensation}은 10cm의 작은 꽃으로 이루어진
공들이 짙은 자주색을 띤다. 이런 종류는
어느 환경에서도 돋보이고 정형이나
비정형 정원에서 좋은 모양을 형성한다는
장점이 있다. 몇 개의 식물을 항아리에
심고 정원의 입구에 배치하면 최대의 효과를
낼 수가 있다.

봄구근을 심는다면 가을에 심도록 한다.
가장 좋은 결과를 위해서 20cm 깊이에
25-30cm 간격으로 심도록 한다. 꽃들은
약간 차 있을때 가장 잘 핀다. 많은 꽃대를
원한다면 너무 많은 공간을 주지 않도록
한다. 백합과의 많은 식물들이 그렇듯이,
이 식물은 사람들의 피부를 자극한다.
민감한 피부를 갖고 있다면 알리움^{Allium}
구근을 손질할 때는 장갑을 끼도록 한다.
애완동물에게 꽃을 먹이지 않도록 한다.
어린이는 더더욱 먹여서 안된다.

컨발라리아 마자리스
Convallaria majalis

은방울꽃^{Lily of the valley}

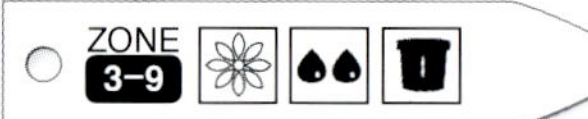

은방울꽃은 매혹적인 향이 있어 실내나
정원의 컨테이너에 키우고 싶을 것이다.

한국산 은방울꽃은 꽃들이 시든 후에도
잎들이 초록으로 남아 있어,
정원에서 편안한 대비를 이룬다.

이 종들은 결혼식 꽃으로 가장 적합하다. 유연한 꽃들은 부케 속에 오랫동안 유지되고, 아치를 이루는 줄기 사이의 작은 방울들은 걸을 때마다 우아하게 흔들린다.

크기: 크기가 20-30cm이며, 폭은 7.5-15cm이다.

개화: 한봄에서 늦봄까지 흰색이나 분홍색의 종 모양을 한 꽃들이 강향 향기를 낸다.

광량: 차광 조건이나 반음지 조건에 적합하다.

혼합배지: 배수 잘 되며, 습하고, 적당히 비옥하고, pH는 5.5-7.5 조건에 적합하다.

동반 식물: 섬세한 푸른색의 물망초와 좋은 동반식물이다.

추가사항: 많은 품종들이 있지만, 은방울꽃C. majalis var. rosea은 사랑스러운 연한 분홍색으로 흰색에 비해 더 주목을 받는다. 포틴스 자이언트Fortin's Giant는 흰색 품종으로 크기가 가장 크고, 플로레 플레노Flore Pleno는 흰색 겹꽃이다. 잎들은 많은 봄구근들보다 오래 유지된다. 가을 갈변하기 전, 노란색으로 변하여 컨테이너 정원에 색을 더한다. 이 식물의 모든 부위는 독이 있으며, 붉은 열매는 특히 더 위험하다. 꽃들이 시든 후에 꽃대들을 제거해주고 싶을 것이다.

코로코스미아Crocosmia spp.

애기범부채Montbretias, Falling stars

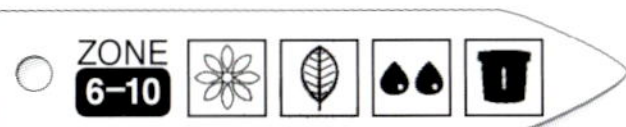

개화하는 애기범부채는 빛나기 때문에 정원의 어느 곳에 배치해도 이목을 끈다. 벌새들은 적색 품종들을 먹이로 좋아하므로, 철새 통로의 가까운 곳에 두면 꿀을 먹기 위해서 하강하는 모습을 볼 수가 있을 것이다. 나비들도 이 꽃을 좋아하는데, 나비들이 꿀을 먹기 위해 충분히 안전하다고 느끼는 장소에 배치하도록 한다.

크기: 크기가 60-90cm이며, 폭은 30-60cm이다.

개화: 아치를 이루는 긴 가지 위에 화사한 적색, 주황색, 노란색 꽃들이 여름에 핀다. 꽃들은 가지의 한 면으로 형성되기 때문에, 우아한 꽃무늬의 형태를 갖는다.

광량: 추운 지역에서는 충분한 광 조건, 8-10

구역에서는 반음지 조건에 적합하다.

혼합배지: 배수 잘 되며, 비옥하고, pH는 5.5-7.5 조건에 적합하다.

동반 식물: 단독으로 심을만한 가치가 충분히 있고, 개화하는 동안에 큰 관심을 받는다. 색이 화사한 꽃들과 짝짓되, 우아한 형태가 나타나도록 공간을 충분히 주도록 한다.

추가사항: 루시퍼Lucifer는 훌륭한 품종이다. 화사한 적색 꽃을 갖는데, 각 꽃들은 5cm 정도로 크다. 다른 품종으로 골든 플리스Golden Fleece는 노란색 애기범부채로 풍부한 꽃대를 만들어내고, 에밀리 맥켄지Emily Mc Kenzie는 주황색 꽃으로 주둥이에 짙은 무늬를 갖는다.

애기범부채의 구경은 지하에서 사슬을 이뤄 특이한데, 가장 낮은 곳에는 오래된 구경 그리고 위에는 가장 어린 구경이 형성된다. 쉽게 쪼개지므로 야생에서 잘 퍼질 수가 있다. 컨테이너에서는 이런 현상을 볼 수가 없다. 이른 봄에 분갈이를 해줄 때 구경을 쪼개서 새로운 화분에 심거나 친구에게 나눠줄 수가 있다. 이들은 절화로도 매우 훌륭하다. 시들면 꽃대를 제거해줄 필요가 없이 스스로 자정된다. 가을이 되면 관심을 끄는 꼬투리들이 형성될 것이다. 꼬투리들이 갈변하고 열리기 전에 잘라준다. 니스를 뿌려서 약하게 코팅해주고, 건조 상태의 겨울 꽃꽂이 작품에 이용한다.

화분에 심겨진 크로커스 베르누스Crocus vernus와 크로커스Crocus 킹 오브 스트라이프 'King of Stripes'는 날씨가 따뜻해지면 당신의 정원에 아름다움의 선구자가 될 것이다.

크로커스 속Crocus spp.

크로커스Crocuses

크로커스가 개화하는 모습은 많은 사람들에게 봄의 상징으로 여겨지는데, 눈 사이로 그들의 모습을 쉽게 볼 수 있기 때문이다. 얼 정도의 온도는 꽃에 안 좋지만, 다른 봄꽃에 비해 내한성이 뛰어나다. 그러나 크로커스는 봄에만 피는 것은 아니다. 사프란 크로커스C. sativus 같은 종들은 가을에 핀다. 가을 꽃들은 자주색이나 연보라색인데 노란색, 주황색, 적색과 좋은 대비를 이룬다.

크기: 크기가 10-15cm이며, 폭은 10-15cm이다.

개화: 이른 봄이나 가을에 핀다. 봄꽃들은 흰색, 노란색, 연한 주황색, 자주색이며 가끔 줄무늬가 있다. 가을꽃들은 자주색이나 연보라색이다.

광량: 충분한 광 조건에 적합하다.

혼합배지: 배수 잘 되며, 적당히 비옥하고, pH는 6-7.5 조건에 적합하다.

동반 식물: 크로커스는 워낙 일찍 피기 때문에 동반작물을 찾는 것이 어렵다. 대신 다양한 색의 크로커스 화분들을 배치한다. 그들은 서로를 보완할 것이며 전시에 기여할 것이다.

추가사항: 더 이른 시기에 크로커스를 원한다면, 크로커스 안시렌시스C. ancyrensis의 골든 번치Golden Bunch 같은 품종을 구입한다. 이 꽃들은 일찍 피기도 하지만 이들의 풍성한 금빛 주황색은 마지막 겨울날들을 빛나게 해준다. 크로커스 톰마시니아누스C. tommasinianus도 일찍 피는 종류이며 정원토양에 이식이 잘 된다. 토양이 알맞게 습하고 적절하게 비옥하면 화분에서도 잘 자란다. 크로커스 베르누스Crocus vernus의 품종은 가을에 원예용품점에서 가장 쉽게 찾을 수 있는 품종이고, 실내 촉성재배하기에도 가장 좋은 종류이다.

사프란 크로커스C. sativus에 덧붙여서, 가을 품종의 크로커스 스페시오수스C. speciosus는 첫눈을 앞지를 정도로 일찍 피고, 크로커스 고우리미이C. goulimyi는 따뜻한 지역에 적합하다.

구경들의 간격을 2.5cm 정도로만 한다. 그들은 꽉 차 있어도 잘 견디고 큰 그룹으로 심었을 때 가장 보기가 좋다. 깊은 화분이 필요 없지만, 넓은 화분에 키우면 한꺼번에 많이 키울 수가 있다. 구경들은 적어도 4주 정도 저온처리를 해주고서 따뜻한 환경으로 옮긴다. 수분이 있게 유지하되 축축하지 않게 해서 곰팡이병이 발생하지 않도록 한다.

다알리아 속Dahlia spp.

다알리아Dahlias

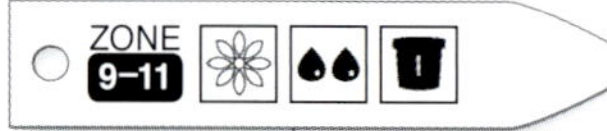

다알리아는 하나의 속으로 가능할 만큼 다채롭다. 숙근초 다알리아는 꽃의 형태에 따라 11개의 종류가 있다. 홑꽃이면서 편평한 꽃잎에서 조밀한 공 모양을 한 꽃잎에 이른다. 어떤 꽃잎들은 반점이 있고, 어떤 것들은 둥글다. 어떤 것도 다알리아에서 찾을 수 있을 것이다.

크기: 크기가 0.2-1.2m이며, 폭은 12-60cm이다

개화: 경우에 따라 틀리지만, 한여름에 흰색, 분홍색, 적색, 노란색, 연보라색의 꽃이 핀다.

광량: 충분한 광 조건에 적합하다.

혼합배지: 배수 잘 되며, 부식이 풍부하고, pH는 6-7 조건에 적합하다.

동반 식물: 종류에 따라 틀리겠지만, 다알리아를 화사한 다른 꽃들과 짝짓거나, 돋보이게 하고 싶다면 연한 회색이나 은색 관엽식물들로 둘러싸이게 한다.

추가사항: 3,000개 이상의 품종이 있기 때문에 선택하기 힘들다. 마음에 드는 식물이 있다면 이름을 물어보도록 한다. 꽃들이 피면 종묘원에 가서 선발된 종류들을 구경하도록 한다. 신뢰가 가는 품종 중 하나인 그레너디어Grenadier 는 겹꽃이며 화사한 적색의 품종이다. 잎들은 짙은 편이고 꽃과 대비를 이룬다. 비숍 오브 란다프Bishop of Llandaff도 적색이고 그레너디어에 비해 잎이 짙다. 그러나 겹꽃보다는 아네모네 형태이다. 홀마크Hallmark는 공 모양의 다알리아로 사랑스러운 연보라 꽃잎을 갖는다. 다알리아는 적심과 적뢰하면 반응이 잘 나타난다. 다른 식물들을 덮을 우려가 있다면 가지를 잘라 생장을 억제한다. 개화시키기 위해 시든 꽃들은 규칙적으로 제거한다. 꽃을 잘라 부케로도 이용이 가능하고, 인상적이며 오래 간다.

히야신스 오리엔탈리스

Hyacinthus orientalis

히야신스Hyacinth

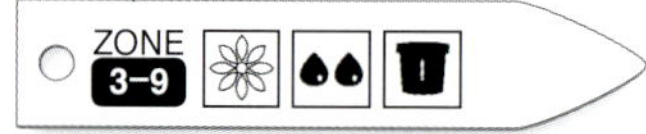

히야신스의 향기는 많은 사람들에게 진정한 봄의 신호로 여겨진다. 크로커스보다 늦고 나팔수선화와 비슷하고, 흔히 중생의 튤립들과 같은 시기에 핀다. 히야신스의 색은 진한 편이여서, 같이 심은 그룹들을 압도할 것이다. 그러나 흰색 품종들과 짝지으면, 두 식물이 따뜻한 봄햇살에 같이 빛날 것이다.

크기: 크기가 20-30cm이며, 폭은 15-20cm이다.

개화: 한봄에, 빈틈없이 채워진 적색, 푸른색, 흰색, 주황색, 분홍색, 보라색 수상화서나 노란색 작은 꽃들이 잎들 사이에 뻣뻣하게 서 있다.

광량: 충분한 광이나 차광 조건에 적합하다.

혼합배지: 배수 잘 되며, 적당히 비옥하고, pH는 6.5-7.5 조건에 적합하다.

동반 식물: 히야신스는 그룹으로 심었을때 가장 보기 좋다. 언급한 것처럼, 엷은 색의 튤립들이 동반하기에 적합한데, 히야신스의 향기가 다른 향을 압도하기 때문에 향이 없는 튤립을 선택한다.

추가사항: 히야신스의 인기 품종은 다음과 같다. 델프트 블루Delft Blue는 중간 크기의 푸른색 품종으로 향이 좋다. 킹 코드로King Codro는 겹꽃의 보라색 품종이다. 핑크 펄Pink Pearl은 분홍색 품종이다. 에델바이스Edelweiss는 강한 흰색 품종이다. 시티 오브 할렘City of Haarlem은 선명한 노란색이다. 구근을 살 경우에 구근이 클수록 꽃대도 크다는 것을 기억하도록 한다. 2년생 구근은 조밀하게 채워지지 않은, 작은 수상화서들을 많이 생산한다. 때문에, 많은 사람들은 히야신스 구근을 개화 후에 남기기보다 버린다. 히야신스는 약간의 독성 성분을 포함하고 있기 때문에 병저항성이 있다. 먹지 않도록 한다. 어떤 사람들은 구근을 손질할 때 알레르기 반응을 보이기 때문에, 당신이 민감한 피부를 가졌다면 손질할 때 플라스틱 장갑을 끼도록 한다.

릴리움 속Lilium spp.

백합Lilies

백합은 매우 인상적이기 때문에 개화할 때 당신 정원의 초점이 될 수가 있다. 어떤 것들은 좋은 향도 갖고 있기 때문에, 정원에서 두 가지 일을 하게 된다.

크기: 크기가 0.3-1.2m이며, 폭은 25-45cm이다.

개화: 종류에 따라 초여름에서 늦여름까지 크고 화려한 꽃들이 흰색, 분홍색, 노란색, 주황색, 자주색으로 핀다.

광량: 충분한 광 조건이나 차광된 조건에 적합하다.

혼합배지: 배수 잘 되며, 비옥하고, 부식이 있고, pH는 6-7 조건에 적합하다.

동반 식물: 화분에 단독으로 심고 좋은 효과를 내기 위해 그룹으로 배치한다.

추가사항: 컨테이너 재배에 가장 좋은 백합은

나팔나리Lilium longiflorum 화이트 아메리칸 White American과 같이, 우아함을 돋보이게 하는 화분과 위치를 선택한다.

리갈백합L. regale이다. 한 철에 25개의 꽃을 생산한다. 꽃들은 달콤한 향에 트럼펫 모양을 하고, 꽃잎들은 안쪽에 흰색이고 바깥쪽은 붉은 자주색이다. 돌출된 수술은 선명한 노란색이다.

릴리움 루벨룸L. rubellum도 향이 있으며 중생종이다. 이것은 사랑스러운 장밋빛의 분홍색 꽃들을 생산하며 널리 퍼지는 향기가 있다. 한 쌍만을 잘라 실내에 장식하여도 당신의 마당이나 집이 향기로울 것이다. 스타 게이저Star Gazer는 인기 있는 품종으로 거의 모든 화원에서 찾을 수가 있다. 이것은 다수의 큰, 별 모양의 적색 꽃을 갖는데, 이들의 꽃잎은 끝이 휘어져 있고 중심부에 짙은 반점이 있다. 향은 없으나 볼만한 전시물이므로 백합 애호가들은 적어도 1-2개의 식물을 키운다. 릴리움 나눔L. nanum은 속도에 변화를 줄 수가 있다. 일반적으로 25-30cm 자라고, 노란색이나 분홍색의 흔들리는 꽃들은 펜던트 모양이며 향기가 없다. 서늘한 지역에서는 차광, 따뜻한 지역에서는 약간의 음지를 좋아하고, 큰 식물들과 혼합해서 심을 수가 있다.

무스카리 아르메니아쿰

Muscari armeniacum

무스카리Grape hyacinth

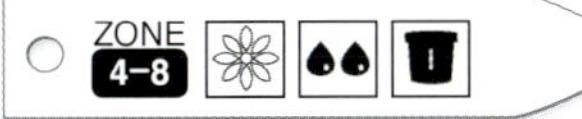

무스카리는 즐겁게 해주는 식물들이다. 관심을 갖고 보면 거의 모든 사람들이 이를 보고 웃는다는 사실을 알 수가 있다. 미니 히야신스 같이 보이는 작고 조밀한 잡목숲은 사람들을 행복하게 해준다. 큰 그룹으로 심도록 한다. 6개의 작은 무스카리는 인상적이지 않지만, 30-40개는 큰 구경거리가 된다.

크기: 크기가 10-20cm이며, 폭은 7.5-10cm이다.

개화: 짙은 자주색의 수상화서나 작은 종 모양의 흰색 꽃들은 이른 봄에 잔디 같은 화려한 녹색잎들 중심에 필 것이다.

광량: 충분한 광 조건이나 음지조건에 적합하다.

장엄한 석재 항아리와 대비되는 의기양양한 작은 무스카리는 마음을 즐겁게 해준다.

혼합배지: 배수가 잘 되며, 적당히 비옥하거나 거친 토양 조건에, pH는 5.5-7.5 조건에 적합하다.

동반 식물: 흰색이나 노란색 튤립 또는 나팔수선화의 하부식물로 이용한다.

추가사항: 무스카리 아르메니아쿰M. armeniacum은 가장 흔한 종이고 화원에서 가장 많이 볼 것이다. 가장 좋은 품종 중의 하나인 블루 스파이크Blue Spike는 튼튼한 식물로 겹꽃의 연한 푸른색 꽃을 갖는다. 무스카리 아주레움M. azureum도 흔한데, 보다 짙은 푸른색이며 빨리 퍼진다. 무스카리 코모섬M. comosum은 테가 있는 연보라색 겹꽃으로 수상화서에 느슨하게 모여 있다. 그리고 화사한 품종을 원한다면, 흰꽃무스카리M. botryoides 앨범Album을 보도록 한다.

나르치수스Narcissus spp.

수선화Daffodils, Jonquils

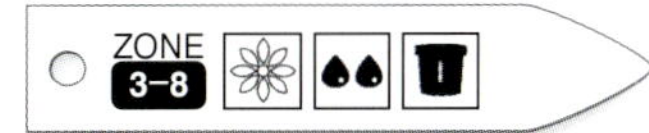

수선화의 다양함은 아주 놀랍다. 미국 수선화 협회에 따르면, 25개의 종은 12종류로 나뉘고, 13,000개 이상의 품종이 있다. 그러나 그에 관해서 대부분의 정원사들은 염려를 하는데, 형태, 색깔, 크기, 향, 그리고 내한성이 가장 중요하기 때문이다. 이른 꽃들은 어느 기후에서도 잘 자라지만, 늦은 꽃들은 8구역이 개화하기에 너무 더워서 잘 자라지 못한다.

크기: 크기가 15-45cm이며, 폭은 7.5-15cm이다.

개화: 다양하다. 흰색에서 엷은 분홍색과 노란색이며, 크거나 작은 컵 모양이고, 향기 있거나 없다.

광량: 충분한 광이나 반음지 조건에 적합하다.

혼합배지: 배수 잘 되며, 습하고 비옥하며, pH는 6-7.5 조건에 적합하다.

동반 식물: 개화 시기에 따라 좌우되지만 알리섬이나 팬지와 같은 봄꽃이 피는 화분 옆에 배치한다. 구근들은 모여있을 때 더 좋아보인다. 품종이 다르더라도 개화시기가 같은 품종들을 모이게 하면 근사한 효과를 낼 수가 있다.

추가사항: 많은 품종 중에 테 타 테트^{Tête-à-Tête}와 탈리아^{Thalia}는 컨테이너에 적합하다. 봄에 가장 일찍 피는 테 타 테트는 노란색의 미니 수선화로 부관과 꽃잎 사이에 일정한 비율이 있다. 크로커스와 같은 시기에 핀다.

탈리아는 흰색 꽃의 총생화서로 중간 크기의 식물이고 꽃잎 사이에 일정한 비율이 있다. 수선화는 일찍 개화시키기 위해 촉성재배를 하거나 실외 컨테이너 정원에서 정상적으로 꽃피우기 위해 4.5℃의 온도로 12-15주의 저온처리가 필요하다. 저온을 위해서는 어는점보다는 높고 7℃ 보다 낮게 유지되는 창고가 이상적이다. 구근들의 끝을 지면보다 몇 cm 깊이로 심고, 관수를 해주되 축축하지 않을 정도로 유지한다. 구근들이 저온처리 받은 후, 촉성재배를 위해 서서히 따뜻하게 해주고 싶을 것이다. 저온처리가 끝나면 즉시 실내에 들여놓는다. 많은 화분들을 심었다면 한 번에 한 쌍의 화분만 들여놓음으로써 기간을 연장할 수가 있다. 따뜻해지면 잎생장이 자극될 것이다. 창턱과 같이 낮에 빛을 많이 받을 수 있는 위치에 배치한다. 야간에 서늘한 장소에 유지하여 개화기간을 연장시킨다.

튤립 속^{Tulipa spp.}

튤립^{Tulips}

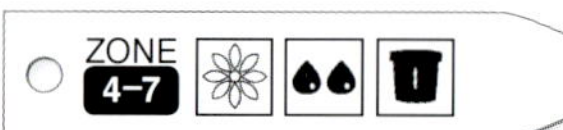

튤립은 정연하거나 편하게 보일 수가 있는데, 당신이 어떻게 그리고 어디에 이용할 것인가에 달려 있다. 산책길을 따라 흰색의 큰 튤립으로 채워진 주상의 화분들을 배치하면 몹시 우아하다. 다색의 튤립 화분들을 개화하는 수선화나 다른 매혹적인 봄꽃 사이에 놓으면 마음을 매우 밝고 즐겁게 해주고 자연스런 느낌을 준다. 튤립은 "없어진다"고 알려져 있는데, 두 번째와 세 번째 해에 개화를 하지 않기 때문이다. 컨테이너 정원의 경우, 매년마다 구입해서 당신이 원할 때 개화할 수 있도록 한다.

크기: 크기가 15-75cm이며, 폭은 10-25cm이다.

나르치수스^{Narcissus} 하웨라^{Hawera}와 같은 다수의 수선화를 심어 봄의 아름다움을 창조한다.

개화: 품종에 따라 한봄이나 늦은 봄에 개화한다. 직립이거나 뒤로 젖혀진 컵, 별 모양의 꽃들은 파란 색조를 제외하고 모든 색깔로 핀다.

광량: 충분한 광 조건에 적합하다.

혼합배지: 배수 잘 되며, 비옥하고, pH는 6.7-7.5 조건에 적합하다.

동반 식물: 히야신스나 물망초는 튤립 화분의 하부층에 심으면 좋은데, 단독으로 심어도 인상적이다. 한 꽃이 개화할 때 다른 식물이 고사하지 않도록 컨테이너에 같은 품종으로만 심는다. 봄 내내 꽃을 보기 위해 컨테이너를 그룹짓고 바꿔간다.

추가사항: 오래 전 네덜란드 전역의 "튤립매니아"들에 의해 구근들이 천문학적인 액수로 팔릴 때, 가장 인기 있는 종류는 꽃잎에 줄무늬가 있는 것이었다. 그때는 이러한 줄무늬가 바이러스 병에 의한 것이라고 아무도 알지 못했다. 오늘날 사람들은 감염된 구근들을 파괴하고 버린다. 그러나 실망하지 않아도 된다. 육종가들은 같은 종류의 줄무늬가 있는 일명 렘브란트^{Rembrandt} 튤립들을 창조하였다. 프린세스 이레네^{Prinses Irene}는 주황빛의 적색이며 컵 모양의 튤립이고, 컵 아래부터 밤색의 줄무늬가 생긴다. 소르베^{Sorbet}와 아이스 폴리즈^{Ice Follies}는 흰색이면서 적색 줄무늬가 있고, 오렌지 보울^{Orange Bowl}은 주황색에 화사한 노란색 줄무늬가 있다.

주목할 만한 다른 품종으로, 스트레사^{Stresa}는 노란색 튤립으로 적색 줄무늬가 있다. 카우프만니아나^{Kaufmanniana} 튤립이기 때문에, 컨테이너에서도 매년 꽃이 핀다. 꽃이 시든 후 줄기를 제거하고 구근은 남긴다. 잎이 고사한 후 가을에 옮겨심을 때까지 조금씩 관수해준다. 화이트 트라이엄패터^{White Triumphator}는 백합 형태의 튤립으로 60cm의 크기이다. 정형의 컨테이너에 심을 때 특히 더 우아해 보인다. 마리에트^{Mariette}는 또 다른 백합 형태의 튤립이다. 지상부가 벌어지는 장미빛 또는 연어살빛의 꽃을 갖는다. 네그리타^{Negrita}는 트라이엄프^{Triumph} 종류로, 튤립하면 당신이 떠올리는 종류이다. 짙은 자주색의 고전적인 모양이다.

덩굴성 식물^{Climbers}

덩굴성 식물들은 컨테이너 정원에 극적인 효과를 추가한다. 이들은 다른 식물의 배경이 되거나 풍경의 초점, 되풀이 또는 다른 특징을 추가하는 건축학적인 볼거리를 제공해준다. 많은 덩굴식물들은 큰 화분에 잘 자란다. 쉽게 관리할 수 있도록, 바퀴 달린 단 위에 배치하도록 한다. 심기 전에 격자 울타리를 선택할 것인가도 생각해본다. 식물이 화분 안의 지지대에서 잘 자란다면, 한 면으로만 자라게 할 수 없을 것이다. 결국, 적절한 시기에 전정도 해야 한다. 겨울 늦게 휴가를 간다면, 개화할 때까지 관리가 필요 없는 여름에 개화하는 꽃들을 구입해야 할 것이다.

캄프시스 속^{Campsis spp.}

캄프시스 ^{Trumpet vines}

캄프시스는 가장 빠르게 자라는 덩굴성 식물이다. 지지불을 빛 닌란에 딮을 것이고, 일부러 차단하지 않은, "빛이 투과하는" 구역을 제외하고 차폐물을 제공할 것이다. 그러나 이것만이 장점은 아니다. 화사한 색의 꽃은 벌새들을 유인한다. 한여름에, 2-3 마리의 벌새들이 캄프시스로부터 먹이를 구하는 모습은 흔히 볼 수가 있다. 당신이 벌새들을 좋아하고, 캄프시스를 기를만한 장소가 있다면, 꼭 심고 싶은 식물이 될 것이다.

크기: 컨테이너에서 크기가 3-4.5m이다.

개화: 한여름부터 추위가 올때까지 적색, 주황색, 노란색의 부관 모양을 한 꽃들이 핀다.

광량: 충분한 광 조건이나 반음지 조건에 적합하다.

혼합배지: 배수 잘 되며, 적당하거나 많이 비옥하고, 부식이 많아야한다. 단기의 건조함에 견딘다.

동반 식물: 캄프시스의 하부에 한련을 컨테이너로부터 늘어지도록 배치하면 캘리포니아 양귀비나 셜리 양귀비처럼 사랑스런 동반작물이 된다.

추가사항: 캄프시스를 토양에 심으면 너무 왕성하게 자라므로 정원에 폐가 될 수도 있는데, 컨테이너에서는 좀 나은 편이다. 그렇더라도 화분 밖에 단독의 지지물을 세우고, 집이나 주차장의 벽을 올라타지 않도록 한다. 인기 있는 품종은 다음과 같다. 인디언 섬머^{Indian Summer}는 노란빛의 주황색 꽃에 선명한 적색의 주둥이를 갖는다. 마담 로즈^{Madame Rose}는 잡종 캄프시스로, 이름에서도 알 수 있듯이 장밋빛의 적색 꽃이 5월부터 추위가 올 때까지 계속해서 핀다. 반음지와 약간의 서늘함은 장미빛을 더 선명하게 한다. 플레이보^{Flava}는 주황색 농담의 노란색 꽃을 이룬다. 마담 갈렌^{Mme Galen}은 주황빛의 적색이다. 휘탄^{Huitan}은 최근 특허를 받았으며, 산호빛의 적색으로 아담하고 덩굴성 습성이 없다. 모닝 캄^{Morning Calm}은 살구색 꽃이 핀다. 추운 지역에서는 기르지 않도록 한다. 6구역에서 내한성이 있다.

클레마티스 속^{Clematis spp.}

클레마티스^{Clematises}

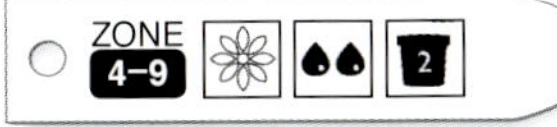

클레마티스는 정원에서 가장 화려한 꽃이다. 웹사이트에서 클레마티스 품종을 찾으면, 선별되어 제공되는 그 수에 압도될 것이다. 특정한 색을 생각하고 있는 것이 아니라면, 한두 개를 고르는 것도 상당히 어렵다. 봄에 개화해서 다시 늦은 여름에 개화하거나, 여름에만 개화하는 종들을 발견할 것이다. 향기나는 종류, 이색 품종, 꽃이 크거나 작은 식물들을 찾을 것이다.

크기: 다양하다. 일반적으로 크기가 1.8-6m이다.

잘 꾸며진 화분과 나선형의 지지물은 클레마티스 크리스탈 폰테인^{Crystal Fountain}의 화려한 모습을 완벽하게 보완해줄 것이다.

개화: 계절, 색, 모양이 다양하다. 꽃잎들은 보통 열려있고, 우아한 수술이 중심에 있다.

광량: 용도가 다양한 덩굴성 식물(원래 삼림지대 식물이다)이며, 충분한 광이나 반음지 조건에 적합하다. 뿌리는 음지조건에 유지한다.

혼합배지: 일반적인 조건에 적합하다.

동반 식물: 장미는 클레마티스의 전통적인 동반자이지만, 이 덩굴성 식물은 나무나 관목을 포함한 거의 모든 지지물 위에서 잘 자란다.

추가사항: 특정한 시기에 전정을 왜 해야하는

것인지, 식물이 빛이나 강전정을 필요로 하는지를 이해할 때까지는 클레마티스 전정이 혼돈스러울 수가 있다. 식물을 구입할 때 어느 전정 그룹인지 점검하도록 한다. 일찍 개화하는 종류들은 그룹 A 또는 1로 분류되고, 늙은 가지에서 일찍 개화한다. 개화기 이후에 바로 전정을 해주고 다음해 꽃이 되기 위한 눈들의 형성을 촉진한다. 식물이 왕성하게 자라면 강전정을 해주고, 느리게 자라면 줄기의 끝, 교차된 가지, 노목을 잘라주고 최종적인 성형 작업을 한다. 반복해서 개화하는 종류들은 봄 그리고 그 이후에 개화하고, 새로운 가지와 늙은 가지에 꽃을 형성한다. 이들은 그룹 B 또는 2로 분류한다. 식물이 가장 훌륭한 전시물이 될 때를 관찰해서 판단하고 그에 따라 전정을 해준다. 봄꽃이 많으면 개화하자마자, 그리고 늦은 꽃들이 좋으면 휴면할 때 전정해준다. 겹꽃의 식물들은 개화 후 바로 전정해주도록 하는데, 겹꽃들이 늙은 가지에서 가장 잘 형성되기 때문이다. 강전정은 할 필요없고, 교차되거나 혼잡스러운 가지들을 잘라내면 성형작업은 끝이 난다.

여름과 가을에 개화하는 종류들은 그룹 C 또는 3에 해당하고, 올해의 가지에서 개화한다. 휴면이 타파되기 전인 이른 봄에 전정해준다. 강전정을 하면 큰 꽃을 얻지만, 가지마다 적어도 2-3개의 눈은 남기도록 하고, 지면까지 자르지 않도록 한다. 늙은 가지들이 많이 쌓이게 되면, 개화하는 꽃은 줄어들 것이다. 그러므로 최소한 2년마다 강전정을 해주도록 한다.

인기 있는 품종으로 실버 문Silver Moon 은 엷은 연보라색 꽃에 금색 무늬를 갖는다. 이 식물은 쉽게 기를 수 있으며 봄에만 약전정을 해주면 된다. 넬리 모저Nelly Moser 는 그룹 B 또는 2에 속하고 늦봄과 늦여름에 많이 핀다. 반음지 조건에 잘 견딘다. 꽃들은 지름이 20cm로 크고, 각 분홍색 꽃잎에는 중심부의 아래쪽에 진한 분홍색의 줄이 있다. 수술들은 검붉은 색이다.

클레마티스 비티셀라C. viticella 품종들은 꽃이 작지만, 늦여름에 풍부한 꽃수로 크기를 만회한다. 그룹 C 또는 3인 이들 꽃들은 올해 가지에서 개화하고 휴면할 때 강전정 해준다.

클레마티스 몬타나C. montana 품종들은 그들의 왕성한 생장과 강인함으로 잘 알려져 있는데 강전정을 해준다. 6-9의 내한성 구역에 속하며, 그룹 A 또는 1이므로 전 해 가지에서 꽃이 핀다.

헤데라 속Hedera spp.

헤데라, 아이비nglish or common ivy (H. helix); Atlantic Ivy (H. hibernica

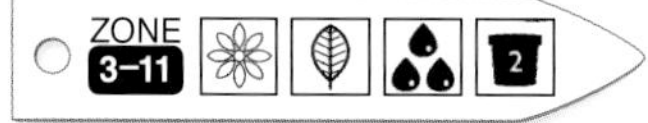

헤데라의 2가지 종에는 수백 개의 품종들이 속하고, 다섯 가지의 주요 엽형과 색들은 순수한 밝은 녹색에서 짙은 밤색이나 차분한 노란색에 이른다. 어떤 종류들은 흰색, 은색, 금색의 반입이 들어가고, 다른 종류들은 뒷면에 짙은 녹색의 연한 엽맥들이 있다. 대부분이 실외 또는 실내의 컨테이너에 적합하다. 아이비 식물의 모든 부위는 먹은 후에 장에 심한 문제를 일으키고, 어떤 사람들은 액즙에 접촉했을 때도 이러한 반응이 나타난다. 알레르기가 있는지를 모른다면, 작업할 때 장갑을 끼도록 한다.

크기: 종에 따라 다양하다. 덩굴은 길이가 1.8m도 넘는다.

개화: 꽃이 작고 빛깔이 엷다.

광량: 녹색 잎들은 음지조건에도 잘 견디지만, 반입이 들어간 아이비들은 이보다 많은 광을 선호한다.

혼합배지: 배수 잘 되며, 습하고, 부식이 풍부한 조건에 적합하다.

동반 식물: 아이비들은 다른 식물들을 잘 보완해주지만 화분을 공유하지 못한다. 혼합 심기를 할 때 색과 흥미를 제공하기 위해 배경으로 심는다.

추가사항: 아이비들은 키우기가 쉽다. 뿌리에 충분한 공간을 주고, 관수, 시비, 양분들을 잘 제공하고, 잎 주위에 통풍이 잘되게 해주면 잘 자랄 것이다. 병해가 발생하면 감염된 부위를 잘라내고, 통풍이 잘되게 가지들을 솎아주며, 통풍이 잘되고 광이 잘 드는 장소로 옮긴다. 아이비는 언제라도 전정하면 되기 때문에, 다른 식물이나 정원가구에 올라탈 위험이 있다면 가지들은 베어주도록

한다. 인기 있는 품종은 다음과 같다. 칼리코Calico는 녹색 잎으로 중심에 흰색 반입이 들어가고 가끔은 분홍색 얼룩이 보인다. 느리게 자라는 식물이고, 반입이 들어간 다른 식물들과는 다르게 실내나 실외에 다 잘 자란다. 콘제스타Congesta는 덩굴성이 아니며, 수상화서 같은 가지들이 작은 관목으로 자란다. 대생의 잎들은 가지로부터 뻣뻣하게 돌출되어 있어 선사시대의 모습을 나타낸다. 메이플 리프Maple Leaf는 걸이 화분으로 좋은 재료인데, 처진 가지에 녹색의 잎들이 두껍게 자라기 때문이다.

하이드란게아 페티오라리스
Hydrangea petiolaris

등수국Climbing hydrangea

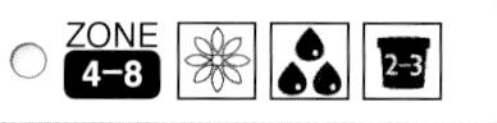

등수국은 개화 유무에 상관없이 환상적인 볼거리이다. 기근으로 서로 붙을 수가 있기 때문에, 부드러운 격자 울타리나 벽에 기어오르게 하고 싶을 때 그 자리에 묶어주어야 한다. 낙엽성의 잎은 가을에 떨어지기 전에 밝은 노란색으로 변하여 볼거리를 더한다.

크기: 화분에 따라 틀리지만 3-6m이다. 토양에 심을 때 25m까지 자란다.

개화: 봉오리의 총생화서들은 폭이 15-25cm에 이르고 편평한 반구형을 이룬다. 중심부의 크림색 꽃들은 임성이 있고 긴 수술이 있는 것이 특징이고, 가장자리에 있는 불임의 꽃들은 꽃잎이 4개이며 깨끗한 흰색이다.

광량: 남부지역에서는 반음지 조건이나 차광조건에 견딘다. 북부지역에서는 보다 밝은 곳으로 옮긴다.

혼합배지: 배수 잘 되며, 습하고, 비옥한 조건에서 잘 자란다.

동반 식물: 이 식물은 워낙 화려해서, 정원의 중심으로 이용한다.

추가사항: 잎들이 떨어지면, 황갈색에서 적색의 벗겨진 껍질이 눈에 띄고, 그것만으로도 정원의 볼거리가 된다. 음지에서 잘 자라는 이 식물은 좋은 토양 조건에서도 늦게 자리잡는다. 등수국의 경우

숙근초와 관련된 오래된 속담을 기억하도록
하자. 첫 해에는 자고, 두 번째 해에는 기고,
세 번째 해에는 뛴다. 세 번째 해에 "뛰지"
않는다면, 인내심을 갖도록 한다. 언젠가는
일년에 60cm까지도 생장할 것이다. 이용
가능한 품종으로 파이어플라이Firefly는 매우
인상적인데, 봄에 잎들이 열리자마자 화사한
라임 노란색 가장자리를 보이기 때문이다.

이포메아 속Ipomoea spp.

나팔꽃Morning glories

나팔꽃이 지지물 위를 자유롭게 뻗어나가는
것처럼 "여름"을 더 잘 표현하는 것이 있을까?
친숙하고 전형적인 푸른색, 자주색, 흰색,
분홍색의 둥근잎 나팔꽃Ipomoea purpurea과
밤에 흰색 꽃이 피고 바람이 불면 향기를
풍기는 이브닝 글로리라고도 불리는 밤메꽃
I. alba이 있다. 이포메아 물티피다I. × multifida
는 가늘고 홀쭉하며 끝이 톱날같은 잎들은
주황빛의 적색 꽃들을 보완해준다. 이포메아

둥근잎 나팔꽃은 적게 관리해도
격자울타리를 잘 채워주므로,
한여름과 늦은 여름의 중심이 될 수가 있다.

쿠아모크리트I. quamoclit은 가늘고 홀쭉하며
끝이 톱날 같은 잎들과 주황빛의 적색
꽃들을 갖는다. 마지막으로, 고구마 덩굴 I.
batatas은 꽃보다 잎에 의해 알려져있고, 어느
정원에도 멋지다.

크기: 컨테이너에서 1.5-4.5m 자란다.

개화: 종과 품종에 따라 색이 다양하지만,
대부분의 꽃들은 한여름부터 추위가 올
때까지 개화한다.

광량: 충분한 광 조건에 적합하다.

혼합배지: 배수 잘 되며, 습하고, 부식이
풍부한 조건에 적합하다.

동반 식물: 둥근잎 나팔꽃과 밤메꽃은 공간을
잘 공유하지 않으므로 단독으로 컨테이너에
심는다. 고구마 덩굴의 화사한 꽃들은 거의
모든 식물들을 사랑스럽게 보완해준다. 작은
이포메아 쿠아모크리트I. quamoclit와 이포메아
물티피다I. × multifida는 멋진 전시를 위해
캘리포니아 양귀비와 배합할 수가 있다.

추가사항: 고구마 덩굴의 품종으로 블랙키
Blackie는 잎이 거의 검정색이고, 마르가리타
Margarita는 화사한 라임 녹색의 잎을 갖는다.
둘이서도 잘 어울리고 많은 다른 식물들을
보완해준다.

쟈스미눔 속Jasminum spp.

쟈스민Jamines

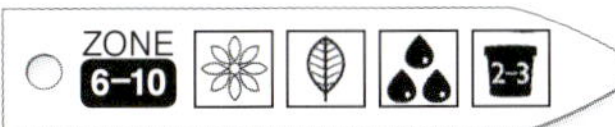

쟈스민의 향은 너무 달콤해서, 한번
기르면 이것 없는 정원을 상상할 수
없게 된다. 200개 이상의 쟈스민 종이
있는데, 다 덩굴성이거나 향이 있는 것은
아니다. 아름답고 덩굴지면서 지지물을
잘 덮어주더라도, 향기가 있어야 두 배로
더 즐길 수가 있기 때문에, 구입하기 전에

설명서를 주의깊게 읽어주도록 한다.

크기: 다양하다. 컨테이너에서
1.5-4.5m 자란다.

개화: 대부분의 쟈스민 꽃들은 흰색이다.
어떤 종류들은 노란색이다.

광량: 충분한 광 조건이나 반음지 조건에
적합하다.

혼합배지: 배수 잘 되며, 비옥하고, 습한
조건에 적합하다.

동반 식물: 쟈스민의 향은 강해서 다른 식물의
향을 압도한다. 가장 좋은 배합을 위해 향이
없는 식물과 재배한다.

추가사항: 쟈스민은 좋은 환경에서 병충해의
피해가 적다. 당신의 식물이 병해 증상이
나타난다면, 중심부가 드러나게 전정을
해주고 모든 가지 사이로 자유롭게 통풍이
되게 해준다. 위치를 생각하면서 품종과 종을
선택한다. 예로 영춘화J. nudiflorum는 내한성이
가장 뛰어난 쟈스민이고, 북쪽의 5B 구역내
보호지역에 잘 자란다. 화분의 토양이 겨울
동안에 얼지 않게 보호해준다면 식물도 오래
살 것이다. 쟈스민J. officinale은 9-10구역에서
인기 있는데, 강한 향을 내는 흰색 꽃이
있고, 빠른 생장을 하기 때문이다. 보다 추운
지역에서 키우고 싶다면 월동을 실내에서
하도록 한다.

쟈스민은 대부분의 기후조건에서
겨울에 실내로 옮겨져야하기 때문에,
장식적인 "실내" 화분에 심는다.

스위트피의 향을 음미할 수 있는 장소에 화분을 배치하고, 꽃병을 위해 자르기도 한다.

라티루스 속Lathyrus spp.

스위트피Sweet pea

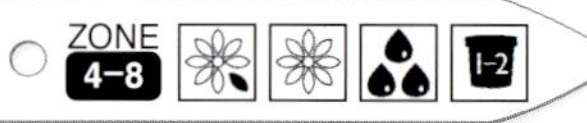

일년초인 스위트피는 숙근초보다 색이 화려해서 당신이 마음속에 그렸던 꽃일 것이다. 스위트피는 강한 향도 지닌다. 색을 위주로 육종된 새로운 잡종들은 향이 없는 경우도 있기 때문에, 설명서를 주의깊게 살펴보도록 한다. 반대로, 종묘회사로부터 구할 수 있는 헤어룸heirloom 품종들은 색이 아름답고 달콤한 향도 있다. 망설이고 있다면 그들을 선택하도록 한다.

크기: 크기가 1.2-2.4m이다.

개화: 숙근초들은 엷은 분홍색이거나 흰색이다. 일년초들은 많은 경우 이색이며, 분홍색, 연자주색, 자주색, 푸른색, 연보라색, 연어살색이다.

광량: 충분한 광 조건에 적합하다.

혼합배지: 배수 잘 되며, 비옥하고, 습한 조건에 적합하다.

동반 식물: 스위트피는 단독으로 기를 수가 있을 만큼 화려하다. 다른 식물과 동반해서 키우고 싶다면 알리섬을 선택하도록 한다. 형태나 향이 스위트피와 경쟁하지 않기 때문이다.

추가사항: 격자 울타리에 계속 키운다. 가벼워서 가는 끈 위로도 잘 자라지만, 속성의 덩굴과 접촉하여 당신이 모르는 사이에 엉킬 수가 있다. 끈 위로 키우면서 모양을 가꾸면 통풍이 잘되어 병해를 막을 수가 있다. 향이 있는 스위트피L. odoratus의 많은 품종들이 일년초이며 인기가 있다. 가장 많이 이용되는 품종들은 다음과 같다. 분홍색과 흰색으로 이루어진 이색인 퀸 오브 디 아일랜드Queen of the Isles, 흰색에 적색줄이 있는 아메리카나Americana, 연자주빛의 블랙 나이트Black Night, 크림색의 미시즈 콜리어Mes. Collier, 자주빛과 푸른색으로

이루어진 이색인 큐패니스 오리지널Cupanis Original, 주황색의 헨리 에크포드Henry Eckford, 흰색인 도로시 에크포드Dorothy Eckford, 그리고 분홍색과 흰색으로 이루어진 이색의 페인티드 레이디Painted Lady 등이 있다.

로니세라 속Lonicera spp.

인동덩굴Honeysuckles

꽃을 따서 빨아먹는 어릴적 추억이 있는 사람이라면 누구나 인동덩굴을 좋아할 것이다. 어른이 되어서 그런 행동은 이상할지 모르겠지만, 달콤한 향은 행복한 기억들을 다시금 떠올리게 할 것이다. 약 180종이 있으며, 대부분이 컨테이너에 적합한 덩굴성 식물이다.

크기: 컨테이너에서 1.8-3m이다.

개화: 흰색, 분홍색, 크림빛의 노란색이다.

광량: 종에 따라 양지바르거나 어두운 조건에 적합하다.

혼합배지: 배수 잘 되며, 비옥하고, 습한 조건에 적합하다.

동반 식물: 돋보이게 화분에 단독으로 키운다.

추가사항: 꽃들이 2년생 가지에서 형성되므로, 개화 후 바로 전정한다. 작고 아담하게 유지하고 싶다면 강전정을 해주고, 모양을 잡고 만들고 싶으면 약하게 전정한다. 인동덩굴의 종과 잡종은 다음과 같다. 로니세라 브로니이L. × brownii 드롭모어 스칼렛Dropmore Scarlet은 향이 있는 붉은 빛을 띄는 꽃이다. 로니세라 헥롯티이L. × heckrottii 골드 플레임Gold Flame은 향이 있는 주황빛의 노란색 꽃이다. 로니세라 아메리카나L. × americana는 향이 있는 노란색 꽃이다. 로니세라 페리클리메눔L. periclymenum 그레이엄 토마스Graham Thomas는 향이 짙은 흰색 꽃이 노란색으로 변한다. 생장 속도가 빨라 격자 울타리를 덮어버리고, 몇 주간 달콤한 향기를 제공한다. 로니세라 푸르푸시L. × purpusii는 덩굴성은 아니지만 멋지다. 가지들을 부채 모양으로 고정시키면 다른 식물의 배경이 될 수가 있다. 붉은 빛이 감도는 자주색 가지와 늦겨울이나 이른 봄에 향이 나는 크림빛의 흰색 꽃들은 매우 인상적이다. 개화는 6-8주 동안 이루어진다.

장미속Rosa spp.

덩굴장미Climbing roses

덩굴장미는 당신이 키울 수 있는 가장 낭만적인 식물일 것이다. 적합한 식물을 선택하는 것 외에 덩굴성 식물을 충분히 지지해주는 기술이 필요하다. 덩굴장미는 컨테이너에서도 몇 년 후에 2.4-3m 높이와 폭으로 자랄 수가 있다. 화분의 격자 울타리를 선택할 때 이를 고려하도록 한다.

크기: 크기가 1.5-4.5m이며, 폭은 0.6-1.8m이다.

개화: 대부분의 덩굴은 다시 개화한다. 덩굴장미는 일년에 한번 개화한다.

광량: 충분한 광 조건에 적합하다.

혼합배지: 배수 잘 되며, 비옥하고, 부식이 많은 조건에서 적합하다.

동반 식물: 클레마티스와 장미는 사랑스러운 동반식물이며, 각각의 화분에 심어 가까이

배치한다. 작은 관엽식물들을 장미 화분에
심는다. 나머지 정원식물들의 화색이
조화되면 장미가 좋은 배경이 될 수가 있다.
추가사항: 장미는 사실 "덩굴"이 아니다.
덩굴이라 불리는 것들은 줄기가 길어
지지대에 묶을 수가 있기 때문에 덩굴처럼
보인다.

덩굴장미 다른 종류로 생각하는 사람들이
있지만, 장미종R. wichurana, R. laevigata이다.
가늘고 회초리 같은 줄기들은 쉽게 유인할
수가 있다.

다른 "덩굴장미" 특별한 품종으로,
모던modern, 노이셋noisette, 티 로즈tea rose,
차이나china, 보르본bourbon, 하이브리드 티
hybrid tea, 그란디플로라grandiflora, 플로리분다
floribunda 그룹으로 나뉜다. 어떤 경우에는 긴
줄기를 갖도록 육종되었다. 다른 종류들은
이러한 돌연변이가 나타난 경우이다.

전정하기 덩굴장미는 작년 가지에서는
늦겨울에 그리고 올해 가지에서는 이른 봄에
다시 개화한다. 겨울에 다시 개화하여도 모든
눈들을 제거하지 않도록 한다. 교차되거나
손상된 나무들만 잘라주고 식물을 다듬기
위해 전정한다. 식물이 일년에 한번만 꽃이
피면, 개화 후까지 기다려 전정하도록
한다. 이러한 식물들은 작년 가지에서 눈이
형성되기 때문이다.

인기있는 품종들 로자 알베릭
바비어R. Albéric Barbier는 비쿠라나wichurana
장미에 속한다. 이 식물은 왕성하게
생장하고 잎은 흰가루병에 저항성을 갖는다.
겹꽃들은 크림빛의 흰색이며 중심부에
노란색이다. 어떤 사람들은 향이 사과와
비슷하다 하고, 어떤 이들은 사향 같다고
한다. 작년 가지에 한번만 개화한다. 로자
르네앙드레R. RenéAndré는 1901년에 도입된
잡종이다. 로자 비쿠라나R. wichurana와 티tea
장미인 리데알'L'Ideal'을 교배하여 얻어졌다.
이 식물도 겹꽃이며 엷은 살구색이나
분홍색이다. 보통 작년 가지에서 일년에
한번 피지만, 가끔 늦게 몇 개의 꽃들이 다시
핀다. 향은 약하기 때문에 향을 못 느낄 수도
있다. 로자 당스 뒤 푀R. Danse du Feu는 "모던
덩굴"그룹의 종류이다. 눈에 띄는 식물을
찾는다면, 이 식물을 기르도록 한다. 대형의

겹꽃은 주황빛과 벽돌색의 적색이고, 잎은
광택이 있고 진녹색이다. 감귤류 향이 난다.
북쪽의 장소에도 잘 견뎌 특별한 장미인데,
낮에 4-5시간의 직사광선을 받을 수가 있다.
로자 뉴 던R. New Dawn도 "모던 덩굴"이며
대부분의 사람들은 가장 훌륭한 덩굴장미로
여긴다. 병저항성이 강하기 때문에, 키우는
것이 수월하다. 꽃은 반겹에서 겹꽃이며
분홍색에 향이 있다. 꽃이 시들면서
색이 약해지고 분홍색 빛을 띤다. 다시
개화하여 이른 가을에 몇 개의 꽃을 보인다.
차광조건 및 북쪽 위치에서도 잘 견디고
장소에 상관없이 어디든 잘 자란다. 로자
즈피린느 드루앵R. Zepherine Drouhin은 보르본
bourbon 장미이다. 가시가 없기 때문에 쉽게
유인하고 선성할 수가 있다. 장미를 상상할
때 떠오르는 그런 향이고, 장미를 연상할
때 생각나는 진한 분홍색이다. 곰팡이병에
걸리기 쉽기 때문에, 습도가 낮은 지역에
적합하다. 로자 브라이트 아이즈R. Brite Eyes는
덩굴로 녹 아웃Knock Out™의 육종가들에 의해
새로 도입되었다. 모든 정원사들은 녹 아웃
도입 품종들을 그들의 왕성한 생장 때문에
높이 평가한다. 그들은 흑반병 저항성과
내건성이 있고, 습도가 높은 지역에서도
잘 자라고, 긴 기간 동안 여러 번 개화한다.
브라이트 아이즈는 연어살빛의 홑꽃으로
좋은 향이 있다.

비스테리아 속Wisteria spp.
등나무 Wisterias

만개한 등나무의 풍성한 아름다움은
그윽한 향기로 배가된다. 야생으로 자라는
삼림지대에서는 등나무 향이 바로 봄이
온다는 신호이다. 나무 위에 완두콩 모양의
늘어진 총상화서들이 형성되기 오래 전부터
향으로 그들의 존재를 알린다.
크기: 컨테이너에서 3m이다.

등나무가 뿌리에 충분한 공간이
제공되도록 큰 화분에 심겨져 있다.

개화: 자주색이나 흰색이며, 가끔은
분홍색이다.
광량: 충분한 광 조건, 더운 지역에서는
반음지 조건에 적합하다.
혼합배지: 배수 잘 되며, 습하고, 적당히
비옥한 조건에 적합하다.
동반 식물: 자주색이나 흰색 수상화서의 큰
아이리스 화분들을 등나무 앞에 배치하면
근사한 전시물이 만들어진다.
추가사항: 중국과 일본 등나무가 가장
많이 쓰인다. 이 식물의 기이한 점은, 중국
등나무가 시계 반대 방향으로 그리고 일본
등나무는 시계 방향으로 감긴다는 것이다.
다른 것으로는 이 두 종류들을 쉽게 구분할
수가 없다. 모든 종들은 흰색과 자주색
품종들을 포함한다. 등나무는 적절하게
비옥한 수준으로 관리하는 것이 중요하다.
질소시비가 너무 많으면 개화가 억제된다.
격자울타리에 두르는 것도 주의 기울여야
한다. 식물이 매우 무거워질 수 있기

때문이다. 등나무 화분에 울타리를 꽂으면 지지하기가 어렵다. 식물을 구입할 때 분리된 지지물을 준비하도록 하고, 정원에 설치할 때 등나무 화분과 격자 울타리를 위한 공간이 충분히 확보되는지를 확인한다. 늦겨울이나 이른 봄에 매년마다 전정해주도록 한다. 곧게 전정해주도록 한다. 등나무를 화분에 옮긴 후에 연장지가 90cm 이상 되지 않게 자른다. 연장지와 측지를 여름 내내 지지물에 묶어주도록 한다. 다음 해 봄에 연장지가 많이 자랐다면 측지보다 60-90cm 높게 잘라주도록 한다. 측지는 본래 길이의 1/3 정도 잘라주도록 하고, 측지에서 뻗은 가지 중에 2-3개의 눈만을 가진 것들도 잘라주도록 한다. 등나무의 틀이 완성될 때까지 반복해서 작업해준다. 마지막에 모든 측지들이 2-3개의 눈을 갖도록 전정해준다. 연장지는 너무 자라지 않게 잘라줘야 한다.

정원에 적합한 등나무를 찾는다면, 종묘원에서 우선 살펴보도록 한다. 지역 기후에 잘 자라는 식물들을 갖고 있을 것이고, 흰색이나 자주색의 품종들을 당신에게 추천해줄 수 있을 것이다.

그래스류와 대나무 Grasses and bamboos

마운드형이나 아치 모양을 형성하는 그래스류와 대나무는 건축학적인 형태를 갖출 때 단독으로 키우는 것이 가장 보기가 좋다. 그러나, 작은 품종들은 다른 식물들과 배합될 때 인상적인 높이, 매혹적인 색, 우아한 움직임을 줄 수가 있다.
단독으로 심은 경우에는 화분의 크기와 폭의 최소한 2/3 정도일 때 가장 보기가 좋다.
혼합 심기를 할 때는 각 식물의 크기, 색, 습성이 조화를 이루어야 하고, 그룹의 부피가 최소한 화분의 2/3가 될 때 보기가 좋다.
겨울에 빙점 이하인 지역에서는, 비내한성 그래스류의 화분들은 뿌리가 얼지 않도록 격리시키거나, 온실이나 실내에 옮겨주도록 한다. 대부분의 그래스류와 대나무는 추위에 보호되게 포장하면 실외에서도 살아남는다.

그래스류 Grasses

킴보포곤 키트라투스
Cymbopogon citratus

레몬그라스 Lemon grass

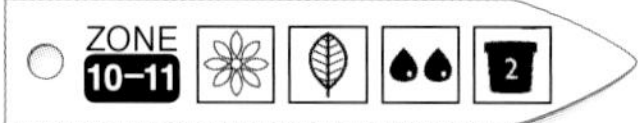

레몬그라스는 정말 다용도의 허브이다. 일반명과 같이 코를 쏘는 듯한 레몬향을 갖는다. 원산지인 인도나 스리랑카에서는 각종 요리와 약하고 상쾌한 차종류로 쓰인다. 잎과 구근에서 추출된 기름은 살균작용이 있어 의학용으로 무좀을 치료하는 데 쓰인다. 많은 "천연" 화장품들은 사랑스럽고 신선한 향을 위해 이 기름을 이용한다. 이 식물의 유일한 단점은 테두리가 몹시 날카롭다는 것이다. 장갑을 껴서 손질하도록 하고, 다치지 않도록 인도로부터 떨어지게 배치한다.
크기: 크기가 0.9m이며, 폭은 0.3-0.9m이다.
개화: 특징이 없다. 레몬그라스 종자는 보통 임성이 없다.
광량: 충분한 광 조건에 적합하지만, 식물은 약간의 반음지 조건에도 견딘다.
혼합배지: 배수 잘 되며, 중간에서 높은 수준의 유기물을 처리하고, 비옥한(비옥한 조건에서는 모래토양이 적합)조건에 적합하다. pH는 5.5-7.5를 선호하지만, 더 넓은 범위에도 견딘다.
동반 식물: 백리향 Thymus serpyllum과 레몬타임

*Thymus citriodorus*은 레몬그라스의 "하부식물"로 훌륭하다.
특별주의: 레몬그라스는 강한 식물이므로 건조함과 추위를 견딘다. 환경이 열악할 때는 하부의 잎들이 갈색으로 변한다. 이른 봄과 이른 가을에 제거해주도록 한다.

페스투카 글라우카 Festuca glauca
'Elijah Blue'

블루 페스큐 Blue fescue

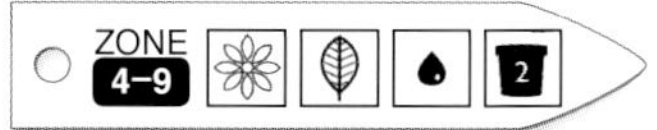

블루 페스큐는 사랑스럽고 마운드형의 식물로 가늘고 철사 같은 푸른색의 잎들은 관부가 빛난다. 덩굴식물이나 흰색 꽃과 배치될 때 더 인상적이다. 통의 가장자리 또는 윈도우 박스의 중심에 덩굴식물로 채워질 때 이용한다.
서늘한 해안기후를 선호하지만, 토양의 배수가 잘 이루어지고 강렬한 오후 햇빛으로부터 보호되면 덥고 습한 지역에서도 견딘다. 식물의 중심부가 몇 년 안에 고사하는 경향이 있다. 배수가 잘 되면 이러한 과정을 늦출 수가 있지만, 두 번째 해의 말에 아니면 세 번째 해의 초에 식물을 파서 쪼개도록 한다.
크기: 크기가 30cm이며, 폭은 25cm이다.
개화: 화려한 모습을 유지하기 위해 이른 여름에 수상화서를 잘라주도록 한다.
광량: 대부분의 지역에서 색이 선명하도록

충분한 광 조건에 적합하다. 약간의 반음지 조건에도 견딘다. 덥고 화창한 지역에서는 오후에 약간의 음지조건에 배치한다.

혼합배지: 모래, 배수 잘 되며, 적당히 비옥하고, pH는 6-7 조건에 적합하다.

동반 식물: 라벤더나 샐비어 같은 푸른색이나 자주색의 숙근초와 잘 어울린다. 정형적인 모양의 둥근 화분에 단독으로 심을 때 인상적이다.

하코네클로아 마크라 Hakonechloa macra 'Aureola'

황금풍지초, 하코네콜로아 오레올라
Japanese forest grass

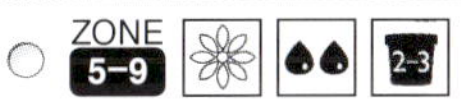

이 사랑스러운 그래스류는 모든 잎들이 빛을 향해 같은 방향으로 자라 폭포를 떠올리게 한다. 잎들은 녹색 줄이 있는 노란색이며, 가을에 직사광선에 자라면 적색으로 변한다. 음지에서는 녹색 도는 금색을 유지한다. 어떤 경우에도 이른 겨울에 고사하기 전에 금빛의 갈색으로 변한다. 정원에서는 산책길의 가장자리나 화단의 경계를 표시하기 위해 이용된다. 컨테이너에서는 단독으로 또는 대나무와 심을 때 멋지다.
이른 12월에 잎들을 잘라주도록 한다. 이른 봄에 매년마다 비옥한 혼합 완숙비료 층을 컨테이너 위에 깔아주도록 한다.

크기: 크기가 35-45cm이며, 폭은 45-60cm이다.

개화: 한여름부터 늦여름까지 원추화서에 노란색 꽃을 형성한다. 잎의 위쪽에 있는 우아한 황갈색의 종자들이 가을에 흔들린다.

광량: 충분한 광이나 반음지 조건에 적합하다.

혼합배지: 배수 잘 되며, 비옥하고, 높은 수준의 유기물, pH는 5.5-7 조건에 적합하다.

동반 식물: 대나무, 푸른 잎의 비비추, 다양한 양치류와 동반한다.

헤릭토트리콘 셈페르비렌스

Helictotrichon sempervirens

블루 오트 그래스 Blue oat grass

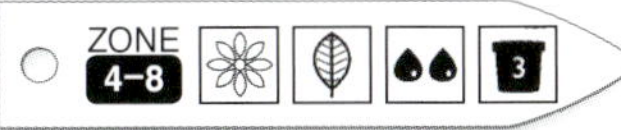

유럽 원산지인 이 식물은 마운드형의 덤불로 자라는 긴 푸른빛의 녹색 잎 때문에 먼 곳에서 블루 페스큐처럼 보인다. 그러나 블루오트그래스 보다 길고 강한 식물이다. 잎은 길고 폭이 넓으며, 종자의 꼬투리와 꽃들은 마당의 중심이 된다. 멋진 모양과 관리가 간편하여 1993년에 런던의 왕립 원예협회로부터 정원 우수상을 받았다. 오래된 잎을 늦겨울과 이른 봄에 제거하고 갈퀴로 긁어내거나 관부 가까이 잘라주도록 한다. 양분이 적고 때때로 건조한 토양에 견딘다.

크기: 크기가 45-60cm이며, 폭은 60cm이다.

개화: 엷은 푸른색의 큰 꽃들은 한여름에 수상화서로 자란다. 꽃이 종자 꼬투리로 변하면서 연한 황갈색이 갈색이 된다.

광량: 충분한 광 조건이나 반음지 조건에 적합하다.

혼합배지: 배수 잘 되며, 비옥하고, pH는 6.8-7.4 조건에 적합하다.

동반 식물: 러시안 세이지 Perovskia, 세덤 Autumn Joy, 서양톱풀 Achillea spp, 캄파눌라, 라벤더와 동반한다.

블루 페스큐를 담고 있는 키가 큰 주석통은 식물의 선들을 되풀이하고 있어 매우 인상적이다.

임페라타 시린드리카 Imperata cylindrica 'Rubra'

띠 Japanese blood grass, cogon grass

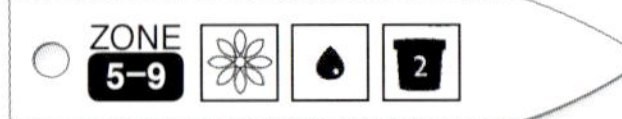

ZONE 5–9

아시아가 원산지인 이 식물은 축복 또는 저주로 여겨질 수가 있다. 끝이 적색인 연두빛의 잎과 직립의 생육 습성 때문에 정원사들은 이 식물을 사랑한다. 원산지에서는 용도가 다양한 의학용 식물이다. 미국에서는 USDA 농경 학자들에 의해 훌륭한 마초작물로 도입되었다. 적색의 품종 루브라 Rubra는 녹색종으로 옮겨감이 밝혀졌다. 이는 침입성 식물로 토양 표면 위에 조밀한 매트를 형성하여 다른 식물들이 생존할 수 없게 만든다. 게다가 미국 남동부 화재의 원인이 되기도 한다. 키우기에

가장 안전한 장소는 컨테이너이다. 기억해 두어야할 관리법은 그들이 형성하는 꽃의 꼬투리를 제거하는 것이다. 그래야 바람에 날리는 수천 개의 작은 종자들이 만들어지지 않는다.

크기: 일반적으로 크기가 45cm이며, 폭은 30cm이다. 한겨울에 줄기를 관부의 10cm 높이로 잘라주도록 한다.

개화: 암술과 수술이 뚜렷한 흰색의 수상화서들은 온화한 지역에서는 봄 또는 가을에 열대지역에서는 일 년 내내 형성된다. 꽃들은 즉시 잘라서 종자가 형성되지 않도록 한다.

광량: 충분한 광 조건이나 반음지 조건에 적합하다.

혼합배지: 배수 잘 되며, 비옥하고, pH는 5.5-7.8 조건에 적합하다. 건조한 토양과 높은 염분에 잘 견딘다.

동반 식물: 좋은 동반작물이 아니다. 컨테이너에 단독으로 심는다.

미스칸투스 시넨시스 Miscanthus sinensis 'Zebrinus'

제브라 참억새 Zebra grass

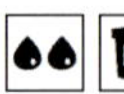

ZONE 5–9

제브라 참억새는 어떤 상황에서도 근사하다. 아치를 이루는 긴 잎들은 녹색이며 가로로 노란색의 뚜렷한 줄무늬가 있다. 식물 뒤의 빛은 노란색 줄들을 붙들면서 바람에 흔들리는 잎들을 빛나 보이게 한다. 토양에 심으면 크기가 2.1m 그리고 폭은 3m에 이른다. 컨테이너에서는 그렇게 크게 자라지 않지만, 큰 화분에 심으면 다른 컨테이너 그룹의 배경이 될 수가 있다. 아시아 원산지인 이 식물들은 가을에 풍성한 금빛을 띠고 겨울에 눈이 내릴 때까지 유지된다. 이른 봄에 지표면의 7.5cm 높이로 줄기들을 자르고 오래된 잎들을 제거한다.

크기: 화분의 크기에 따라서, 크기가 0.9-1.2m이며, 폭은 0.6-0.9m이다.

개화: 늦여름에 잎의 최소 30cm 위의 우상원추화에 은색이나 분홍색의 꽃을 형성한다.

광량: 덥고 화창한 지역에서는 충분한 광 조건이나 반음지 조건에 적합하다.

혼합배지: 배수 잘 되며, 비옥하고, pH는 5.5-7.5 조건에 적합하다.

동반 식물: 잎들은 봄에 빨리 자라 갈색으로 변한 구근잎들을 효과적으로 가려주기 때문에, 봄에 개화하는 구근의 탁월한 동반식물이다. 크기, 모양, 습성면에서 비비추와 아름다운 대비를 이룬다.

나셀라 테누이시마, 아카 스티파 테누이시마 Nassella tenuissima, aka Stipa tenuissima

나래새 Feather grass, angel hair grass, silky thread grass

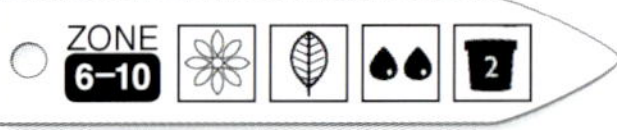

ZONE 6–10

북부, 중부, 남부 아메리카가 원산지인 이 섬세한 식물은 가느다란 잎들이 바람에 흔들린다. 잎은 봄에 선명한 밝은 녹색이지만, 점차 담황색으로 변한다. 꽃들은 초기에 은녹색이다가 금색으로 변한다. 눈부신 전시를 위해 햇빛이 드는 장소에 배치한다. 꽃자루들은 절화 꽃꽂이, 건조된 겨울부케, 화환, 초가을 전시물을 잘 보완해준다. 새들은 종자를 좋아하고, 둥지를 위해 잎을 이용한다.

생장이 빠르기 때문에 월동이 어려운 지역에서 일년초로 키울 수가 있다. 일찍 심어서 2개월된 식물들을 옮겨심고 한여름에서 늦여름까지 꽃들이 피도록 한다. 이른 봄에 오래된 꽃자루들을 지표면보다 몇인치 높게 잘라주거나 갈퀴로 긁어낸다.

크기: 화분의 크기에 따라서, 크기가 30-45cm이며, 폭은 20-25cm이다.

개화: 이른 봄부터 늦여름까지 수상화서들이 형성되고, 종자 꼬투리는 이른 겨울까지 달려 있다.

광량: 충분한 광 조건에 적합하다.

띠와 같이 선명한 색의 식물들을 색이 비슷하거나 대비되는 컨테이너에 심도록 한다.

혼합배지: 배수 잘 되며, 비옥하고, 가볍고, pH는 6-7.5 조건에 적합하다. 건조한 기간동안 잘 견딘다.

동반 식물: 아스테르 프리카르티이Aster × frikartii, 세덤 펄 조이Fall Joy, 다알리아 베드널 뷰티Bednall Beauty는 나래새와 훌륭한 배합을 이루고, 빛나는 나래새는 중심부를 차지하면 단독으로도 훌륭하다.

펜니세툼 오리엔타레
Pennisetum orientale

나도강아지풀Fountain grass

나도강아지풀은 아시아가 원산지이며 돋보이는 관상적 특성들을 지닌다. 마운드형의 잎들은 우아한 아치를 이루면서 여름부터 가을까지 유지되며, 잎 위에 흔들리는 꽃들은 우상원추화서로 자란다. 정원에서 30cm 정도로만 자라기 때문에 다른 큰 그래스류들에 비해 컨테이너에서 키우기가 쉽다. 섬세한 우상원추화서에 아침과 늦은 오후의 햇빛이 차광이 되도록 배치한다. 햇빛이 반사되어 반짝인다. 오래된 잎은 좋은 모양을 위해 다듬도록 한다. 관수시기 외에 토양을 건조하게 유지하여 곰팡이가 발생하지 않도록 하고, 관부가 튄 흙으로 가려지지 않았는지 자주 확인한다. 있다면 부드럽게 털어주도록 한다.

크기: 크기가 30cm이며, 폭은 25cm이다.

개화: 적어도 잎 위에 30cm의 높이로 진주빛의 흰색 또는 분홍색의 꽃들이 우상원추화서로 형성된다.

광량: 충분한 광 조건이나 더운 지역에서 반음지 조건에 적합하다.

혼합배지: 배수 잘 되며, 적당히 비옥하고, pH는 5.5-7 조건에 적합하다.

동반 식물: 에린기움 프라눔Eryngium planum 블루 드워프Blue dwarf과 버들마편초는 나도강아지풀과 강하게 대비된다. 단독으로도 우아하다. 인상적인 광경을 위해 계단 양쪽에 장식적인 통들을 배치한다.

대나무Bamboos

파르게시아 무리에라에
Fargesia murielae

우산대나무Umbrella bamboo

이 사랑스러운 대나무는 판다곰이 좋아하는 먹이이다. 중국 중부의 삼림이 원산지이며 전나무Abies fargesii와 동반해서 자란다. 결과적으로 반음지나 차광 조건에서 잘 자란다. 바람에 흔들이면 사랑스럽게 소리나기 때문에 실외의 레저공간에 배치하면 이상적이다. 다른 대나무와는 다르게 침입성의 포복경이 없다. 대신에 관부로부터 새로운 줄기들이 느리게 자란다. 그러나, 가느다란 줄기 또는 대들이 분지성이 좋기 때문에, 사랑스러운 녹색의 분수를 연상하는 훌륭한 차폐막이 금새 조성된다. 적합한 환경에서는 쉽게 키울 수가 있다. 그러나, 남부 또는 지극히 건조한 지역에서는 어렵기 때문에 다른 선택을 하는 것이 좋다. 가을에 몇 개의 잎들이 떨어지지만, 남은 잎들은 겨울 동안에도 녹색으로 유지된다. 유기 물질로 멀칭하고 조절된 완효성 유기비료를 이른 봄에 제공한다.

크기: 화분의 크기에 따라 크기가 1.8-2.4m 이며, 폭은 30cm이다.

개화: 드물다. 80-100년 후에 꽃이 피고 고사한다. 세계의 식물들이 거의 같은 시기에 꽃피기 때문에 수정이 일어난다. 개화는 1990년대 후반기 일어났기 때문에 현재 종묘원에서 판매되고 있는 어린 식물들은 종자로 키웠거나 클론에서 얻어진 것이다.

광량: 반음지 조건에 적합하다.

혼합배지: 배수 잘 되며, 비옥하고, 높은 수준의 유기물질, pH는 5.5-6.5 조건에 적합하다.

동반 식물: 단독으로 화분에 기른다. 다른 대나무나 잔디와 배합한다.

우산대나무 심바Simba와 바위떡풀Saxifraga fortunei 마운트 나키Mount Nachi를 하부식물로 했을 때 잘 어울린다.

필로스타키스 아우레오술카타
Phyllostachys aureosulcata, f. spectabilis

필로스타키스 아우레오술카타
Golden groove bamboo

이 사랑스러운 대나무를 보기만 해도 2002년에 왕립 원예협회의 정원 우수상을 받은 것을 믿게 될 것이다. 진녹색의 청동색 홈이 있는 금색의 큰 대나무는 정원이나 차폐물을 근사하게 보완해줄 것이다. 햇빛이 잘 드는 장소에서는 어린 가지들이 적색이므로 장식적인 가치가 높아진다. 중국 북부가 원산지이며 온화한 지역에서 잘 자란다. 유기물을 높은 수준으로 유지하고 수분이 있게 관리하고, 토양 표면을 유기물로 멀칭한다. 식물이 건강하면 떨어진 잎들이 표면에 분해되도록 남긴다. 이른 봄마다 혼합된 완숙비료를 위에

깔아주고, 봄에 조절된 완효성 유기 비료를
공급해주도록 한다.

크기: 화분의 크기에 따라, 크기가 1.8-2.7m
이며, 폭은 30-90cm이다.

개화: 드물게 개화한다.

광량: 충분한 광 조건이나 반음지 조건에
적합하다.

혼합배지: 비옥하고, 습하고, 높은 수준의
유기물질이 적합하다. pH는 5-7 조건에
적합하다.

동반 식물: 단독으로 화분에서 키우거나
최대의 효과를 내기 위해 오죽Phyllostachys nigra
과 배합한다.

필로스타키스 니그라
Phyllostachys nigra

오죽Black bamboo

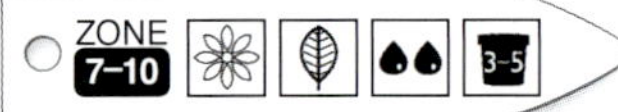

광택이 나는 검은색의 대와 선명한
녹색 잎 때문에 관상용 정원수 중에 가장
수요가 많은 종의 하나이다. 새로운 생장은
다수의 흔들리는 초엽에 의해 보호되는데,
이들은 모여 있으면 장식적인 화살촉 모양을
보인다. 대는 초기에 녹색이고 2-3년생이
되면서 갈색으로 변하고, 3년이 지나면
검은색이 된다.

매년 봄에 조절된 유기 비료를 시비해주고
수분이 있게 유지되도록 멀칭해준다. 여름의
높고 건조한 바람은 식물에게 손상을 주므로
보호되는 위치에 배치한다.

크기: 화분의 크기에 따라서 크기가 3m이며,
폭은 0.6m이다.

개화: 없다.

광량: 충분한 광 조건이나 더운 지역에서
반음지 조건에 적합하다.

혼합배지: 배수 잘 되며, 비옥하고, 습하고,
높은 수준의 유기 물질, pH는 5.5-6.5 조건에
적합하다.

동반 식물: 화분에 단독으로 기른다. 다른
대나무나 동백나무, 아잘레아와 배합한다.

나무 Trees

작은 나무들은 컨테이너의 진정한 볼거리이지만, 어린 식물들이 빨리 자라기 때문에
매년 큰 화분에 옮겨 심어야 한다. 최종적인 컨테이너에 심었을지라도, 1-2년마다
꺼내어 뿌리들을 다듬고 새로운 배양토를 공급해줘야 한다. 예외도 있지만 휴면
기간에 지상부도 전정해준다. 이것은 모양만큼이나 건강을 위해서 중요하다. 흙이
얼 염려가 있는 추운 지역이라면, 화분을 겨울되기 전에 보호해주도록 한다. 겨울
동안에 토양이 건조되지 않게 하고, 바람이 많이 부는 위치면 바람막이를 세우도록
한다. 비내한성 품종들은 추위를 막아주되 너무 따뜻하지 않은 장소로 옮겨야 한다.

붉은세열단풍나무Dissectum Atropurpureum가
건강하고 활력이 있도록 뿌리가 잘 생장할 수 있는
화분에 심도록 한다.

아세르 팔마툼Acer palmatum
단풍나무Japanese maple

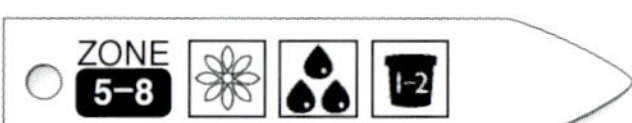

섬세한 잎의 다양한 습성은 이 나무를 일
년 내내 다채롭게 한다. 이 종에는 멋진
품종들이 있다. 왜성 품종들은 야생에서
크기가 1.5m에서 7.5-9m이다. 어떤
종류들은 교목보다는 관목인데, 여러 가지가
지표면으로부터 올라온다. 잎의 색이 멋있다.

크기: 크기가 1.5-3m이며, 폭은 1.5-3m이다.

개화: 봄에 적색 또는 노란색의 작은 꽃들이
형성되는데, 가지 사이에 언뜻 안개 모양의
색조 외에는 거의 눈에 띄지 않는다.

광량: 차광된 조건이나 조절된 반음지
조건에 적합하다. 너무 밝은 상태에서는

잎이 탈 수가 있다.

혼합배지: 배수 잘 되며, 적당히 비옥하고, 습하고, pH는 5-6.5 조건에 적합하다.

동반 식물: 층 모양을 형성하여 동양적 느낌의 컨테이너 정원에 이상적인 식물이 된다. 찬란한 색의 잎은 짙은 색의 침엽수들을 잘 보완해준다.

추가사항: 인기있는 품종은 다음과 같다. 오사카스키^{Osakazuki}는 여름 동안에 적색의 잎, 가을에는 화려한 적색의 잎을 갖는다. 왜성인 레드 필러그리 레이스^{Red Filigree Lace}는 여름에 짙은 밤색을 유지하고 가을에 화려한 적색으로 변한다. 유콘^{Ukon}도 왜성인데 연한 녹색 잎에 노란색 반점들이 가을에 금빛의 노란색으로 변한다. 세열단풍^{Acer palmatum var. dissectum}도 컨테이너에서 재배하기 훌륭하다. 다른 이름으로 늘어진 일본 단풍 또는 절엽의 일본 단풍 등이 있는데, 이들은 레이스 같은 멋진 잎들이 있다. 여름에는 연한 은빛의 녹색에서 적색이나 자주색을 띤다. 크림슨 퀸^{Crimson Queen}은 가장 훌륭한 품종으로 여름에 짙은 적색이고 가을에는 화려한 적색이나 진홍색이다. 약한 산들바람에도 빛나는 인상적인 색의 잎들을 이용하여 단풍나무가 정원 풍경의 중심이 되게 한다.

베투라 유티리스
Betula utilis var. jacquemontii

히말라야 자작나무^{White-stemmed birch; Whitebarked Hymalian birch}

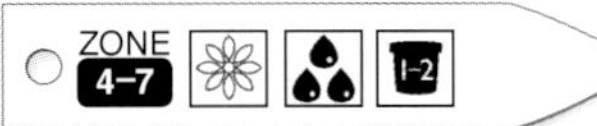

이 자작나무는 자작나무 중에 가장 흰 수피를 갖는데, 겨울 풍경에 극적인 효과를 추가한다. 수피는 매년 벗겨지고 기존의 수피 밑으로 새로운 흰색 수피층이 나타난다.

크기: 크기가 4.5-7.5m이며, 폭은 3m이다.

개화: 베이지색의 노란색 미상화서를 봄에 형성한다.

광량: 충분한 광 조건에 적합하다.

혼합배지: 높은 수준의 유기물질, 높은 수준의 시비, pH는 5.1-6.5 조건에 적합하다.

동반 식물: 자작나무는 상록성의 울타리 같은

진녹색의 배경을 갖을 때 더욱 인상적이다.

추가사항: 스노우 퀸^{Snow Queen}과 실버 쉐도우^{Silver Shadow}는 흰색 수피를 가진 인기 품종들이다. 이들 나무는 일 년 내내 관심을 끈다. 봄에 긴 노란색의 미상화서가 산들바람에 흔들리고 잎눈들이 싹이 트는데, 멀리서 노란색 안개 속에서 나오는 것처럼 보인다. 여름에는 연한 녹색의 잎들이 약한 산들바람에 춤을 추고, 가을에는 잎들이 화려한 노란색으로 변하면서 떨어지며 벗겨진 흰색 수피들이 시각적으로 중심이 된다. 컨테이너 정원에 생각할 수 있는 다른 자작나무로는 은자작나무^{B. pendula}, 일명 늘어진 자작나무가 있다. 영이^{Youngii} 품종은 수양버들와 비슷한 습성이 있고, 퍼퍼레아^{Purpurea}는 거의 자주색 잎을 갖는다. 이 자작나무는 히말라야 자작나무보다 온도 범위가 넓어 3-9구역에서 내한성이 있고, 토양의 비옥도와 pH의 변화에도 잘 견딘다. 가을에 잎이 가장 늦게 떨어지는 나무 중의 하나이다.

카마에시파리스 피시페라
Chamaecyparis pisifera

화백나무^{False cypress}

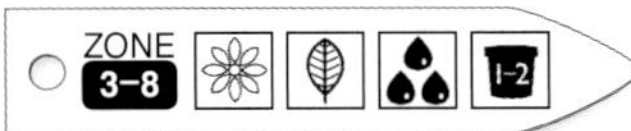

사이프러스(삼나무의 일종)를 정원에 기르고 싶다면 왜성의 화백나무가 가장 탁월한 선택이다. 일반 화백나무들은 크기가 9m로 자라지만, 컨테이너를 위한 왜성 품종들은 크기와 폭이 0.9-1.5m 정도로만 자란다.

크기: 크기가 0.9-3m이며, 폭은 0.9-1.5m이다.

개화: 봄에 꽃들이 작고 색이 엷어 거의 눈에 띄지 않는다.

광량: 충분한 광 조건이나 반음지 조건에 적합하다.

혼합배지: 매우 다양하다. 배수 잘 되며, 습하고, 비옥한 조건에서 가장 잘 자라지만, 알칼리 토양을 제외하고는 넓은 범위의 조건에 견딘다.

동반 식물: 이 매혹적인 나무는 거의 모든

식물 옆에 사랑스럽게 보이기 때문에, 그룹을 짓거나 단독으로 중심이 되게 한다.

추가사항: 컨테이너에 가장 적합한 품종의 하나는 선골드^{Sungold}이다. 충분한 광조건에서 자라는 왜성으로, 초기에 잎이 화려한 금색이다가 성숙하면서 연한 녹색으로 차분해진다. 바람 또는 배수가 안되는 토양을 싫어한다. 잎이 가늘고 가지가 늘어지기 때문에 "실잎/세잎" 형태로 분류되는데, 관상정원의 중심이 되기에 충분하다.

크라타에구스 속^{Crataegus spp.}
산사나무^{Hawthorns}

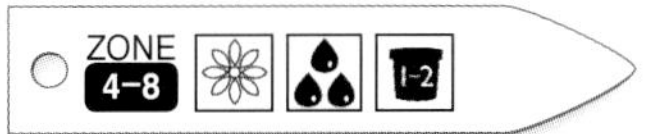

산사나무는 영국에서 울타리로 가장 많이 쓰인다. 가시 있는 가지에 굵은 덤불 습성이 있지만, 겨울에 방문하는 지저귀는 새들에게 식량을 제공하는 사랑스러운 꽃과 적색의 열매 때문에도 키우고 싶을 것이다.

크기: 크기가 1.5-3m이며, 폭은 0.9-2.1m이다.

개화: 봄에 흰색의 총생화서가 형성된다. 향기가 환영받지 못하기 때문에 배치할 때 주의한다. 식사하는 장소로부터 멀리 배치한다.

광량: 충분한 광 조건이나 반음지 조건에 적합하다.

혼합배지: 배수 잘 되며, 적당히 비옥하고, pH는 5.6-7 조건에 적합하다.

동반 식물: 병충해를 공유하므로 장미과 식물과 배치하지 않는다. 대신에 이로운 곤충들에게 먹이를 주는 작은 꽃이 피는 식물들과 배치한다.

추가사항: 생각하고 있는 종의 내한성을 점검한다.

딕소니아 안타르크티카
Dicksonia antarctica

나무 고사리^{Tree fern}

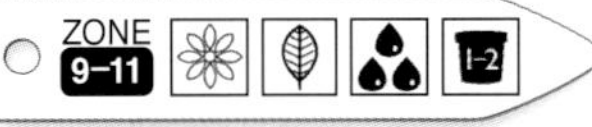

태즈메이니아 나무 고사리로도 알려져

있고, 이 진귀한 식물은 풍경을 이국적으로 꾸민다. 나무 고사리는 다른 딕소니아^{Dicksonia} 종들보다 내한성이 있지만, 캐나다 서남부주 빅토리아의 일부지역, 태평양 북서부지역의 보호지역, 캘리포니아에만 자란다. 일 년 내내 높은 습도의 해안기후를 선호하고, 너무 덥거나 추운 극도의 온도 변화에 약하다. 야생 원산지는 여름 동안 온도가 18℃ 이하인 지역이다. 안전한 가장 낮은 온도는 약 -6℃ 이지만, 당신의 지역이 이 정도라면 겨울 동안에 보호해주도록 한다.

크기: 크기가 2.4-4.5m이며, 폭은 0.9-1.5m이다.

개화: 눈에 띄지 않는다.

광량: 반음지나 음지조건에 적합하다.

혼합배지: 높은 수준의 유기물질, 비옥하고, pH는 5.6-6.5 조건에 적합하다.

동반 식물: 야생에서 착생식물들은 뿌리를 내리고 주간을 형성하는 근경 위에서 자란다. 컨테이너 정원의 나무 고사리 주간에 박쥐란, 이끼, 난을 키우면서 이를 흉내낼 수가 있다.

추가사항: 나무 고사리의 주간이라 생각하는 것은 사실 지난해의 잔여물로 덮여진 근경이다. 때문에 지름은 일년에 2.5-7.5cm 정도로 느리게 증가한다. 엽상체들은 왕성하게 발달해서 층진 모습을 이룬다. 엽상체가 갈변하면 자연적으로 떨어지게 하는데, 그들의 오래된 줄기가 하부의 근경을 추위와 건조로부터 보호해주기 때문이다. 온도가 26℃ 보다 높은 지역에서는 서늘하고 수분이 있게 유지되도록 차광해주도록 한다.

이렉스 속^{Ilex spp.}
호랑가시나무^{Hollies}

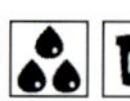

"호랑가시나무 덤불"은 가장 많이 쓰이는 표현으로 300개 이상의 종과 같은 수의 품종들을 포함한다. 대부분의 호랑가시나무는 광택이 나는 잎의 가장자리에 4-5개의 가시 그리고 적색의 열매를 갖지만, 다른 종류들은 자주색이나 짙은 푸른색의 열매에 가시가 없거나 잎 끝에 한 개의 가시만 있다. 크기는 다양하므로 당신의 컨테이너 정원에 적합한 호랑가시나무를 쉽게 찾을 수가 있다.

크기: 다양하다. 야생에서 크기가 0.6-24m 이며, 폭은 0.6-3m이다.

개화: 호랑가시나무는 봄에 꽃이 피고 일반적으로 흰색이나 분홍색이다. 꽃들은 수꽃이거나 암꽃이고, 대부분의 종들은 열매를 생산하기 위해 암꽃이 수정되어야 한다.

광량: 충분한 광 조건이나 차광된 조건에 적합하다.

혼합배지: 배수 잘 되며, 습하고, 비옥하고, pH는 5.5-6.5 조건에 적합하다. 봄과 여름에 해초액과 어류 유제를 2주마다 1/2배액으로 시비해준다. 늦여름과 이른 가을에 시비를 정지한다.

동반 식물: 상록성의 호랑가시나무는 낙엽성 관목이나 나무와 배합하거나 침엽수 앞에 배치할때 겨울에 관심을 끈다.

추가사항: 암나무와 수나무를 위한 공간은 없지만 열매를 원한다면, 수정없이 열매가 맺히는 왜성인 호랑가시나무 버포드^{Buford}, 이렉스 코르누타^{I. cornuta} 버포디^{Burfordii}를 보도록 한다. 컨테이너 재배에 가장 적합한 일본 호랑가시나무는 다음과 같다. 왜성인 스트로크^{Stokes}는 5피트의 크기를 초과하지 않는다. 로트운트이폴리아^{Rotundifolia}는 둥근

장식적인 항아리의 나무 고사리는 일년초 화단식물과 혼합되어 완벽하게 보완된다.

잎을 갖고 1.8m이다 둥근 잎의 컨벡사Convexa
는 크기가 0.9-1.2m이다. 헬러리Helleri는 늦게
자라며 컨테이너 정원에서 가장자리 식물로
좋다. 훌륭한 중국 호랑가시나무는 다음과
같다. 이렉스 코르누타I. cornuta 로트운트다
Rotunda는 전정이 필요없는 둥근 모양, 2-3
피트의 크기, 다른 호랑가시나무보다 고온에
잘 견딘다. 열매가 없으므로, 새에게 먹이를
주고 겨울에 색을 원한다면 기르지 않도록
한다. 이렉스 코르누타I. cornuta 카리사Carissa는
토양에서 키우면 크기가 0.9-1.2m이고 잎당
한 개의 가시가 있다.

주니페루스 콤뮤니스
Juniperus communis

곱향나무Juniper

곱향나무는 여러 조건에 내성이 있으며
키우기 쉬운 나무 중의 하나이다. 곱향나무는
직립의 원뿔 모양이나 토양 표면 위에
포복성의 매트를 형성한다. 푸른빛의 녹색
또는 회색빛의 녹색, 아니면 금색이다. 주위의
종묘원을 살펴서 지역에 가장 많이 재배되고
있는 종을 알아두도록 한다.

크기: 크기가 0.6-3m이며,
폭은 0.6-2.4m이다.

개화: 봄에 작고 엷은 노란색의 꽃들이
형성된다. 암꽃과 수꽃은 다른 나무에
형성된다. 종자의 구과들은 장과 모양이고,
웅성의 구과들은 화분들을 발산시킨
후에 떨어진다.

광량: 충분한 광 조건이나 반음지 조건에
적합하다. 바람에 잘 견디기 때문에 섬세한
식물의 바람막이로 이용될 수가 있다.

혼합배지: 건조한 모래에서 습한 점토 등의
넓은 범위의 토양, pH는 4.5-8.5 조건에
적합하다. 이른 봄에 조절이 잘 된 혼합된
완숙비료로 시비한다.

동반 식물: 곱향나무를 색이 선명한 식물들의
배경으로 이용하거나, 단독으로 정원의
중심으로 쓴다.

추가사항: 곱향나무에는 다양한 품종들이
있다. 늦게 자라는 곱향나무를 원한다면

디프레사Depressa를 보도록 한다. 이들
품종은 푸른빛의 녹색 침엽을 갖고,
열악한 재배조건에 잘 견딘다. 최상의
조건에서도 1.2m 이상으로 자라지 않는다.
컨테이너에서는 0.9m 보다 작게 형성되어
0.6m의 크기로 쉽게 유지된다. 디프레사
아우레아Depressa Aurea은 금빛의 품종이다.
겨울에 디프레사의 갈색보다는
청동색으로 변한다.
곱향나무의 다른 품종으로는, 은빛의 푸른색
침엽과 1.8m의 크기를 갖는 뛰어난 펜슬
포인트Pencil Point와 금색의 변형인 골드 콘
Gold Cone 등이 있다. 스코풀로룸 향나무J.
scopulorum 스카이로켓Skyrocket은 푸른빛의
녹색 원뿔 모양 식물을 원하면 탁월한
선택이다. 땅에 붙는 곱향나무가 필요하다면,
느리게 자라고 푸른색 깔개 형태로 판매되고
있는 서양눈향나무J. horizontalis 윌토니Wiltonii
를 보도록 한다. 섬향나무J. procumbens 나나
Nana는 4-9구역의 거의 모든 지역에 번성하기
때문에 널리 사랑받는다. 공간이 있으면
퍼지고, 없으면 마운드형을 형성한다.

말루스 플로리번다
Malus floribunda

사과나무Japanese crabapple

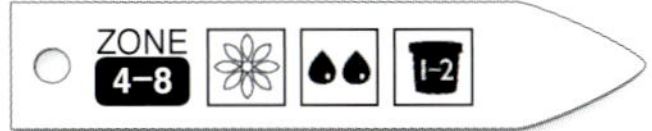

이 식물은 꽃들이 참으로 풍부하기 때문에

말루스Malus Arirondack는 컨테이너 재배에 가장
이상적이다. 자연적으로 작고, 병저항성이 강하고,
꽃이 풍부하게 피고, 화사한 붉은 열매들이 12월까지
유지된다.

학명에 "플로리번다floribunda"가 들어갈만하다.
이 나무는 봄에 중심이 될 수 밖에 없다.
노란색의 돌능금들이 가지들을 연한
분홍빛으로 장식하기 때문에, 여름 내내
장식적인 가치가 유지된다. 새들은 이
열매들을 좋아하고, 먹이를 찾으러 올 때
화려한 색의 얼룩들을 더하게 된다.

크기: 크기가 25-38cm이며,
폭은 25-38cm이다.

개화: 이른 봄에 봉오리는 적색이지만
꽃들은 연한 분홍색으로 열린다. 성숙되면서
흰색으로 바랜다. 정원에 계속해서 달콤하고
우아한 향을 낸다.

광량: 충분한 광 조건에 적합하다.

혼합배지: 배수 잘 되며, 비옥하고, 습하고, pH
는 5.5-6.5 조건에 적합하다.

동반 식물: 사과나무는 타가수분으로
열매를 형성한다. 열매를 원한다면 컨테이너
정원에 친화성의 나무가 필요하다. 종묘원에
물어보면 플로리번다 사과나무와 동시에
꽃이 피는 나무를 알려줄 것이다.

추가사항: 8-9구역에 잘 자라는 식물을
찾는다면, 말루스 안구스티폴리아M. angustifolia
가 좋은 선택이다. 말루스 실베르트리스M.
sylvestris는 추운 지역에서 더 잘 자라므로,
북부지역에 산다면 좋은 선택이 될 것이다.
말루스 푸스카M. fusca는 오레곤Oregon
돌능금으로도 불리는데 태평양 북서부
지역에 알맞다. 종이 다양해서 환경에 적합한
돌능금을 찾을 수가 있을 것이다.

오레아 오이로파에아Olea europaea
올리브Olive

올리브 나무는 정원에 이국적인 느낌을
더해준다. 긴 잎들은 회색빛 녹색으로 색다른
색조를 지니고, 나무가 오래되면서 주간이
꼬이고 마디가 많아진다.

크기: 다양하다. 컨테이너에 적합한 품종들은

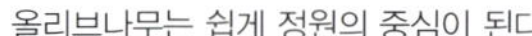

알레르기 있는 사람들에게 좋다.

피투스 무고 Pinus mugo
무고 소나무 Pine

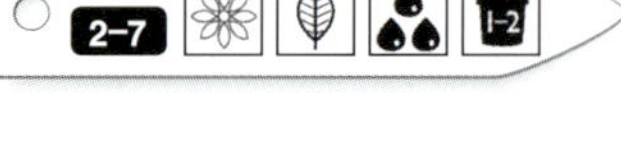

무고 소나무는 자연적으로 둥글고, 덤불형의 많은 품종들 때문에 인기가 많다. 가지들은 침엽을 4-5년 동안 지니기 때문에, 훌륭한 차폐물이 될 정도로 조밀하다. 침엽들은 날카로와서, 창문 아래의 바리케이드로 이용된다. 환경 적응성과 낮은 관리 요구도 때문에 컨테이너에 적합하다.

크기: 크기가 1.2-3m이며, 폭은 7.5-15cm이다.

개화: 암꽃과 수꽃은 동일 식물에 있다. 노란색 꽃은 이른 봄에 눈에 띄지 않는다. 구과는 2.5-5cm의 길이이고 회색빛의 갈색이다.

광량: 충분한 광 조건이나 반음지 조건에 적합하다.

혼합배지: 배수 잘 되며, 습하고, 비옥하고, pH는 5.5-7 조건에 적합하다. 잘 조절된 비료를 재배기간 동안 3-4주마다 주도록 한다.

동반 식물: 화려한 색의 잎이나 꽃들은 무고 소나무의 짙은 녹색에 대비되어 아름답게 보인다.

추가사항: 컨테이너에 적합한 품종은 다음과

크기가 1.2-4.5m이며, 폭은 1.2-3.6m이다.

개화: 작은 크림색의 꽃들은 전해 가지의 엽액으로부터 늘어진 총생화서로 자란다. 많은 품종들은 자가임성이 없고 열매를 생산하기 위해 수분수가 필요하다.

광량: 충분한 광 조건에 적합하다.

혼합배지: 지극히 배수 잘 되며, 적당하거나 낮은 수준으로 비옥하고, pH는 7-8 조건에 적합하다. 이 식물들은 석회암에서 잘 자라고 높은 칼슘수준을 요구한다. 야생에서는 낮은 수준의 비옥도에도 자라지만, 컨테이너에서는 생육이 왕성할때 2-3주마다 겨울 기간에는 두 달에 한번 조절된 비료를 제공해준다.

동반 식물: 대부분의 사람들은 분홍색과 노란색의 장미들을 올리브 옆에서 키우는데, 장미의 꽃과 올리브의 잎 색깔이 잘 조화되기 때문이다. 단독으로 화분에 심고서 다른 식물과 배합한다. 올리브 만큼 건조하게 유지하는 식물은 없다.

추가사항: 아베퀴나 Arbequina는 컨테이너 재배하는 올리브 중에 가장 훌륭하다. 이 식물은 자가수분하고 기름을 짤 수 있는 작은 열매들이 달린 아담한 작물이다. 사랑스럽게 늘어지는 습성은 정원에서 이채롭다. 다른 종류들보다 추위에 잘 견디고, 겨울에도 높은 온도를 요구하므로 야간온도가 -2℃ 정도 될 때까지 실외에 내놓지 않는다. 리틀 올리에 Little Ollie는 특허를 받은 왜성 품종으로 1.8m 이상으로는 자라지 않는다. 단일주간보다는 다수의 줄기로 자라기 때문에, 올리브 나무보다는 관목으로 보인다. 열매가 생기지 않기 때문에 화분

같다. 콤팩타Compacta는 둥글고 크기가 0.9m
정도이다. 그놈Gnom은 3.6m의 크기이고
관목성이다. 푸밀리오Pumilio는 크기가 0.6m
인 포복성으로 토양 표면의 3m에 쉽게
퍼진다. 길고 좁은 화분에 심어 구역의
경계를 보여줄 경우에 인상적이다. 티니Teeny
는 콤팩타보다 작고 둥근 종류이고, 몹스Mops
는 거의 같은 크기이다. 슬로마운드Slowmound
는 이름에서도 알 수 있듯이 0.9m 크기의
조밀한 마운드형을 형성하고 느리게 자란다.

살릭스 카프레아Salix caprea
호랑버들Goat willow

봄에 노란색이나 회색빛의 녹색인 큰
미상화서 때문에 컨테이너 식물로 흔히
이용된다. 좋은 관상식물이며 많은 꿀과
화분을 생산한다.

크기: 크기가 15-30cm이며,
폭은 7.5-15cm이다.

개화: 이른봄에 암꽃과 수꽃이 핀다. 굵은
웅성의 미상화서들은 노란색이고, 가는
자성의 미상화서들은 덜 화려하면서
회색빛의 녹색이다.

광량: 충분한 광 조건이나
약간의 음지조건에 적합하다.

혼합배지: 습기를 유지하고, 비옥하고,
pH는 6-7.5 조건에 적합하다. 재배기간 동안
잘 조절된 양분들을 매달 시비해준다.

동반 식물: 흰색과 연한 파스텔색이 회색빛의
녹색잎을 돋보이게 한다.

추가사항: 호랑버들은 대서양 중부 일부
지역에 침입성 종으로 분류되기에 주의한다.
늘어진 형태를 원한다면 웅성의 클론
식물인 킬마노크Kilmarnock, 또는 자성의 크론
식물인 위핑 샐리Weeping Sally를 보도록 한다.
상부에 가지들이 매달리는 작은 단일줄기의
나무를 만들기 위해 직립의 버드나무 위쪽에
접목해준다. 뿌리로부터 자라게 하면 토양
표면에 뻗어 퍼질 것이다.

◀ 무고소나무 윈터 골드Winter Gold 화분은 일 년
내내 관심을 끈다. 헤우케라Heuchera 옵시디언
Obsidian 하부식물로 보완된다.

허브 Herbs

작은 나무들이 참으로 눈부시겠지만, 컨테이너 정원사에게는 어린 허브들이 가장
큰 만족감을 줄 것이다. 배치하는 어느 곳에나 아름다움과 향을 주고, 부엌용으로도
유용하다. 자택에서 허브를 가꾸면 상점에 갈 필요가 없다. 게다가 매우 쉽게 기를
수 있다는 장점이 있다. 몇 종류들은 추위로부터 보호해줘야 하지만, 허브들은 넓은
범위의 환경조건에 견디고 최소의 관리만이 필요하다.
모든 허브들은 극한 추위에 고사하지만, 뿌리들이 얼지 않으면 다시 살아남는다.
토양과 뿌리가 얼지 않고 따뜻하게 유지되도록 화분을 포장하거나 휴면한 식물들을
되도록 선선하고 화창한 장소로 옮기도록 한다.

알리움 쉔오프라줌; 알리움 튜베로줌Alllium schoenoprasum; A. tuberosum
차이브, 부추Chives, garlic chives

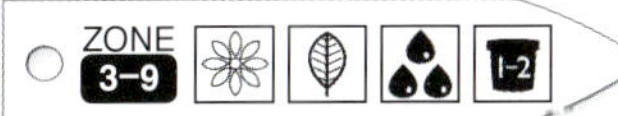

차이브는 컨테이너 정원의 진정한 선물
중의 하나이다. 차이브를 잘라서 완성된
요리 위에 올리거나 향신료와 흰색이나
자주색의 장식물이 필요한 샐러드나 주요리
위에 분리된 작은 꽃들을 뿌리는 것은 큰
즐거움이다. 어떠한 종류의 차이브를 키우든
당신은 질리지 않을 것이다.

부추는 일반 차이브에 비해 다른 맛을
갖는다. 속이 비고 원형의 잎을 가진 일반
차이브에 비해 잎이 두껍고 편평하며 꽃도
다르다. 딱딱한 긴 꽃자루 위에 산형화서로
총생하고 자주색보다는 흰색이다. 요리를
맛나게 하는 좋은 재료이면서, 예뻐서
절화 꽃꽂이를 채워줄 때도 이용된다.

크기: 크기가 30-45cm이며,
폭은 10-20cm이다.

개화: 일반적 골파들은 자주색으로 꽃이
핀다; 부추는 흰색 꽃이 핀다.

광량: 추운 지역에서는 충분한 광 조건, 8-11
구역에서는 차광 조건에 적합하다.

혼합배지: 배수 잘 되며, 비옥하고, 습하고,
pH는 5.8-6.8 조건에 적합하다.

동반 식물: 골파는 관목과 나무들을 심은
하부식물로 매력적이다. 꽃이 피면
이로운 곤충들이 이 꿀을 먹이로
이용하는데, 정원에서 두 가지 의무를
수행하게 되는 것이다.

추가사항: 골파들이 봄에 개화한 후에
식물들을 지표면으로부터 2.5-5cm 높이로
잘라준다. 부추는 가을에 꽃이 핀다.
무성하게 자생하기 때문에
마찬가지로 잘라준다.
온화한 지역에서는, 겨울되기 전에
다시 생장하고, 추운 지역에서는
추운 날씨에 대비한다.

◀ 사진처럼 우아한 화분은 평범한 정원 차이브를 장식용
백합처럼 화려하게 보이도록 해준다.

아네툼 그라베오렌스
Anethum graveolens

딜 Dill

딜은 속성 식물로 정원에서 두 가지 의무를
하게 된다. 몇 개의 식물들이 필요로 하는
모든 잎과 종자들을 제공해주고, 작은
꽃들은 진딧물 같은 해충을 잡아먹는
말벌이나 이로운 곤충들에게 인기가 있다.

크기: 크기가 30-75cm이며,
폭은 15-20cm이다.

개화: 산형과의 종류로 잎 위쪽의 긴
꽃자루에 우산 모양의 꽃들이 총생한다. 한번
개화를 하면 생장이 늦어지기 때문에, 잎을
보기 위해 키우는 것이 가장 좋다. 꽃대가
길어지기 전에 잘라주되 몇 개는 종자를
위해 남겨둔다.

광량: 충분한 광 조건에 적합하다.

혼합배지: 배수 잘 되며, 적당히 비옥하고,
pH는 5.8-6.8 조건에 적합하다. 높은 수준의
질소비료로 시비하지 않는다.

동반 식물: 딜은 관상용 컨테이너를
레이스같이 채워줄 만큼 예쁘다. 그러나 계속
지속되기를 원한다면, 꽃이 피지 않도록 한다.

꽃이 피면 이로운 곤충들의 먹이가 된다.

추가사항: 딜은 폭에 비해 너무 크게 자란다.
쓰러지지 않도록 컨테이너 내의 막대기에
묶도록 한다. 이러한 작업이 번거롭다면
쓰러지지 않는 왜성 품종들을
기르도록 한다.

코리안드룸 사티붐
Coriandrum sativum

고수 Cilantro/coriander

잎을 먹으면 고수잎 cilantro을 먹는 것이지만,
종자를 먹으면 코리앤더 coriander를 먹는
것이다. 미국 남부나 극동의 요리를
즐긴다면, 진미라 여겨지는 뿌리를 먹는
것이다. 고수잎은 매우 빨리 자라기 때문에,
줄기들을 심고 40일만에 수확할 수가 있다.
두 달이 되어도 완전한 크기에 이르지
않지만, 며칠마다 오래된 줄기들을 잘라주면
수확량을 늘릴 수가 있다.
이 허브가 가까이에 있으면,
콩과 밥에서 오믈렛까지 모든 아시아
요리에 첨가하는 자신을 발견할 것이다.

크기: 크기가 45-75cm이며, 폭은 15cm이다.

개화: 큰 꽃자루 위에 흰색의
산형화서들이 형성된다.

광량: 북부지역에서는 충분한 광 조건에
적합하다. 덥고 건조한 지역에서는
특히 오후에 반음지 및 차광된 조건에
적합하다.

혼합배지: 배수 잘 되며, 적당히 비옥하고,
pH는 5.8-6.8 조건에 적합하다.

동반 식물: 고수잎은 이로운 곤충들의
사랑스러운 서식지이고 키우기에 아름답다.
다양한 관상식물 화분의 가장자리에
채우고, 빨리 자라기 때문에 공간을
다시 비워줘야할 때 수확하면 된다.

일년초인 안개초로 둘러싸인 이 청동색의 휀넬 화분이
부엌에서 쓰이기 위한 것임을 누가 짐작하겠는가?

포에니쿨룸 불가레
Foeniculum vulgare

휀넬 Fennel

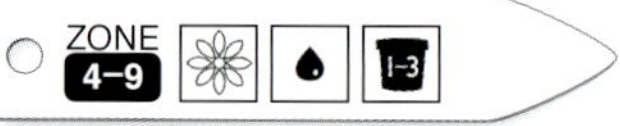

휀넬은 야생에서 자라면 거대한 식물이 된다.
화분은 이를 다행스럽게 왜성을 띠게 하고
쉽게 다룰 수 있는 식물이 되게 한다. 딜처럼
종자와 잎을 위해 키우지만, 많은 사람들은
부드러운 줄기도 먹는다. 심기 전에 어떤 것
(줄기, 잎, 종자)을 원하는지 결정하는데,
이러한 선택이 위치 그리고 북쪽 지역에서는
심는 날짜에 영향을 주기 때문이다.

크기: 크기가 60cm이며, 폭은 30cm이다.

개화: 역시 산형과이고, 꽃자루 위쪽으로
수많은 우산 모양의 꽃들이 총생한다.
이른 여름에 꽃이 핀다.

광량: 북부지역에서는 충분한 광 조건에
적합하다. 덥고 건조한 지역에서는 차광된
조건에 적합하다.

혼합배지: 배수 잘 되며, 적당히 비옥하고,
pH는 6.6-7 조건에 적합하다.

동반 식물: 모든 산형과 식물들처럼, 이로운
곤충들의 먹이가 된다. 관상식물들과
혼합했을 때 레이스 같은 느낌을 주는
것만으로도 충분히 키울만 하다.

추가사항: 청동색의 품종들은 녹색의 것처럼
맛이 좋지만, 꽃병이나 관상식물을 심은
컨테이너를 보다 극적으로 표현해줄 수
있다는 장점이 있다. 특별한 색이 요구되는
장소에 이용하고, 꽃꽂이에는 긴 줄기들을
추가한다. 진정한 이탈리아 맛을 내기 위해
토마토 소스에 종자를 이용한다. 고기, 특히
소세지의 맛을 내기도 한다. 잎들은 감초맛이
강하다는 점에서 아니스와 유사하다.

라우루스 노비리스 Laurus nobilis

월계수 Bay laurel

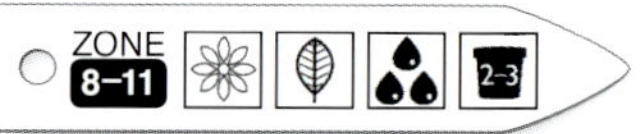

월계수는 컨테이너 정원에서 진녹색의
광택이 나는 잎과 우아한 습성 때문에
중심이나 배경식물로 훌륭하다. 전정이 잘된

화분에 심은 월계수 나무는 컨테이너 정원의
양식에 알맞게 전정하거나, 보다 자연스럽게
자랄 수 있도록 놔둬도 좋다.

봄에 지상부가 근계에 부담이 안되도록
나무들을 전정해주도록 한다.
월계수를 말릴 때, 높여준 발에 놓도록 한다.
작은 조각으로 쪼개서 요리에 이용하기
때문에 꼬이게 놔둔다. 월계수는 작은
조각으로 쪼개도 날카로와서, 부드러운
조직들을 자극할 수가 있다. 온전한 형태로
이용하여 음식 차리기 전에 제거하거나
쪼개진 조각들을 차망이나 약초다발에
묶여진 무명천에 넣도록 한다.

라반두라 속Lavandula spp.
라벤더Lavenders

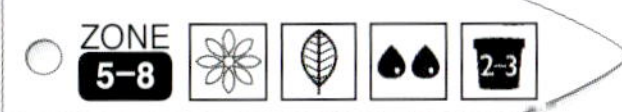

라벤더는 당신의 컨테이너 정원에 많은 것을
더해주기 때문에, 공간이 제한되어도 이를
포함시키고 싶을 것이다. 다즙의 회색빛
녹색 또는 은빛의 녹색 잎과 직립의 습성은
오래가는 분홍빛의 흰색, 푸른빛의 자주색,
엷은 자주색의 꽃으로 이루어진 수상화서와
함께 일 년 내내 아름답게 유지된다.
라벤더는 영국 차의 재료로 잘 알려져
있지만, 꽃을 구운 음식이나 과일잼 등에
이용할 수 있다.
잎은 차의 강한 맛을 내고 마음을 평온하게
해주는 특성이 있다. 캐모마일과 혼합하면
아이들의 입맛에 맞다. 관리를 적절하게
해주면 수명이 5년까지 간다.

크기: 크기가 30-90cm이며, 폭은 30-45cm
이다.

개화: 향기나는 작은 꽃들의 수상화서는
몇 품종에서 30cm까지 자란다. 다른
품종에서는 1.8-3m까지 자란다. 품종에
따라, 흰색에서 연한 자주색, 푸른빛의
자주색, 다양한 분홍색이다.

광량: 충분한 광 조건에 적합하다. 따뜻하고
건조한 지역에서는 반음지 조건에 적합하다.

혼합배지: 배수가 지극히 잘 되며, 적당히
비옥하고, pH는 6.8-7 조건에 적합하다.

정형 형태의 월계수 화분들은 정원의 경계로
훌륭하다. 월계수는 빙점 이하의 온도에
견디지 못하고, 빙점 이상의 온도에서도
차가운 바람에 의해 스트레스를 받는다. 이
식물을 겨울 동안에 8-9구역에서 실외에
두게되면, 보호되는 장소에 배치하도록 한다.
두 번째 해에 잎들을 수확할 수가 있지만,
나무가 45-60cm의 크기가 될 때까지 몇
개의 잎만 따도록 한다.

크기: 크기가 0.9-3m이며,
폭은 0.9-1.8m이다.

개화: 봄에 작은 노란색의 꽃들이 형성된다.
암꽃과 수꽃이 있고 열매들은 암꽃이 있는
식물에서 형성된다.

광량: 차광된 조건이나 충분한 광 조건에
적합하고, 오후에 반음지 조건으로 관리한다.

혼합배지: 배수 잘 되며, 비옥하고, pH는
4.5-8 조건에 적합, pH 6.2에서 번성한다.

동반 식물: 월계수는 시선을 끌기 때문에
개화하는 모든 숙근초들 옆에 좋은 모양을
형성한다.

추가사항: 이 식물은 전정하면 아름다워지기
때문에, 따뜻한 지역의 대부분의 토피어리는
월계수 나무들이다. 매년 늦겨울이나 이른

두엄을 추비하거나 이른 봄마다
잘 조절된 비료를 처리한다.

동반 식물: 라벤더는 허브를 혼합심기를
할 때 훌륭한 대상이다. 작은 꽃들이 이로운
곤충의 먹이가 되기 때문에, 개화하면
진딧물이 있는 화분에 가까이 옮기도록 한다.

추가사항: 영국 라벤더인 라반두라
안구스티포리아L. angustifolia의 품종들이 가장
좋은 향을 낸다. 식물을 살 때 이 종인지
확인한다. 라반두라 인터메디아L. × intermedia는
이보다 향이 덜하므로 피하도록 한다.
라벤더를 향주머니나 포푸리를 위해 저장할
때, 잎과 꽃줄기를 개화하기 전에 자른다.
실내에 들여놓고 벽돌에 높여진 발에 펴서
말리도록 한다. 잎이 바싹 마를 때까지
식물들을 걸어두면 꽃눈이 가끔 떨어진다.
저장하기 위해서 줄기들을 집록식의
비닐주머니에 넣고 수화되지 않게 패킷과 두
개의 실리카켈도 담는다.

오시뭄 바실리쿰Ocimum basilicum
바질Basil

한 개 또는 서로 다른 두 품종의 바질
화분들을 갖는 것은 큰 기쁨이다. 신선한
허브를 구입할 경우 가격이 비싸지만, 작은
윈도우 박스에 기르면 한 해 동안 양념으로
맛을 내고 원하는 양만큼의 페스토를 만들
정도로 충분히 얼을 수가 있다.

크기: 크기가 15cm에서 60cm이며, 폭은
15cm서 30cm이다.

개화: 꽃들은 이로운 곤충의 먹이가 되지만,
한번 개화하면 생장이 늦어지고 식물이
고사할 수도 있다. 현명한 정원사들은 몇
개는 곤충들을 위해 그리고 나머지는
본인을 위해 기른다.

광량: 충분한 광 조건에 적합하다.

혼합배지: 배수 잘 되며, 비옥하고, 높은
수준의 부식, pH는 6-7.5 조건에 적합하다.
병해에 더 약해질 우려가 있기 때문에
높은 수준의 질소비료를 처리하지 않는다.
좋은 생육을 위해 일정하게 수분이 있게
유지하도록 한다.

동반 식물: 바질은 토마토와 후추에 훌륭한
동반식물이다. 자주색이나 반점이 있는
관상용 품종들은 색의 얼룩들을 더해준다.

추가사항: 바질은 물을 충분히 주고 조절이 잘
된 혼합 완숙비료나 차를 섞은 혼합배지로
시비해주면 잘 자란다. 식물이 자랄 때
줄기의 끝을 적심해주면 덤불처럼 우거진다.
절간의 가지들은 쉽게 형성되고, 식물의
사랑스러운 모양을 빠르게 이룰 것이다.
꽃자루들은 발견하자마자 잘라주도록 한다.
눈들이 뚜렷해질 때까지 커지지 않도록
한다. 대부분의 사람들은 절화가 꽂힌
꽃병에 추가하려고 프릴 모양의 잎을 갖은
자주색이나 연한 녹색의 품종들을 기른다.
이러한 종류들을 기른다면,
꽃꽂이의 색과 향기를 위해 몇 개의
잔 가지들을 추가하도록 한다.
바질은 파리를 쫓아내는 것으로 알려져
있다. 파티오 위에 화분을 키워서 파리가
향을 싫어하는지 시험해보도록 한다.
파리가 성가시게 하면 1-2개의 잎을
자르고 눌러서 뭉개도록 한다.

페트로세리눔 크리스품
Petroselinum crispum
파슬리Parsley

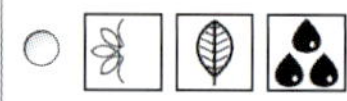

파슬리는 매주 쇼핑목록의 주요 상품이다.
식품 계산서에 추가되는 항목이지만,
많은 사람들은 이를 지나친다. 해결
방법은 직접 키우는 것이다. 잘 키워진 한
쌍의 식물들은 적어도 일 년 정도 잎들을
제공해줄 것이고, 따뜻한 지역에서는
일 년 이상이 될 수도 있다.
파슬리를 좋아하는 사람들은 꼬인 품종과
편평한 잎을 가진 이탈리아의 품종을 기른다.
편평한 잎을 가진 파슬리는 강하고 뚜렷한
맛 때문에 요리에 더 많이 쓰인다. 꼬인
종류는 식용의 사랑스러운 장식물인데,

화분에 심은 파슬리는 진정 기르기에 만족스럽다.
정원의 장식용으로 세워 놓기에도 충분하며, 허브
정원의 용도로도 적합하다.

기르게 되면 접시들을 레스토랑 스타일로
장식할 수가 있다.

크기: 크기가 20-45cm이며,
폭은 20-30cm이다.

개화: 두 번째 해의 한봄에 개화하도록
노력한다. 새로운 파슬리를 딸 수 있을
때까지 수확량을 늘리기 위해 꽃자루를
적심해주도록 한다.

광량: 북부지역에서 충분한 광 조건에
적합하다. 덥고 건조한 지역에서는 반음지나
차광된 조건에 적합하다.

혼합배지: 배수 잘 되며, 비옥하고, 높은
수준의 부식, pH는 5.8-6.8 조건에 적합하다.
조절이 잘 된 어류 유제나 차를 섞은
혼합배지 비료를 10-14일마다 시비해 준다.

동반 식물: 파슬리는 큰 컨테이너의 가장자리,
특히 식물의 특성을 눈에 띄게하기 위해
외부 잎들을 다듬을 때 장식하기에 좋은
식물이다. 개화하면 꽃들은 이로운 곤충들의
먹이가 된다.

로스마리누스 오피시나리스
Rosmarinus officinalis
로즈마리Rosemary

로즈마리는 아름다운 관목으로 자랄 수가
있다. 비정형적인 형태의 자연적 습성은
사랑스럽고, 전정에 의해 유도가 잘 되므로
정형적인 디자인에도 효과적이다. 로즈마리는
빙점의 온도에 견디지 못하기 때문에 겨울
동안에 실내에 들여놓는다. 그러나 관목으로
키우려는 당신을 막을 수는 없을 것이다.

바퀴 달린 플랫폼에 화분을 얹고 날씨가
따뜻해지면 옮기도록 한다.

크기: 키는 0.6-1.8m이며, 폭은 0.3-0.9m이다.

개화: 늦은 겨울에서 이른 봄까지 분홍색이나
자주색의 작은 꽃으로 이루어진 총생화서가
형성된다.

광량: 충분한 광 조건에 적합하다.

혼합배지: 배수 지극히 잘 되며, 적당히
비옥하고, pH는 6.5-7.5 조건에 적합하다.
봄마다 완숙된 화분 배양토를 주도록 한다.

동반 식물: 로즈마리 관목은 위엄이 있기
때문에 화분에 단독으로 심는다. 그러나
포복성 형을 기른다면, 침엽수 그룹에
중요성을 더해주기 위해 이용할 수가 있다.
꽃이 피면 이로운 곤충들이 모인다.

추가사항: 로즈마리는 무관심보다는 잦은
관수에 의해 고사한다. 화분 배양토가
배수가 원활하게 되고, 토양 표면의 2.5cm
정도가 건조해질 때 관수한다.
요리를 위해서는 1-2개 가지의 윗부분을
잘라주도록 한다. 그러나 향주머니와
포푸리를 위해 충분히 건조하고 싶다면,
올해의 새로운 녹색 생장물들을 찾도록 한다.
찾으면 2-3마디 위쪽에서 잘라주도록 한다.
목본성 부분을 자르면, 마디로부터 새로운
가지가 나오지 않기 때문에 주의해야 한다.
로즈마리는 욕실에서 향기나는 허브이다.
통이 채워지는 동안에 건조한 잎이나 녹색의
잔 가지 위에 물을 흐르게 한다. 상큼하고
신선한 향기는 평온하게 해주기보다는
기운나게 해준다. 짙은 머리카락을 갖고
있다면, 샴푸 후에 로즈마리 잎으로
이루어진 강한 혼합물로 마지막에 헹구면
머리카락에서 사랑스러운 향이 나고 원래의
색도 밝아진다.

살비아 오피시나리스
Salvia officinalis

세이지Sage

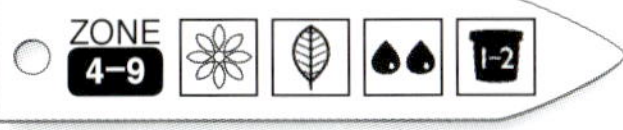

세이지는 회색빛의 녹색 잎들과 부지런한
습성에 의해 관사용 정원이나 허브그룹의
중심에 아름다움을 더할 수가 있다.

내버려두면 호리호리하게 자라지만,
약간의 전정만 해주면 사랑스러운 둥근
모양을 형성한다. 기르는 즐거움을 얻기 위해,
화이트 세이지Salvia apiana의 옆에 일반적인
부엌용 세이지를 키운다. 대비되는 잎의
색들은 각 식물을 이채롭게 한다.
세이지는 다용도로 쓰인다. 온 가지들을
잘라서 허브 화환의 틀로 이용할 수가 있고,
건조한 잎들은 향주머니나 발씻기 진정제로
이용이 가능하다. 건조한 잎들은 가금류의
요리나 고깃국물의 맛을 낸다.

크기: 크기가 30-75cm이며,
폭은 25-60cm이다.

개화: 식물이 일년생이 된 후에, 늦봄이나
이른 여름에 키가 큰 꽃자루에 분홍색,
자주색, 푸른색, 흰색의 윤생인 꽃들이
형성된다. 식용이고 샐러드용 채소에
예쁜 첨가물이다. 향이 강하기 때문에
소량만 이용한다.

광량: 충분한 광 조건에 적합하다.

혼합배지: 배수 잘 되며, 적당히 비옥하고,
pH는 5.8-6.5 조건에 적합하다. 혼합된
토양을 교체하지 않으면, 화분에 매년 봄마다
완숙된 두엄 층을 얹는다.

동반 식물: 개화하는 세이지들은 이로운
곤충에게 먹이를 주기 때문에, 진딧물이나
연한 몸체를 가진 해충의 숙주식물 가까이에
배치하면 된다.

티무스 속Thymus spp.
타임Thymes

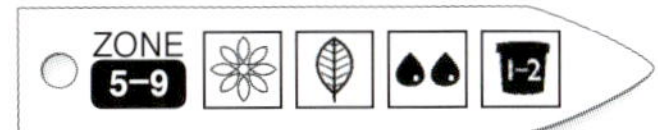

타임은 많은 품종들이 있다.
어떤 종류를 선택하든, 매년 새로운
품종들을 새롭게 도입된다.

크기: 크기가 5-30cm이며,
폭은 20-60cm이다.

개화: 한여름에 수백 개의 작은 꽃들이
줄기의 끝을 덮는다.

광량: 5-7구역에서는 충분한 광 조건에
적합하지만 8-9구역에서는 중생인 경우
차광된 조건에 적합하다.

혼합배지: 배수가 지극히 잘 되며, 적당히
비옥하고, pH는 6.5-8.5 조건에 적합하다.

동반 식물: 정원의 중심이 되게, 색이 다른
잎을 가진 다양한 포복성의 타임을 얕은
화분에 심는다.

추가사항: 타임 품종들은 두 가지 종류로
나눌 수가 있다. 덤불형과 포복성 식물이다.
가장 알려진 포복성의 타임에는 타임의
어머니T. serphyllum라 불리는 다양한 품종들이
있다. 타임의 어머니에는 한 가지만 있는
것이 아니다. 관상용 가치가 있거나 부엌용
품종으로 색다른 꽃이나 잎을 원한다면
구매하도록 한다. 대부분의 요리사들은
영국 타임Thymus vulgaris과
레몬타임Thymus × citriodorus을 선호한다.
요리된 레몬타임은 맛이 유지되지 않지만,
신선한 상태로 첨가하면 상큼한 레몬 맛이
더해진다. 어류나 샐러드 위에 뿌리도록 한다.
타임은 가정용으로 이용되고, 곤충 방제에도
효과적이다. 모직물에 좀약을 이용하기보다,
옷들 사이에 타임의 잔 가지들을 놓도록
한다. 목욕할 때 진정작용도 해준다. 타임의
정유는 멸균작용이 있는데, 많은 정유를 얻기
위해서는 다량의 타임이 필요하다.

타임은 모든 크기와 형태의 화분에서 잘 자란다.
겨울에 많은 양을 건조하기 위해 또는 친구에게
선물로 주기 위해 큰 컨테이너에 기르도록 한다.

채소^{Vegetables}

채소 미식가라면, 컨테이너에 직접 키우는 것을 좋아할 것이다.
도시의 큰 시장에서 구할 수 없거나 구입하기에 너무 비싼 채소들을 생산하기 위해 약간의 시간과 관심을 들이자. 이것은 컨테이너 정원을 진정으로 빛나게 해줄 한 분야이고, 시작만 한다면 우아한 동양 가지를 관상용 컨테이너에 심거나 정원의 윈도우 박스를 다색의 샐러드 채소로 가꾸는 자신을 발견할 것이다.
토양의 질은 채소 재배에 중요하다. 토양이 좋을수록 채소가 좋기 때문이다. 두엄을 기초로 한 혼합배지를 선택하도록 한다. 보통의 화분 혼합배지보다는 냄새가 나는 비옥한 추비에 가깝다. 거의 모든 채소들은 적절하거나 높은 비옥도를 좋아하고, 가장 좋은 비료는 유기물 재배자들이 이용하는 비료들이다. 고체 비료는 라벨에 "OMRI 승인"이 있어야 하고, 어류 유제, 해초액, 그리고 다른 액체들도 라벨에 "OMRI" 표시가 있어야 한다.
어떤 채소들은 땅이 완전히 얼지 않으면 컨테이너에서 월동한다. 약한 추위가 위협을 준다면 덮어주도록 한다.

유기적 해충 방제

채소에 몇몇 해충들을 발견할 것이다. 화분들을 섞어서 좋아하는 먹이를 찾아다니는 해충들을 혼돈시키고, 해충을 잡아먹는 이로운 곤충들의 먹이가 되는 작은 꽃들을 키운다. 훌륭한 동반식물에는 딜, 고수와 같은 파슬리 과의 허브와 샐비어, 향알리섬, 체꽃와 같은 다양한 꽃들이 포함된다.

살충제: 경고의 한 마디

살충제를 이용한다면, "OMRI" 라벨이 있는 것중에 하나를 선택하고 설명서 지시를 따르도록 한다. 생물학적 방제를 제외하고, 해충에게 해로우면 당신에게도 해롭다는 것을 기억하도록 한다. 보호복을 입고, 동물과 아이들이 쉽게 접근 할 수 없는 곳에 물질들을 보관하도록 한다.

알리움 세파, 알리움 피스투로 줌^{Allium cepa, A. fistulosum}

양파^{Scallions}

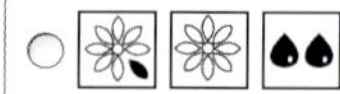

양파는 적은 공간을 차지하기 때문에, 심은 화분에 쉽게 끼워넣을 수가 있다. 직립인 푸른빛의 녹색 잎들은 좋은 모양을 형성하고, 그들의 강한 냄새는 날아다니는 많은 곤충들을 억제하므로 추가해서 심을 때 유용하다.

크기: 다양하다. 크기가 20-30cm이며, 폭은 1.2cm이다.

개화: 없다.

광량: 충분한 광 조건이나 차광된 조건에 적합하다.

혼합배지: 배수 잘 되며, 비옥하고, 높은 수준의 부식, pH는 6-7 조건에 적합하다.

동반 식물: 일년초. 콩과류를 제외한 채소류가 좋다.

추가사항: 이른 봄에 양파의 종자들을 심으면 2달 후에 녹색 양파를 얻을 수 있다. 연속적인 재배를 위해서, 늦여름까지 매주 몇 개의 종자들을 심도록 한다. 마지막 녹색 양파들은 추위로부터 보호되게 덮어주고 겨울이 될 때까지 수확을 계속한다.

베타 불가리스

Beta vulgaris var. cicla

근대^{Swiss chard}

근대는 가장 예쁜 채소 중의 하나이다. 대부분의 품종들은 흰색 잎맥에 주름진 녹색의 잎을 갖지만, 최근의 종류들은 화사한 주황색, 금색, 자주색, 적색, 자홍색의 엽맥이 있다. 다용도의 채소이다. 근대를 파종하고, 잎들이 몇 cm 되었을 때 뜯어서 샐러드 접시에 다채로움을 더해주거나, 완전히 자라게 해서 시금치와 같은 방법으로 요리한다.

무한의 체리토마토 테이스티 톰^{Tasty Tom}은 자라는 동안에 관리를 해주고, 추가적인 흡지들을 제거하면 잘 자라 수확량도 많다.

근대 브라이트 라이츠^{Bright Lights}는 정원을 장식하고 저녁상에는 맛나고 영양가 있는 음식을 제공한다.

크기: 크기가 30-60cm이며, 폭은 25-45cm이다.

개화: 없다.

광량: 충분한 광 조건에 적합하다.

혼합배지: 배수 잘 되며, 비옥하고, 높은 수준의 부식, pH는 6-6.8 조건에 적합하다.

동반 식물: 근대와 개화하는 거의 모든 식물과의 혼합은 사랑스럽다. 적색과 노란색의 금련화와 함께 정원의 "따뜻한 색"의 장소에 키운다.

추가사항: 가장 좋은 맛을 내려면 근대를 찌도록 한다. 잎을 넣기 전에 엽맥을 제거해서 수분간 찌면 좋은 결과를 얻을 것이다. 맛을 내기 위해 잎을 식초, 레몬쥬스, 버터와 요리한다.

근대는 공기오염의 지표가 된다. 잎들은 공기의 질이 나쁘면 주름이 많아지고 기형이 많이 생긴다. 매우 나쁜 조건에서는 엽맥들도 기형이거나 비틀어진다. 식물들이 이러한 증상들을 보이면, 채소 컨테이너들을 공기 오염물질들을 거의 흡수하지 않는 과실류 농작물로 대체하도록 한다.

캅시쿰 안눔 Capsicum annuum

고추 Pepper

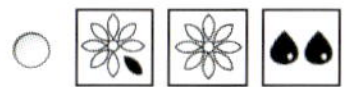

녹색, 적색, 주황색, 자주색의 고추와, 단 고추, 매운 고추, 절인 고추, 관상용 고추 등이 있다. 고추를 시험하는 데 끝이 없을 것이다. 오늘날 다양한 고추종자들이 이용되고 있지만, 외래 고추들은 상점에서 거의 볼 수가 없다. 적색과 노란색의 고추들은 비싸므로 몇 개의 고추화분들을 키울만한 이유가 된다.

크기: 크기가 30-75cm이며, 폭은 30-60cm이다.

개화: 이른 여름에서 한여름에 노란색 중심부를 갖은 흰색의 작은 꽃들이 형성된다.

광량: 가장 화창하고 더운 날씨를 제외하고 충분한 광 조건에 적합하다. 열매들이 잎에 의해 오후의 햇빛으로부터 보호받지 않으면 검게 탈 것이다. 이러한 장해는 곰팡이에 의한 부패를 촉진할 것이다. 차광하기 위해 177페이지에 언급된 얇은 재료들을 이용한다.

혼합배지: 배수 잘 되며, 적당히 비옥하고, 높은 수준의 부식, pH는 5.5-6.8 조건에 적합하다. 개화가 시작되면 토마토 비료로 시비해주고, 그 후에 2주마다 시비해준다. 부서진 달걀 껍질은 식물들에게 칼슘을 제공하는 좋은 멀칭재료이다.

월동: 고추는 햇빛이 화창하고 더운 환경에서는 월동한다. 관수를 줄이고 통풍이 잘 되게 하며, 겨울 동안에는 휴면하도록 한다. 추위의 위험이 없다면, 다시 새로운 흙으로 심고 실외에 배치한다. 그러면 일찍 개화하고 추가적으로 이른 농작물들이 수확될 것이다.

동반 식물: 고추는 진딧물, 응애, 가루이, 줄무늬나 반점무늬가 있는 오이 딱정벌레, 장님노린잿과 등의 해충들을 유인한다. 병해는 베르티실리움 시들음병, 푸자리움 시들음병, 이른 마름병, 늦은 마름병, 다양한 바이러스병들에 걸린다. 식물들을 보호하기 위해 식용의 쇠비름이나 작은 바질 품종인 스파이시 글로브^{Spicy Globe}로 둘러싼다. 고추 화분의 가까이에 한련화를 배치할 수도 있는데, 이것은 진딧물을 잘 유인하기 때문에 함정 농작물 역할을 한다.

추가사항: 고추 열매 때문에 너무 무거워져 줄기들이 스트레스로 부러지는 경우가 종종 있다. 위험한 식물들을 막대기에 묶어서 방지하는데, 화분 밖의 지지물에 줄기들을 묶어주도록 한다. 고추의 수확량을 최대로 하기 위해 각 식물에 형성된 첫 고추쌍이 1/3의 크기가 되었을때 따주도록 한다. 이것은 더 많은 꽃들이 생기게 자극한다. 색이 있는 고추는 성숙한 고추들이다. 완전히

성숙할 때까지 남긴다면, 햇빛에 타거나
여러 곰팡이병에 걸릴 수가 있다.
고추의 색이 반반일 때 따주도록 한다.
실내로 들여놓고 광은 적당하나 화창하거나
덥지 않은 곳에 배치하도록 한다. 며칠에서
일주일 사이에 계속해서 성숙할 것이고,
아름답고 결점이 없는, 노란색, 자주색,
초콜릿색 고추들을 갖게 될 것이다.

쿠쿠미스 사티부스
Cucumis sativus

오이Cucumber

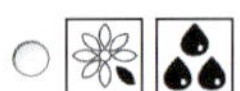

신선한 오이들은 상점에서 보는 것들보다
좋기 때문에 컨테이너 식물 중에 단연
좋아하게 될 것이다. 얇게 써는 표준적인
오이를 재배하거나, 새로운 것을 원한다면
둥글고, 노란색, 레몬색인 색다른 오이들을
재배해볼 수가 있다. 긴 줄무늬를 갖은 품종,
실외에 적합한 종자가 없는 품종이 재배될
수가 있다.

크기: 다양하다. 관목성은 크기가 45cm이며,
폭은 90cm이다. 덩굴성은 크기가 30cm이고,
길이가 1.8-2.4m이다.

타이 고추 같은 매운 고추는, 일 년 동안 고추를
제공하고, 정원의 아름다움에 공헌한다.

개화: 이른 여름에 노란색 꽃들이 형성된다.
잘게 써는 오이들은 암꽃과 수꽃이 있고
충매화이지만, 대부분의 새로운 품종들은
단위결실을 한다. 수분없이 종자가 없는
열매를 형성한다는 것이다. 이러한 식물이
수분되면, 열매가 기형이고 쓴 맛이 난다.
이러한 품종들을 재배하면, 온실에서
기르거나 또는 곤충 덮개로 둘러싸도록 한다.
너무 번거롭다면, 설명서를 잘 읽고 덮개
안에 길러야하는 것들은 피하도록 한다.

광량: 충분한 광 조건에 적합하다.

혼합배지: 배수 잘 되며, 비옥하고, 질소
함량이 높으며, pH는 6-6.8 조건에 적합하다.

동반 식물: 무는 좋은 동반작물인데, 빨리
자라서 오이가 공간을 차지하기 전에 수확을
할 수가 있고, 오이의 일부 나쁜 해충들을
억제한다. 프렌치 메리골드처럼 작은 꽃들을
가진 식물들을 주위에 배치하고 이로운
곤충들의 먹이가 되게 한다.

추가사항: 덩굴성 오이는 컨테이너에서
기를 때 격자울타리에 재배한다. 반 배럴
정도의 컨테이너를 이용하여 V 모양의
틀을 안에 세우고 덩굴을 그 위로 키운다.
다른 실용적인 방법으로는 컨테이너를
끈이 달려 있는 격자울타리나 벽 가까이에
세우는 것이다. 식물을 묶어서 당신이
원하는대로 덩굴이 지지물에 붙도록 한다.
격자 울타리에 키워진 오이들은 그냥 퍼지게
하는 것들보다 3가지 장점이 있다. 울타리에
매달려 정돈되고 곧게 자라서 열매들이 땅에
닿지 않아 썩지 않고, 열매들이 바로 보이기
때문에 쉽게 딸 수가 있다.

쿠쿠르비타 페포Cucurbita pepo

호박Summer squash

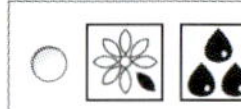

호박은 컨테이너에서조차 생산량이 많다. 반
배럴 정도의 컨테이너는 최고 품질의 호박
마운드를 위해 적당한 크기이다. 화분 주위에

공간을 남기는데, 식물이 성숙하면서
잎들이 커지기 때문이다.

크기: 크기가 0.9m이며, 폭은 1.5-2.1m이다.

개화: 화사한 노란색의 꽃들은 한달만에
형성되고 빨리 발달한다. 잎들은 암꽃이나
수꽃이다. 날아다니는 곤충들은 수꽃의
화분을 암꽃에 옮긴다. 곤충들이 수분을
하기 어렵다면, 이른 아침에 암꽃들이 수분이
되게 작은 붓을 이용한다. 해가 뜨고 따뜻할
때가 가장 좋다. 꽃들도 식용이다. 수꽃이
다 필요하지 않다면, 그들을 위한 요리법을
찾아서 이색적으로 입맛을 돋우게 한다.

광량: 충분한 광 조건에 적합하다.

혼합배지: 배수가 지극히 잘 되며, 매우
비옥하고, 수분 있게 유지되어야 한다. pH
는 6-6.8 조건이 적합하다. 두엄이 풍부한
혼합물로 시작해서, 한 달 후에 매주
해초액이나 차퇴비물을 시비하도록 한다.

동반 식물: 무, 향기알리섬, 고수, 딜 등을 호박
컨테이너 주변에 배치한다. 고수와 딜은
이로운 곤충들의 먹이가 된다.

추가사항: 호박은 어릴 때 맛이 좋기 때문에
따주도록 한다. 이렇게 하면 식물의 생산성도
유지된다. 호박의 종자가 한번 익으면 식물은
같은 비율로 개화를 정지할 것이다.

락투카 사티바Lactuca sativa

상추Lettuce

상추는 훌륭한 컨테이너 식물로, 상점에 다시
사러 가지 않을 것이다. 품종들을 위해 종자
소개책자를 보도록 한다. 너무 섬세하고
화려한, 많은 종류의 상추들을 발견할
것이다. 모든 종류를 맛보기 위해 거액을
쓸 수가 있는데, 봄, 여름, 가을을 위해 특별히
육종된 버터헤드, 빕, 로메인, 적색잎, 녹색잎
종류들로 제한할 것이다.

크기: 품종에 따라 다양하다. 크기가
10-35cm이며, 폭은 15-35cm이다.

개화: 자유수분품종으로부터 종자를 저장하는 것이 아니라면 꽃이 피지 않도록 한다.

광량: 봄에 충분한 광 조건에 적합하다. 여름에 차광하거나 반음지 조건에 적합하다. 가을에는 충분한 광조건에 적합하다.

혼합배지: 비옥하고, 높은 수준의 부식, 높은 질소함량, pH는 5.8-6.8 조건에 적합하다.

동반 식물: 향기알리섬을 봄상추 컨테이너 옆에 배치하여 이로운 곤충들의 먹이가 되게 하고, 개화하는 작은 꽃들을 항상 주위에 있게 한다. 많은 상추들은 장식적이고, 통이나 장식물의 가장자리 식물로 이용된다. 비올라와 다른 식용꽃들과 화초용 박스에 좋은 동반작물이 된다.

추가사항: 상추는 완전한 크기나 "어린 녹색" 상태로 먹는다. 따뜻한 날씨에서 맛이 써지기 때문에, 성숙하면 샐러드용 채소로 이용한다 (178페이지 참고). 성숙한 엽구의 수확기간을 연상하기 위해 음지 조건을 순다. 컨테이너 위에 철사 틀을 만들고, 굵은 삼베나 판매되는 차광재료들을 그 위로 덮는다. 음지 아래의 식물들은 달고 신선할 것이다. 날씨가 추워지면 틀을 제거하도록 한다.

라파투스 사티부스
Raphanus sativus

무우 Radish

무보다 봄을 더 분명하게 나타내는 것이 있을까? 이른 봄에 심고, 컨테이너에 있으므로 추운 날씨에는 잘 덮어주거나 실내로 들여온다. 아이들이 있다면, 한달만에 적색, 흰색, 자주색 무를 생산하는 진기한 품종들을 심는다. 미식가를 위해서는 긴 프랑스 품종을 심는다.

크기: 크기가 15-25cm이며, 폭은 5-10cm이다.

개화: 종자를 저장하거나 양념을 한 식용의 꼬투리를 위한 가늘고 긴 특별 품종을 재배하는 것이 아니라면, 무를 꽃 피우지 않는다.

광량: 충분한 광 조건에 적합하다.

혼합배지: 배수 잘 되며, 비옥하고, pH는 5.5-6.8 조건에 적합하다.

동반 식물: 무는 호박과 훌륭한 동반식물인데, 호박덩굴 천공충들은 무의 냄새를 싫어하고 많은 무에 의해 둘러싸이면 식물에 접근하지 않는다. 크기가 작고 빨리 성숙하기 때문에 숙근초들을 심은 "빈" 공간에 무를 심을 수가 있다.

추가사항: 무는 따뜻하고 건조한 날씨에서 다른 때보다 맛이 맵고 써진다. 컨테이너에서는 혼합배지가 새롭고 깨끗하기 때문에 병충해 문제가 거의 없다. 잎에 곰팡이가 생긴다면, 다음에는 통풍이 잘 되게 보다 넓게 심도록 한다. 긴 다이콘 daikon 무를 잘 자라게 하기 위해 깊은 화분과 높은 수준의 시비가 요구된다.

소라눔 라이코페르지쿰
Solanum lycopersicum

토마토 Tomato

집에서 재배하는 토마토는 큰 기쁨이다. 좋은 맛, 진기한 모양, 빠른 생산 등에 의해 좋아하는 품종을 고르면 된다. 토마토를 연구하는 데 시간을 투자하고, 적어도 매년 좋아하는 한 종류 그리고 시도하지 않은 다른 종류를 키우도록 한다. 새로운 품종을 시도하면 좋아하는 토마토가 바뀔 수도 있다.

크기: 다양하다. 덤불형은 크기가 75-90cm 이며, 폭은 60-90cm이다. 무한형은 크기가 1.2-2.4m이고, 폭은 45-60cm이다.

개화: 노란색 꽃이 이른 여름에 형성된다. 대부분의 경우 자가수분을 하지만, 해가 뜨고 날씨가 따뜻해지면 꽃송이들을 매일 흔들어 수분을 도울 수가 있다.

광량: 한여름에서 늦여름까지 오후에 음지조건이 필요한 따뜻한 8-10구역을 제외하고 충분한 광조건에 적합하다.

혼합배지: 배수 잘 되며, 적당히 비옥하고, 높은 수준의 부식, pH는 5.5-6.8 조건에 적합하다. 개화 후에 차퇴비, 어류 유제, 해초액을 일주일 또는 10일마다 시비해주도록 한다.

동반 식물: 바질을 컨테이너의 경계선에 재배하고 작은 꽃의 식물은 가까이 심는다.

추가사항: 유한형의 덤불형 품종과 무한의 지주를 세우는 토마토 두 가지를 재배하는 데는 찬반 양론이 있다.

덤불형 토마토는 어떤 컨테이너에서도 가장자리를 뒤덮는다. 이들은 충돌하여 상처나기 때문에, 그들을 위로 묶어주면서 마무리를 해줘야 한다. 무한형 토마토는 시작부터 계획을 세우면 울타리 격자에 쉽게 키울 수가 있다. 현관의 천장에 끈을 매달거나 외부 지지물을 걸고, 식물이 자라면서 묶어주도록 한다. 식물을 제한하고 잎 사이에 통풍이 잘 되도록 주경과 엽액 사이에 자라는 흡지들을 제거한다. 첫 번째 화총 아래 흡지를 발달시켜 "이중 연장지"를 만드는 것이 가능하다. 이 가지를 다른 끈에 묶어 첫 번째 가지로부터 떨어지게 하여 두 연장지의 잎들이 접촉하지 않게 한다.

우리는 모두 토마토가 덩굴 형태로 성숙되기를 바라지만, 맛이 있는 열매들을 수확하기 위해 가장 좋은 방법은 완전히 성숙되기 전의 것을 따주는 것이다. 1/2에서 3/4 정도로 변색 되었을 때 따주고, 햇빛이 잘 들고 덥지 않은 따뜻한 지역에 배치한다. 토마토를 냉장고에 저장하지 않는다. 온도가 4.5℃ 또는 그 이하일 때, 세포는 터지고 열매의 조직을 못쓰게 만든다.

소라눔 메론게나
Solanum melongena

가지Eggplant

가지는 관상용 정원에서 중심이 될 만큼 사랑스럽다. 이용할 만한 품종들을 발견한다면, 자주색의 전통적인 타원형, 분홍색의 둥근형, 흰색의 긴형, 자주색의 폭이 좁은 형, 흰색이면서 분홍색인 줄무늬 열매, 그리고 심지어 주황색 품종 등을 선택할 수가 있다. 잎과 식물의 특성들이 사랑스럽기 때문에 지나치고 싶지 않은 식물이 된다.

크기: 다양한데, 크기가 45-90cm이며, 폭은 45-60cm이다.

개화: 흰색 또는 분홍빛의 자주색 꽃이 이른 여름이나 한여름에 형성된다.

광량: 충분한 광 조건에 적합하다.

혼합배지: 배수 잘 되며, 적당히 비옥하고, 높은 수준의 부식, pH는 5.8-6.8 조건에 적합하다. 첫 꽃들이 형성된 후에 미량원소가 많이 포함된 재료로 매주 시비한다. 어류 유제와 해초액의 혼합물 또는 차 혼합배지는 좋은 선택이 될 수가 있다.

동반 식물: 작은 꽃들이 피는 식물들을 가지 가까이에 배치하여, 진딧물을 공격하는 이로운 곤충들의 먹이를 제공하게 한다.

추가사항: 가지는 본래 유한 덤불형으로

핑 텅 렁Ping tung Long, 페어리 테일Fairy Tale과 같이 컨테이너에 심은 가지는 화려한 전시물을 만들 것이다.

자라서 막대에 고정하지 않는다. 그러나, 상업적 재배자들은 포장의 막대에 이들을 묶어주는데, 바람이 식물에게 나쁜 영향을 주어 수확량이 감소하기 때문이다. 이동할 때 막대를 컨테이너 안에 꽂거나, 옆의 지지물에 식물을 묶도록 한다.

소라눔 튜베로줌
Solanum tuberosum

감자Potato

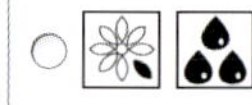

감자를 발코니나 테라스에 키우는 것이 얼마나 쉬운가를 알고 놀랄 것이다. 가격이 비싸고 매우 작은fingerling 감자 상품들은 컨테이너를 위해 좋은 선택이다. 러시안 바나나Russian Banana 같은 종류는 높은 수확량과 좋은 요리 품질 때문에 알려져 있다. 온라인으로 감자 상품들을 찾도록 한다. 재배하고 싶은 것을 찾을 수 있을 것이다.

크기: 크기가 60-75cm이며, 폭은 60-75cm이다.

개화: 모든 품종들이 개화하는 것은 아니지만, 많은 것들이 개화한다. 감자의 색깔에 따라, 꽃들도 흰색, 분홍색, 보라색이다. 꽃이 떨어지면, 큰 감자를 생산하는 식물의 중심부 아래쪽으로부터 조심스럽게 1-2개의 "새 감자"를 떼도록 한다.

광량: 3-7구역에서 충분한 광 조건에 적합하다. 8-10구역에서는 오후에 차광해주도록 한다.

혼합배지: 배수 잘 되며, 비옥하고, 높은 수준의 부식 조건에 적합하다. pH는 5.2-5.8이 감자에 이상적이지만, 높은 pH 6.5에서도 잘 견딘다.

동반 식물: 감자는 완전한 크기가 되기까지 시간이 걸린다. 화분의 가장자리에는 어린 상추와 샐러드용 채소를 이용하거나 감자의 덩이줄기를 심을 때는 이른 무를 심도록 한다.

추가사항: 대부분의 사람들은 감자를 무상일 한달 전으로 계획한다. 식물은 추운 날씨에 견디고 추위로부터 위협 받으면 덮어주면 된다. 그러나 컨테이너에서 느리게 자라고, 스트레스 받으면 병에 쉽게 걸리기 때문에 시간을 버는 것은 아니다. 대신에 야간기온이 10℃ 될 때까지 기다리도록 한다. 식물은 이 온도에서 빨리 자라면서 강해지고, 병해에 저항성이 생긴다. 늦여름과 이른 가을에 지상부가 고사하고 2주 후에 감자를 수확한다. 이렇게 하면 감자의 껍질이 충분히 두꺼워져 감자를 한동안 저장할 수가 있다. 반면에 새로운 감자의 껍질이 얇으면 수확 후 몇 주만에 이용해야 한다. 감자가 얼 염려가 있을 만큼 온도가 내려가 춥다면, 윗부분들을 눕혀 갈색으로 변하게 하고 건조시킨다.

Various species

샐러드용 채소 혼합Salad mix, mesclun

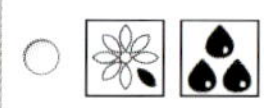

샐러드용 채소는 컨테이너 정원을 갖는 가장 큰 이유다. 사실, 토마토나 바질 없이 지낼 수는 있지만, 샐러드용 채소를 제외한다면 기쁨이 없을 것이다. 이 채소들은 상점이나 시장에서도 구입할 수가 있지만, 키운 것만큼 좋지 못하다. 집에서 딴 채소는 신선하고, 입맛에 맞게 다양한 채소들을 혼합하면 된다.

크기: 식물은 조밀한 열로 자라고, 자르면 평균적으로 15cm를 넘지 않는다.

개화: 종자를 저장하는 것이 아니라면 식물이 작고 덜 성숙 되었을 때 수확한다.

광량: 봄에 충분한 광 조건에 적합하다. 여름에는 차광이나 반음지 조건에 적합하다. 가을에는 충분한 광조건에 적합하다.

혼합배지: 비옥하고, 높은 수준의 부식, 높은 함량의 질소비료, pH는 5.8-6.8 조건에 적합하다.

동반 식물: 샐러드용 채소는 서로 잘 동반되는 식물로 구성한다. 딜과 고수 같이 개화하는 허브 화분들은 이로운 곤충의 먹이가 되게 옆에 배치하도록 한다.

작은 열매들Small fruit

햇빛에 의해 따뜻해지고 완전하게 자라는 포도과 장과류들은 재배하는
식물 중에 가장 만족감을 줄 것이다. 게다가 놀랍게도 작은 규모로 쉽게 키울
수가 있다. 적합한 혼합배지, 환경, 컨테이너 등과 약간의 관리만 해주면 번성한다.
작은 열매들을 키우는 데 성공하면 심는 식물들을 늘리고 싶어질 것이다.
열매들이 너무 많으면 얼리거나 보존하여 겨울 식탁에 여름을 느끼게 해준다.

프라가리아 베스카; 프라가리아 아나낫사Fragaria vesca; Fragaria × ananassa

야생딸기, 딸기Alpine strawberries; June-bearing and day-neutral strawberries

딸기는 컨테이너에서도 잘 자란다. 뿌리들이 얕게 형성되고, 어류 유세나 해조 같은 액비로 영양조건들을 쉽게 맞출 수가 있기 때문에 컨테이너에 이상적이다. 땅에 심은 장과류에는 추위가 치명적일 수 있지만, 컨테이너에 심은 것들은 온도에 의해 꽃들이 손상받을 위험에 처하면 실내로 옮기거나 덮개로 씌우면 된다. 적색 중심주 같은 토양전염병은 정원에서 길러진 장과류들에게 손상을 주지만 혼합배지에 심은 것들에게는 피해를 주지 않는다. 해충의 침입은 조기에 막을 수가 있다. 전반적으로 컨테이너에서 정원보다 쉽고 편리하게 딸기를 재배 가능하다. 딸기를 1-3년 정도 심고 유지한다. 북부 지역에 산다면, 화분들을 실내로 들여놓거나 잘 포장하여서 뿌리가 얼지 않도록 한다. 땅이 얼지 않는 지역에서는 보호되지 않은 상태로 실외에 둔다.

크기: 크기가 15-30cm이며, 폭은 20-30cm이다.

개화: 이른 봄에 흰색 꽃의 총생화서가 형성된다. 두드러진 노란색 중심을 5개의 흰색 꽃잎들이 둘러싸서 작고 전형적인 꽃을 형성한다. 딸기 열매는 각 꽃들이 수정되면 형성된다. 수분이 적으면, 배주가 부풀지 않고 딸기에 움푹 들어간 점들이 생긴다. 벌과 다른 곤충들은 딸기를 수분시키기 때문에

장과류를 키우는 곳에 불러모은다.

광량: 개화하고 열매를 맺힐 때 충분한 광 조건에 적합하다. 북부 지역에서는 항상 충분한 광조건에 적합하다. 열대 지역에서는 한여름에 반음지 조건에 적합하다.

혼합배지: 배수가 잘 되며, 높은 수준의 부식, 비료 조건에 적합하다. 화아가 발달할 때부터 첫 꽃들이 개화할 때까지 해초액을 2-3주 간격으로 시비한다. 대략 한 컵의 혼합된 차배양노나 희석된 어류 유제를 이른 여름과 늦여름에 줘서 월동하도록 한다.

동반 식물: 딸기들은 양분을 많이 먹고 빨리 자라기 때문에 공간을 나누기 힘들다. 동반작물을 다른 화분에 심고, 가까이에 배치한다. 향기알리섬, 꽃 피는 고수, 바질, 타임, 민트 등은 진딧물을 잡아먹는 포식동물이나 기생물에게 먹이를 제공하므로 좋은 동반식물들이다.

추가사항: 6월에 열매를 맺는 식물들은 일 년에 한번만 열매가 생긴다. 품종과 기후에 따라 차이나지만 봄이나 이른 여름이다. 반대로 중성식물들은 여름 내내 열매가 맺힌다. 사람들은 기존의 6월 품종이 맛이 가장 좋다고 생각해서 그들만을 심는다. 그러나 공간이 있다면, 두 가지 모두 심어서 몇 개라도 일 년 내내 볼 수 있도록 한다. 공간이 부족할 때는 중성식물을 걸이용 화분에 심는다. 1-2개의 포복지를 형성하면 열매들이 화분으로부터 떨어질 것이다. 야생딸기는 장과류와 잎이 다른 종류들에 비해 작다. 대부분의 사람들은 그들이 가장 맛이 좋다 생각하고, 그들의 마운드형을

커런트 화분은 젤리를 만들고 보존식품들을 맛나게 하기 위해 열매들을 충분히 수확한다.

좋아하며, 일렬의 장식적인 15cm 화분에 어린 잎들을 곱슬곱슬하게 형성하다.
어떤 딸기를 재배해도 포복지를 발견하자마자 대부분의 것들을 잘라주도록 한다. 자르지 않으면 식물들이 자신의 에너지를 열매보다는 포복지에 쓴다.
배수는 시비만치 중요하다. 토양을 습하게 하되 필요 이상으로 관수하지 않는다. 개화할 때 추위가 위협적이라면, 지나갈 때까지 덮어주도록 한다.

리베스 히르텔룸과 리베스 우바크리스파; 리베스 니그룸; 리베스 사티붐, 리베스 루브룸, 리베스 페트라에움Ribes hirtellum and R. uvacrispa; R. nigrum; R. sativum, R. rubrum, R. petraeum

구즈베리, 블랙커런트, 레드커런트American and European gooseberry, black currant; red and white currant

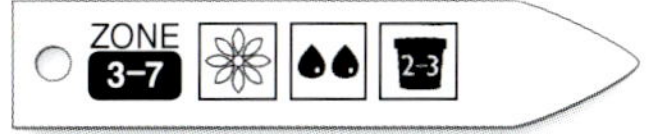

유럽 정원의 주식물인 이들은 스트로부스 소나무에 심각한 병으로 알려진 발진녹병Cronartium ribicola균의 기주식물으로 밝혀지면서 미국의 눈 밖에 나기 시작하였다. 오늘날, 병저항성을 갖는 구즈베리종과 흰색이나 적색의 커런트들을 이용할 수가

있고, 재배금지령은 철폐되었다. 그러나, 스트로부스 소나무가 생태계의 중요한 부분을 차지하고 있는 지역에서는 여전히 금지하므로, 주변의 종묘원이나 농림부에 주문하기 전에 확인하도록 한다.

크기: 크기와 폭이 0.9-1.5m이다.

개화: 이른 봄에 개화한다. 열매와 같이 늘어진 꽃송이들을 형성하는데, 꽃들은 작고 거의 눈에 띄지 않는다.

광량: 3-5구역에서 충분한 광 조건에 적합하다. 오후의 햇빛을 6-7구역에서 차광한다.

혼합배지: 높은 수준의 유기물질을 갖는 약한 산성토양에 적합하다. 식물에게 늦겨울에서 이른 봄까지 콩가루 같은 높은 질소 비료를 3컵 정도 시비한다. 두껍게 멀칭하여 파리가 생기지 않도록 한다.

동반 식물: 파리로부터 생긴 유충들이 땅에 기어들어가 낙과할 때 그들의 생활환을 완성 못하도록 토양 표면을 두꺼운 플라스틱으로 덮는 것이 가장 좋기 때문에 다른 화분을 이용한다. 꽃등에와 기생 말벌에게 먹이를 주는 식물들이 동반식물로 좋은 선택이다.

추가사항: 종을 이른봄이나 가을에 심는다. 심을 때 가지들을 25cm로 전정한다. 리베스 Ribes 종들은 1, 2, 3년생 가지에서 열매를 맺는다. 늦은 겨울, 식물이 아직 휴면하고 있을 때 오래된 가지와 새로운 가지 중 약하거나 위치가 안 좋은 것들을 전정한다. 매년 관목의 중심이 개방되도록 전정하고 8-10개 이상의 가지를 건강과 수확량을 위해 유지하지 않도록 한다. 식물이 이유없이 활력이 없어지면 분갈이를 해준다. 오래된 컨테이너에서 꺼낸 후, 뿌리들을 전정한다 (더 많은 정보를 위해 p181 참고). 이것은 새로운 뿌리 생장을 자극하고 회복시켜줄 것이다.

바시니움 코림보줌; 바시니움 안구스티폴리움Vaccinium corymbosum; V. angustifolium

블루베리Half-high blueberry; lowbush blueberry

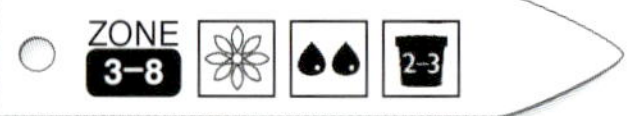

블루베리는 이상적인 컨테이너 식물이다. 수분을 위해 한 종류 이상의 품종이 필요하기 때문에 최소한 3개가 되도록 6개의 관목을 기르도록 계획한다. 반짝이는 작은 잎들은 일 년 내내 장식적이기 때문에 원심기에 탁월한 선택이다. 불행히 새들도 블루베리를 좋아한다. 첫 열매들이 익기 전에 조밀한 플라스틱 망을 완전히 덮도록 한다.

크기: 반 크기의 블루베리는 크기가 0.6-0.9m, 폭은 0.6-0.9m이다. 낮은 관목의 블루베리는 크기나 폭이 0.9m이다.

개화: 이른봄에 형성된다. 밀랍처럼 보이는 종 모양의 꽃들이 흰색의 총생화서를 형성한다.

광량: 충분한 광 조건에 적합하다.

혼합배지: 산성 pH 4-5, 높은 수준의 부식, 높은 수준의 비료, 배수가 잘 되는 조건에 적합하다. 봄과 가을마다 점검해서 pH를 조절한다. 두엄으로 시비하고, pH가 너무 높으면 면실박을 시비한다. 황을 토양에 공급하여 낮추도록 한다. 어류 유제나 질산태 형태의 비료를 주지 않도록 한다.

동반 식물: pH 4-5에 자라는 식물들이 거의 없기 때문에 동반식물들은 가까이에 화분을 배치한다. 여름에 개화하는 담배들은 사랑스러운 동반자가 된다. 블루베리를 수확하는 동안에 그들의 향을 즐길 수가 있다.

추가사항: 높은 관목성 장과류들은 컨테이너에서 키우기에 너무 크기 때문에 반 크기, 말 그대로 크기가 반인 것들이 좋은 선택이다. 낮은 관목성 장과류들은 컨테이너 정원의 그룹에서 낮게 뻗는 습성 때문에 멋지게 보인다.

반 크기의 식물을 매년마다 늦겨울이나 이른 봄에 전정하고, 오래된 목재는 잘라내고, 3-5개의 눈만이 가지에 남기게 잘라주도록 한다. 식물의 중심에 빛과 통풍이 잘되게 가지들을 줄이도록 한다. 낮 관목성 장과류들을 매년 가지를 줄여주도록 한다. 가을에 모든 종류들이 휴면하면, 장과류들이 형성될 때 측지들을 자르도록 한다. 식물이 갖고 있는 가장 큰 화분에서 자랐다면, 단근을 해주도록 한다(p181 참고). 낮은 관목의 장과류들이 단근을 해도

포도가 화분에서 잘 자란다. 생산성을 높이기 위해 전정하거나 격자 울타리에 길러서 장식적인 요소를 살린다. 정원에서 어떤 역할을 하든 그들을 좋아할 것이다.

수확량이 줄어든다면, 늦겨울에 모든 가지들을 잘라내고 일 년 동안 다시 자라게 하여 원기를 회복하도록 한다. pH에 주의하고 필요하면 맞춰준다. 토양전염성 해충과 병해들이 문제된다면, 전정할 때 뿌리로부터 토양을 씻어내고 완전히 새로운 토양으로 분갈이를 해준다. 재생장이 개시되는 늦겨울에 하도록 하면 식물은 빠르게 회복될 것이다.

비티스 라브루스카; 비티스 피니페라 Vitis labrusca; V. vinifera

미국종 포도, 유럽종 포도 American grapes; European grapes

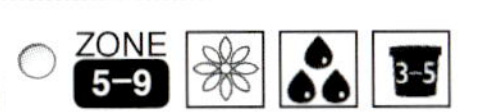

포도는 종류와 기르는 위치에 따라서 비교적 기르기 쉽고 흥미롭다. 미국종 포도는 미국이나 캐나다 남부의 추운 지역에 적합하고, 유럽과 미국의 혈통을 가진 잡종들은 캐나다 남서부에 적합하다. 유럽종들은 잡종이나 미국종만큼 병해충 저항성이 없지만, 키우는 것은 더 흥미롭다.

크기: 지지구조물에 따라 크기가 3-3.5m, 폭은 0.9-1.5m이다.

개화: 봄에 거의 눈이 띄지 않는 작은 꽃들이 총생화서를 이룬다.

광량: 충분한 광 조건에 적합하다.

혼합배지: 배수가 잘 되며, 비옥하고, 높은 수준의 유기물질 조건에 적합하다. 각 덩굴을 0.5-1킬로그램의 완숙되고 조절된 두엄으로 늦겨울과 이른 봄에 추비한다.

동반 식물: 진딧물이나 깍지벌레를 생물학적으로 방제하기 위해 가까이에 작은 꽃들이 피는 식물들을 배치한다.

추가사항: 반배럴의 컨테이너를 제공하여 뿌리가 충분한 공간이 있게 한다. 격자울타리나 다른 종류의 지지물들은 조심스러운 전정처럼 포도에게 필수적이다. 화분에 심은 포도는 수목이나 땅에 파묻힌 지지물에 유인될 수가 있다. 덩굴들은 다음 해에 1년생 가지의 눈으로부터 열매가 맺힌다. 미국종 포도들은 주간 가까이에 열매가 생기지 않으므로, 많은 수확량을 위해 가지의 눈을 충분히 남기도록 한다. 오랫동안 수확을 할 수 있도록 이런 방법으로 전정과 정지를 해주도록 한다. 격자 울타리의 포도를 분갈이하는 것은 말로는 쉽다. 대부분의 경우, 컨테이너에 매년 혼합배지를 추가하고 뿌리들은 장소에 남게 하는 것이 합리적이다.

과일 나무 Fruit trees

작은 과일 나무들은 훌륭한 컨테이너 식물들이다. 생산성이 있고, 꽃에 향이 있으며, 잎이 눈에 띄고, 전정을 잘해서(아래부분 보기) 만족스러운 모양과 강건함을 지닌다. 1/4의 크기로 키우기 때문에, 같은 품종을 같은 대목에 접목해도 토양에 심은 나무만치 수확량이 많지 않을지라도 컨테이너 정원에서 보람을 느낄만큼 충분한 열매를 수확한다.

컨테이너의 선택은 중요하다. 식물이 자라면서 가장 큰 화분인 반배럴에 이를 때까지는 보다 큰 화분으로 옮겨심는다. 화분의 무게가 굉장히 무겁기 때문에, 옮길 계획이 있다면 바퀴 달린 판 위에 올려놓는 것은 좋은 생각이다.

컨테이너에 심은 사과들은 수확량이 많아서, 왜 진작에 심지 않았나 하는 생각을 들게 할 것이다.

과일 나무의 가지 전정하기

성숙한 나무는 컨테이너에 오랫동안 둘 수가 없다. 1-2년마다 꺼내어 뿌리들을 전정해줘야 왕성하게 자라고 열매가 맺힌다. 그렇기 때문에 내부벽이 매끈한 플라스틱 소재가 가장 적합하다.

1 나무가 아직 휴면하고 있는 늦겨울에, 화분을 눕히고 딱딱한 지면 위에 돌리면서 눌러준다. 이것은 뿌리와 화분간의 연결을 끊어주고 분형근을 컨테이너로부터 밀어낼 수 있도록 한다.

2 분형근을 살펴보도록 한다. 하부의 1/3 가량을 제거하거나, 하부 또는 세로의 5cm 정도를 자른다.

3 세근이 어디에 많이 있는지 보고 결정한다. 하부에 많으면 분형근의 모든 면으로부터 5cm를 잘라준다. 측면에 많다면 분형근의 하부로부터 1/3을 제거한다.

4 어떤 경우일지라도, 큰 뿌리들을 제거하여 측생뿌리나 작은 세근들이 그들로부터 자라지 않게 하고, 남은 뿌리의 주위 토양을 빼내도록 한다.

5 활력이 없어지거나 주간과 다른 뿌리들을 죄어 위협하는 뿌리들을 선별적으로 전정하는 방법에 대해 생각해본다.

6 컨테이너에 새로운 토양층을 배치하고, 나무를 다시 컨테이너의 중심에 배치할 수가 있도록 도움을 요청한다.

7 분형근의 주위를 혼합배지로 채우고, 나무숟가락의 손잡이로 빈 공간에 흙을 밀어넣는다.

8 관수를 잘 해주고 화분 위로부터 5cm 되게 배양토를 추가한다.

단근을 한 다음에 지상부를 전정해주고 낙엽성 나무를 분갈이 해준다. 이것은 첫 잎들이 발달할 때 세근의 필요성을 줄여주고, 나무를 개방하여 햇빛이 수관에 도달하여 열매가 성숙되도록 한다.

시트러스 속 Citrus spp.
감귤류 Citrus

ZONE 9-10

작은 감귤류 나무는 어느 장소에서도
훌륭한 컨테이너 식물이다. 메이어 레몬
Citrus limon × C. sinensis, 카피르 라임 Citrus hystrix,
금귤 Fortunella margarita 등은 본래부터 작아서
컨테이너에서 잘 자란다. 많은 다른 감귤류
종류와 품종들은 왜성의 대목에 접목하여
컨테이너 식물로 적합하게 한다. 북부
지역에서는 추위가 오기 전에 감귤류 나무를
실내에 들여놓는다. 추위가 드물게 나타나
겨울이 온화한 지역에서는, 감귤류들을
실외에 두도록 한다. 추위가 위협이 된다면
지나갈 때까지 덮개로 덮어준다.

크기: 크기가 0.9-3m이며,
폭은 0.6-1.5m이다.

개화: 늦은 겨울과 이른 봄에 향기나는
꽃들이 형성된다.

광량: 적어도 하루 8시간 충분한 광 조건을
주도록 한다. 바람이 불지 말아야 한다.

혼합배지: 종묘원으로부터 감귤류용
특별 혼합배지를 구입할 수가 있다. 이런
혼합배지를 구하지 못한다면, 모래, 아메리카
삼나무나 히말라야 삼목 부스러기 등을 같은
비율로 높은 품질의 혼합배지에 첨가하여
직접 만들도록 한다. 감귤류가 건강하게
유지되도록 배수가 잘 되어야 한다. 식물들은
높은 수준의 질소와 충분한 미량요소들을
요구한다. 매달 시비해주고, 생장이 늦어지는
겨울 동안에는 질소시비를 하지 않도록 한다.
해초액은 미량요소들을 균형있게 제공하기
때문에 일 년 내내 엽면시비를 하면 좋다.
아침 일찍 뿌려 햇빛이 강해지 전까지
방울들이 마르도록 한다.

동반 식물: 뿌리 주위의 토양이 개방된 상태로
유지해야하기 때문에, 동반식물들을 다른
화분에 심어 가까이 배치하도록 한다. 이로운
곤충들에게 먹이를 주는 작은 꽃들이 피는
식물들은 모두 좋은 동반식물들이다.

추가사항: 관수해주는 것이 까다롭다.
감귤류는 축축한 토양에서 잘 자라지 못한다.
토양을 관수 중간에 건조하게 유지하고,
손가락으로 약간 깊이 있는 토양을 점검하여
식물이 물이 필요한지를 확인한다. 관수할
때는 이렇게 철저하게 하도록 한다.
왜성나무들도 전정해줘야 한다. 과다한
잎들을 제거하여 나무의 중심부를 개방되게
하고, 서로 교차하거나 통풍에 방해되는
가지들은 잘라준다. 봄과 여름에 새로 나는
가지들은 적심해준다. 감귤류는 주로 작은
가지의 끝에 열매를 맺는다. 나무에 열매가
너무 많이 달려 모양이 흉한 것 아니라면
전정하는 동안에 자르지 않도록 한다.
감귤류는 매년 분갈이를 해준다. 분형근의
모든 면을 2.5cm 정도 자르고, 내부의
흙을 최대한 제거하도록 한다. 화분에 다시
배치할 때 경령 부분(뿌리와 줄기의 경계부)을

토양층 위로 유지하도록 한다. 주간 부분을
흙으로 덮지 않게 하고, 식물의 관부 부분도
약간 덮이도록 한다. 묻으면 곰팡이병이
발생한다.

피쿠스 카리카 Ficus carica
무화과 Fig

ZONE 8-11

무화과의 원산지가 주로 산허리의 바위이기
때문에, 대부분의 사람들은 무화과가 뿌리가
제약을 받으면 수확량이 많을 것이라고
생각한다. 혹은 전정에 의해 조절해야
한다고 한다. 그러나 누구나 동감하는
것은 컨테이너에 쉽게 키울 수 있는 과일
나무라는 것이다.

크기: 크기가 1.5-3m이며,
폭은 0.9-2.4m이다.

광량: 적어도 하루에 8시간 정도 충분한 광
조건을 주도록 한다.

혼합배지: 배수를 잘되는 것이 잘 자라기 위해
가장 중요하다. 적당히 비옥하고 pH 6-7.8
조건에서 잘 자란다. 봄에 두엄을 5cm로
추비를 하고, 해초액을 식물이 왕성하게 자랄
때 한 달에 한번 엽면시비 해준다. 무화과
나무는 새로운 토양을 첨가하면서
2-3년마다 단근을 해준다.

동반 식물: 작은 꽃이 피는 관상식물이나
허브들을 주위에 배치하여 이로운 곤충들의
먹이가 되게 한다.

추가사항: 일반적으로 정원 무화과는 스스로
열매를 맺기 때문에, 한 가지만 유념한다.
열매들이 일찍 떨어지면, 너무 덥고
건조한 것이다. 더 자주 그리고 철저하게
관수해준다. 무화과는 광이 부족할 때도
열매가 떨어지는데, 서늘하게 유지하고 싶을
때 오후에 약한 음지조건으로 유지한다.
열매들이 작년 가지에서 형성되기 때문에
늦겨울이나 이른 봄에 전정을 한다.
미션 'Mission' 같은 품종들은 가을에 올해
가지로부터 열매가 생산된다. 더 많은 열매가
생기도록 남부 지역에서는 늦가을에 그리고
북부 지역에서는 이른 봄에 전정을 해준다.
모양을 고려해서 전정을 해주되 중심부에

온화한 기후이거나 햇빛이 잘 드는 장소에서 레몬
나무는 아름다울 뿐 아니라 수확량도 많다.

광과 공기가 잘 통하게 한다. 수액이 피부를 자극할 수 있기 때문에 전정할 때 안경과 장갑 같은 보호장비를 한다.

말루스 속 Malus spp.
꿀사과 Apples

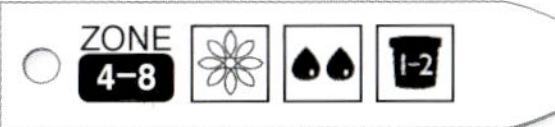

왜성과 "주상"의 사과나무는 컨테이너 정원에 향기와 아름다움을 제공한다. 정원사들은 그들이 그룹에 배치되면 건축학적인 구조를 형성하고, 주상나무의 경우 경계의 가장자리에 시각적인 "울타리"를 형성한다고 한다. 또한 열매도 많이 생산한다. 컨테이너에 심은 한 쌍의 사과나무는 몇 주 동안의 점심 도시락과 디저트를 제공해준다. 추운 지역에서는 화분들을 난방이 되지 않는 차고나 광에 옮기도록 한다. 가끔 추위가

화분에 심은 무화과는 건강과 생산성을 확보하기 위해 철사 울타리로 지지되었다.

찾아오는 남부 지역에는 화분을 싸주기만 하면 된다.

크기: 크기가 2.1-3m이며, 폭은 0.3-1.2m이다.

개화: 이른 봄에 달콤하게 스며드는 향기의 흰색이나 분홍색인 꽃들이 핀다.

광량: 충분한 광 조건에 적합하다.

혼합배지: 배수 잘 되고 적당히 비옥한 토양을 좋아한다. 질소가 과다하면 진딧물 같은 해충들이 발생하기 때문에, 질소는 높은 수준의 칼륨과 인에 비해 적당히 유지하도록 한다. 칼슘은 미량요소들을 조절하므로 중요한데, 매주 해초액을 엽면시비해주는 것이 유익하다. 차 혼합 배양토도 엽면시비나 뿌리관주 해주면 좋고, 봄에서 한여름까지 한 달에 한번 해준다. 늦여름에는 모든 비료들을 정지해주는데, 겨울에 목재 부분이 많지 않아야 잘 살아남기 때문이다.

단근을 한 늦겨울에 새로운 토양에 심고, 컨테이너에 완숙된 퇴비 혼합배지를 5cm 정도 추비해주고 충분히 관수한다. 사과나무가 무너지면 양분을 제공하는 미생물들의 먹이가 되고 토양이 쉽게 부스러질 것이다. 지렁이가 없다면 혼합배지에 첨가하도록 한다.

동반 식물: 작은 꽃이 피는 일년초나 허브들을 가까이 배치하여 진딧물을 잡아먹는 이로운 곤충들의 먹이가 되게 한다. 대부분의 사과나무들은 수분 매개자가 필요하다. 같은 시기에 꽃이 피고 친화성 화분을 가진 사과나무나 돌능금이다. 나무를 구입한 종묘원에서 알맞은 수분 매개자를 추천하고 판매할 것이다. 벌과 같이 날아다니는 곤충들이 화분들을 운반해주기 때문에, 이들을 서로 가까이 배치할 필요는 없다

추가사항: 기후에 적응된 나무들을 구입한다. 우선 병충해 저항성이 뛰어나고, 또 적합한 "저온" 요구도를 가져야 한다. 대부분의 과일나무들은 겨울마다 휴면을 타파하기 위해 0-4.5℃의 온도를 일정한 기간 동안

유지해야한다. 북부 지역을 위해 육종된 것들은 남부 지역보다 요구도가 길다. 주상의 나무는 생장습성이 화분에서 안정화되기 때문에 화분에 적합하다. 작은 화분(45-60cm)에서 키운다면, 2주마다 시비를 해주거나 작은 화분 크기에 맞게 조절해준다. 뿌리는 보통처럼 전정해주지만, 큰 화분에서 키울 때보다 뿌리를 덜 제거해주도록 한다.

왜성나무를 재배하면 전정해줄 필요가 있다. 단일 연장지 디자인이나 개방 디자인을 선택하면 된다. 나무를 겨울 내내 실외에 둘 수 있는 지역이라면, 과수 울타리로 정지할 수가 있다. 선택한 디자인에 추천되는 대로 전정해주고, 작은 뿌리로 나무가 불안정하게 보인다면 철사로 지지하도록 한다.

과일 나무들은 상태가 좋을때 생산성이 높다. "6월 낙과"(나무의 일정 비율이 낙과한다)는, 남겨진 사과들의 모양을 좋게 한다. 나무의 장기적인 건강과 생산성을 위해 추가적으로 솎아주는 것이 좋다. 주상의 나무 제외하고, 먹는 사과는 10-15cm, 요리하는 사과는 15-22cm 떨어뜨리게 한다. 주상 나무의 사과들은 서로 접촉되지 않게 한다. 사과에 접촉하면 코들링나방과 여러 병해들이 나타날 수가 있다. 6월 낙과 이후에 남은 과일들은 그대로 남겨도 된다.

용어 풀이

ㄱ

고산식물 (Alpine plant): 산악지대에서 수목한계선보다 위쪽에서 눈 덮인 지역 아래 지역 사이에서 자라는 식물

관목 (Shrub): 목본성 줄기를 가지고 분지하는 다년생 식물

관부 (Crown): 근계에서 줄기가 자라는 지점

교배종 (Hybrid): 서로 다른 종의 양친을 교배하여 생산된 식물

구경 (Corm): 새로운 식물이 자라날 다육질의 저장조직으로 구근보다 단단함

구근 (Bulb): 튤립, 백합, 수선화 등에서 볼 수 있는 땅속의 다육질 조직

구멍 파는 연장 (Dibble): 식물을 심거나 씨를 뿌릴 때 토양에 구멍을 내는 뾰족한 도구

구역 (Zone): 이 책에는 컨테이너 식물이 실외에서 월동이 가능한지를 결정할 수 있도록 북아메리카의 겨울철 최저온도로 구역을 나누었음

ㄴ

낙엽성 (Decidious): 대체로 가을에 잎이 떨어지는 교목이나 관목

내한성, 반내한성 (Hardy, half hardy): 내한성 식물은 추위에 견디고, 반내한성 식물은 제한적인 추위에 살아남아 심한 추위가 없는 곳으로 옮겨준다

녹지삽 (Green wood cutting): 빠르게 자라는 영양생장 단계에 있는 줄기로부터 채취한 삽수

녹지삽 (Softwood cutting): 왕성하게 생장하는 줄기로 부드럽고 수액이 많음

ㄷ

다년생 (Perennial): 여러해동안 사는 식물

단근 (Root pruning): 식물의 활력을 조절하기 위해 살아있는 식물의 뿌리를 자르는 것

대목 (Rootstock): 눈접 또는 접붙이기를 이용해 품종을 붙여주는 뿌리 시스템

덩굴성식물 (Rambler): 기어오르는 습성이 있는 왕성한 덩굴식물

덮개 (Floating row cover): 인조덮개로 온도를 높이고 식물과 컨테이너를 추위로부터 보호함.

ㅁ

멀칭 (mulch): 토양위에 덮어주는 유기물 또는 무기물 층으로 잡초를 억제하고, 수분을 유지하고, 가끔은 식물에게 시비해주는 역할을 함

목본식물 (Woody plant): 목본 조직이 발달된 식물

무상기후 (Frost-free climate): 서리가 발생하지 않는 지역

미기후 (Microclimate): 제한된 기후로 인접한 환경에 의해 특성이 결정됨

ㅂ

반숙지삽 (Semihardwood): 부분적으로 성숙된 줄기

반숙지삽 (Semiripe cutting): 성숙하기 시작한 목본으로부터 채취한 삽수

반입의, 무늬가 있는 (Variegated): 녹색바탕에 금색이나 은색과 같이 식물의 일부분(주로 잎)에 얼룩이나 불규칙적인 색의 양식이 두드러짐

반표준 (Half standard): 교목이나 관목을 정지하여 90-120cm 정도의 뚜렷한 수간을 가지고 있는 형태

부식토 (Humus): 토양의 유기물질이 부패한 잔여물 (즉, 부엽토 퇴비나 동물 시체)

뿌리 (Root): 식물의 하부 지지구조

분식 (Potting): 식물을 화분에 심는 행위

분식배지 (Potting medium): 식물을 위한 다양한 재료로 만든 토양 혼합물로 양토, 모래, 피트, 야자껍질, 부엽 등이 포함됨. 혼합물들은 특정 종류의 식물과 상황에 따라 선택함

분형근 (Root ball): 식물의 근계와 주변토양/퇴비의 결합

비정형 (Informal): 편안한 식물심기 또는 디자인

ㅅ

산성 (Acid): 석회가 부족함; 피트와 모래 토양과 관련됨; pH 값이 7 이하임 (pH 보기)

산성식물 (Acid lover): 철쭉과(ericaceous)로도 알려진 산성토양을 선호하는 식물

산소공급 식물 (Oxygenators): 연못 등 물에 산소를 공급해 주는 수중식물

삽수 (Cutting): 번식에 이용되는 식물부위. 삽수들은 여러 생장단계에서 뿌리나 줄기로부터 채취함

상록성 (Evergreen): 식물의 잎이 일년내내 녹색으로 유지됨

생물학적 방제 (Biological control): 자연에서 볼 수 있는 포식동물, 기생식물을 이용한 방제

석회 (Lime): 칼슘으로 이루어진 혼합물로 토양을 알칼리성으로 만들기 위해 첨가함

성숙 목재 (Mature wood): 경화된 목재로 완전한 형태의 수피를 발달시킴

ㅅ (계속)

소화 (Floret): 밀집되어서 피는 여러개의 꽃들 중에서 하나하나의 작은 꽃을 말함

솎음 (Thinning): 나무의 품질을 향상시키기 위해 가지를 제거함

수림지대 형태 (Hummock-forming): 둥글게 낮게 자라는 습성의 식물로 해안지역과 같이 노출된 지역에서 자람

수분 (Pollination): 화분을 수꽃에서 암꽃으로 옮겨줌. 수분은 곤충, 수분, 바람, 정원사에 의해 이루어짐

수생식물 (Aquatic): 물속에서 자라는 식물로, 모든 또는 몇 개의 잎이 수중에 있음

숙지삽(Hardwood cutting): 목재가 겨울을 대비해서 경화되었을 때 채취한 삽수

순화 (Harden off): 온실식물들을 실외에서 순응시키기

습도 (Humidity): 공기에 포함된 습기의 양

시든 꽃 제거 (Deadheading): 새로운 꽃의 발달을 유도하기 위해 개화 후 시든 꽃들을 제거하는 일

실뿌리 (Fibrous roots): 빳빳한 다분지성의 뿌리

ㅇ

아연도금 (Galvanized): 금속으로 방수처리됨

양분 (Nutrients): 질소, 인, 칼륨과 같이 식물 생장에 필수적인 천연 화합물과 무기물

양토 (Loam): 점토, 모래, 침니(실트)가 대략 비슷한 양으로 이루어진 토양으로 부식토가 풍부함

온대성 (Temperate): 열대지방과 북극지방의 중간 지역을 설명함

왜화성, 반왜화성 (Dwarf, semi-dwarf): 표준크기 생장 보다 작아지는 변이

원예용 덮개 (Horticultural fleece): Floating row cover 보기

용탈 (Leaching): 염, 석회, 비료 같은 혼합물들이 비나 과도한 관수에 의해 토양으로부터 씻겨 내려감. 콘코리트 컨테이너는 토양으로 석회를 용출시킴

울타리 유인 (Espalier): 수직의 주가지로부터 여러 수평층의 가지들을 생산하기 위해 나무를 유인하는 방법

유기재배 (Organic): 인공비료와 살충제를 사용하지 않은 건강하고 비옥한 환경을 창조함

유약처리 (Glazed): 컨테이너에 광택를 내거나 무늬를 내는 코팅을 하여 물과 양분의 침투를 막아줌

이탄 (Peat): 지속적이지 않은 자원으로 분식배지의 주재료로 상당히 부적합함

일년생 (Annual): 종자로 번식하여 일년안에 생활환을 종료하는 식물

ㅈ

재활용 (Recycled): 물건들을 창조적으로 재사용하여 식물 컨테이너로 이용함(물빠짐구멍이 있어야함)

적심 (Pinching out): 생장점이 발달한 것을 제거하여(보통 엄지와 집게손가락으로) 측지의 발달을 유도함

점토 (Clay): 테라코타를 포함한 컨테이너를 위한 응용이 자유로운 다공성 재료임

정형 (Formal): 고전에서 유래된 기하학적인 디자인이나 배열

종 (Species): 식물의 그룹 또는 속내에 개체 식물의 유형

줄기 (Stem): 나무의 주 줄기

지속성 (Sustainable): 자연적인 자원으로 스스로 새보워실 수 있음늘 나타내며, 환경을 해치지 않고 생산될 수 있음

ㅊ

철사틀 (Wire frame): 걸이용 화분에 이용하고, 도금되거나 플라스틱으로 코팅됨

초본성 식물 (Herbaceous plant): 연하고 비목본성의 줄기를 가지며, 추운지역에서는 겨울동안에 초본식물의 지상부가 고사함

추비, 덧거름 (Topdressing): 소모된 토양의 위층을 제거하고, 새로운 재료로 대신함

추파일년초 (Winter annual): 일년동안만 사는 식물이며, 일반적으로 한여름에 발아해서 종자를 만들고 다음해 봄에 고사함

침엽수 (Conifer): 전나무, 소나무, 가문비나무 같이 솔방울을 만들고 항상 녹색임

ㅋ

코이어, 야자껍질 섬유 (Coir): 환경친화적인 대체물로 코코넛 폐기물로부터 피트를 만듦

ㅌ

토피어리 (Topiary): 회양목, 주목, 쥐똥나무와 같이 작은 잎을 가진 상록성의 식물을 기하학적이나 구상적인 형태의 전정을 통해 창조적으로 다듬는 행위 또는 그 결과물

ㅍ

포복식물 (Trailer): 흘러내리는 가지를 갖은 식물

표준 (Standard): 적어도 180cm의 뚜렷한 줄기를 가지는 교목이나 관목

변종 (Variety): 종에 속한 식물로 야생에서 자연적으로 생장함

품종 (Cultivar): 육종하면서 발달된 식물의 품종

플랜터 (Planter): 나무나 관목을 위한 큰 용기

pH: 토양의 알칼리성에 대한 산성을 측정함

ㅎ

화단식물 (Bedding plant): 일시적 계절적 전시를 위해서만 이용하는 식물

화분 (Pot): 컨테이너의 다른 표현으로, 크기가 작은 것들에 이용됨.

화분전체에 뿌리가 자랄 수 없는 상태 (Pot-bound): 컨테이너에서 식물이 자라는 시간이 오래되어 컨테이너내에 뿌리가 자랄 수 있는 공간이 부족하고, 경우에 따라서는 배수공으로 뿌리가 나오기도 함

허브 (Herbs): 향기 식물로 일반적으로 요리에 쓰임. 대체 약품이나 향기치료에도 이용됨

혼식 (Interplanting): 서로 다른 식물 종들을 같은 열이나 화단에 혼합하거나, 서로 다른 시기에 꽃이 피는 식물들을 배합하기

휴면기간 (Dormant period): 보통 가을이나 겨울에 식물이 생장을 멈추는 기간

내한성 구역 지도

내한성은 최저온도만의 문제가 아니다. 특정온도에서 식물의
생존여부는 정원 내에 보호되는 정도, 위치 등의 요인들에 의해
영향을 받게 된다.

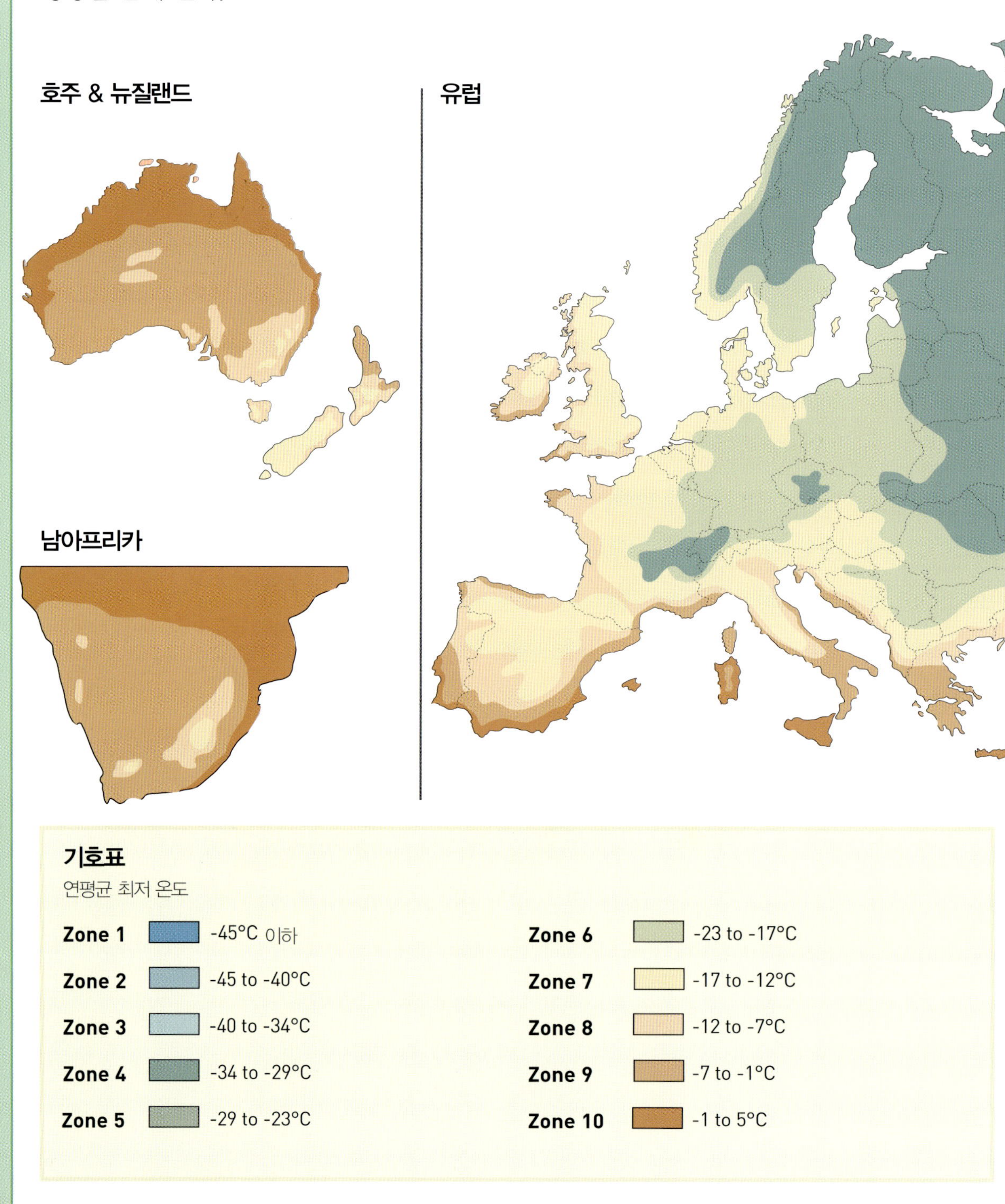

역자 주) 원저작물의 온도 분포도는 특정 지역만을 수록하고 있다.
한국의 경우는 6, 7, 8구역의 온도대에 속하게 되는데,
중부 산간 지방의 경우 Zone 6 정도의 온도 분포를
보이며, 남부 해안 지방의 경우 보다 온화한 Zone 8에
해당된다.

미국

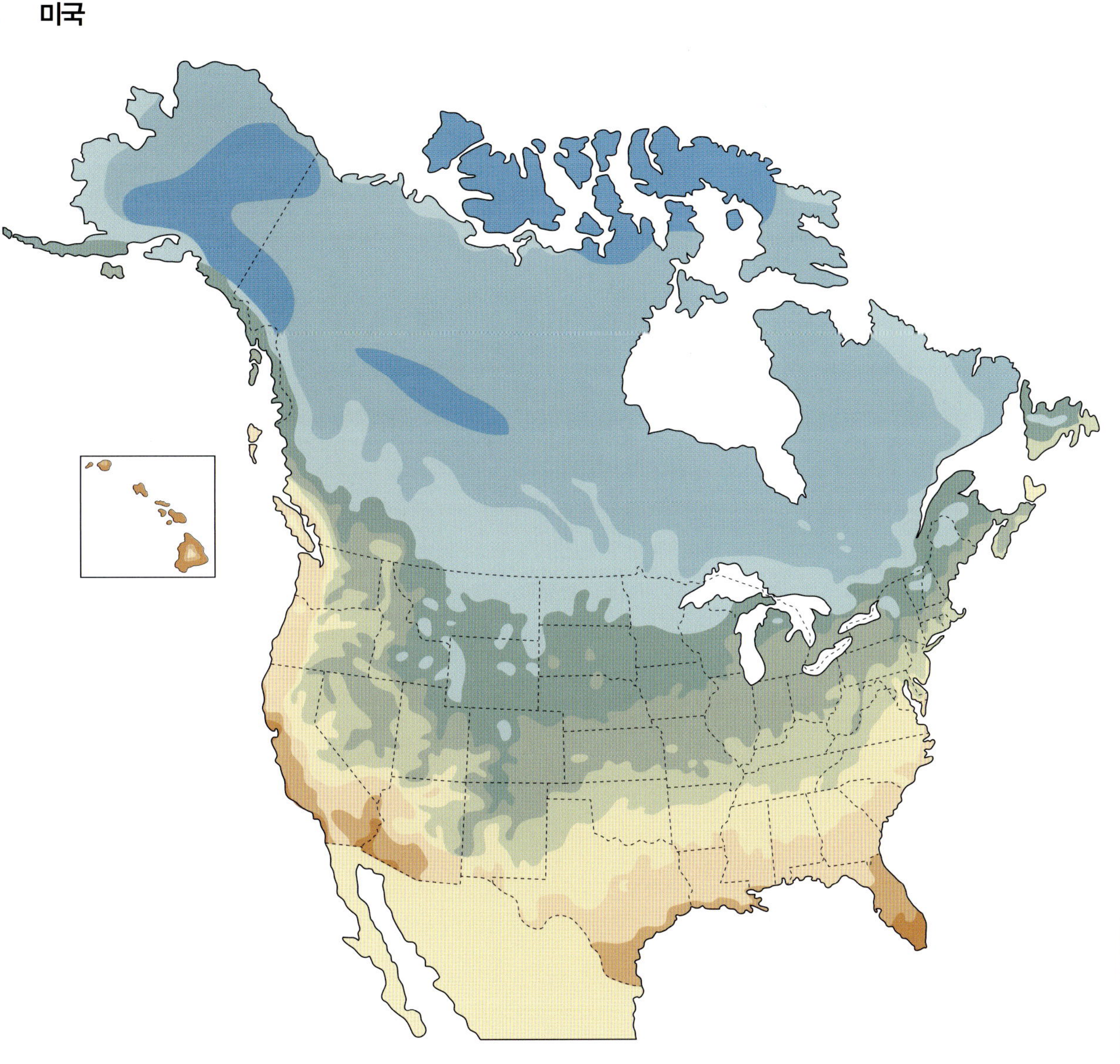

찾아보기

사진출처

Key: l left; r right; b bottom; m middle; t top

GAP Photos www.gapphotos.com
pp. 11bl, 14–15, 16, 18, 19bl & br, 20m, 21bl & br, 23, 25bl, 2nd & 3rd from left,
26bl & br, 27bl, 3rd from left & br, 28–29, 30–31, 32–35, 36, 37m & r, 38m,
39–40, 43, 44, 45r, 46, 47b, 48–49, 51, 53b, 55, 57b, 59tl&b, 61tr & br, 62l & m 70,
72b, 75t, 78, 79t, 80–81, 83, 84t, 86–87, 89t & b, 91bl & 91t, 92–93, 95, 96–97,
100–101, 111, 118, 120–122, 125, 217tl, 129–131, 136–183

Garden Collection www.garden-collection.com
pp. 1, 2–3, 4, 6–7, 13, 16/17b 17r, 19m, 20l&r, 21m, 24, 25r, 26 2nd & 3rd from left,
27 2nd from left, 27l & r, 41, 44bl, 45l, 47t, 52t, 55b, 57t, 59tr, 61l, 71l, 72tr, 73–74,
76–77, 82, 84b, 88b, 90b, 91b, 98, 99, 172

Bridgeman www.bridgeman.co.uk   pp. 9, 11t, 11br

Christie's Images www.christiesimages.com pp. 10, 12

Shutterstock www.shutterstock.com p. 42, 132-135

Photolibrary www.photolibrary.uk.com pp. 68–69

저자 소개

조애너 K. 해리슨은 영국의 식물학자 집안에서 태어나 자랐으며, 각종 식물과 정원에
대해 깊은 관심과 열정을 키워왔다. 현재 개인 정원과 공공 정원 등을 디자인하고 있다.

미랜더 스미스는 30년 넘게 원예학을 가르치고 있으며, 원예학에 대한 많은 기사와
책을 썼다. 미국 플로리다에 살고 있으며, 저서로는 〈The Plant Propagator's Bible〉과
〈The Gardener's Problem Solver〉가 있다.

역자 소개

권혜진은 서울대학교 원예학과에서 학사, 석사, 박사를 마쳤으며, 농촌진흥청
국립원예특작과학원 박사후 연수를 받았다. 친환경농업연구원 연구위원이자
(주)화이젠 연구이사로 활동하고 있으며, 현재 천안연암대학 화훼장식계열 교수이다.

심명선은 서울대학교 원예학과에서 학사, 석사, 박사를 마쳤으며, 현재 농촌진흥청
국립원예특작과학원 박사후 연구원이다. 한국농업대학, 경인교육대학교에 출강하고 있다.